迷彩試煉

國防醫學院
EXCELLENCE
NATIONAL DEFENSE
MEDICAL CENTER
防醫學院教學卓越計畫

迷彩試煉

目錄

虛擬實境穿越時空的迷彩試煉

國防醫學院現任校長 林石化

廿一世紀中虛擬實境(VR)與擴增實境(AR)是科技創新的趨勢，人類追求現實環境無法達成的境界，超越想像力在現實世界中如何融入虛擬實境是科技始終來自人性最佳註解。我看了《迷彩軍醫—軍陣醫學實習日誌》一書後，再仔細閱讀《迷彩試煉—軍陣醫學實習》，彷彿穿越時空享受軍陣醫學的試煉，猶如書中的角色沉浸在迷彩試煉的繽紛虛擬實境中，領略軍陣醫學之美，讓軍陣醫學的展現更具震撼力，我很佩服這群學生作者能夠運用虛擬實境式的小說方式娓娓道來軍陣醫學的輪廓。

自從2018年3月接任國防醫學院校長職務以來，創新教學融入科技是衷心的盼望，尤其是身為新時代的軍醫更具有承先啟後、開創未來的歷史使命，在保留傳統的學術科研中，適時加入科技前瞻的訓練模式是未來的趨勢。2018年國防醫學院最具特色的《軍陣醫學實習》裡，創新融入虛擬實境的教育訓練是最佳證明，就像《迷彩試煉—軍陣醫學實習》一書中呈現的震撼，帶給我們穿越時空的想像力，讓軍陣醫學教育充滿價值創新的意義。

軍陣醫學實習是國防醫學院每年暑期最具特色的經典課程，這個以模擬醫學為基礎的課程中，將高級救命術、創傷處置，災難醫學、災難搜救技能、戰術醫療、核生化、野外醫學、航空生理與醫學、潛水醫學、軍陣精神醫學與選兵醫學以情境模擬的方式展現，豐富多元讓人驚艷。2016年國防醫學院醫學系軍陣醫學組組長陳穎信醫師帶領師生撰寫了《迷彩軍醫─軍陣醫學實習日誌》一書，緊接著2017年再度撰寫了《迷彩試煉─軍陣醫學實習》，這一系列的迷彩專書讓我們國防醫學院在推動軍陣醫學教育上開創嶄新的樂章，讓我們隨著書中虛擬實境式的小說劇情，倘佯軍陣醫學實習裡的高潮迭起。

我期盼有更多人能夠一窺軍陣醫學之美，不只在軍事學校內推動教育訓練，這樣我們的能量方能擴大，才能吸引更多優秀的年輕生命獻身軍醫行列。在五南圖書出版公司即將出版《迷彩試煉─軍陣醫學實習》的時刻裡，願我們國防醫學院最經典的軍陣醫學之美能夠讓更多人看見，無論在學校宣傳、校務評鑑、外賓參訪，招募新生、校友凝聚等都具有畫龍點睛的功效，願這本《迷彩試煉─軍陣醫學實習》的發行能開創一個全新的軍陣醫學藍海。

林石化

二〇一八年五月十四日

浴火鳳凰，淬煉輝煌

國防醫學院校長　司徒惠康

傳說中的鳳凰，擁有黃金羽翼，身著五彩斑斕，艷麗非凡。鳳凰每隔一段時間就會通過烈火試煉，然後得以脫胎換骨，以重生嶄新的姿態再度飛向蒼穹雲端。本校源遠樓正門口以及致德圖書館中庭，均可見鳳凰圖騰。尤其是高懸於圖書館中庭的永生鳳凰，乃為青銅雕藝術品，其中口啣艾草乃凸顯仁心救世之醫學精神，展翅盤旋飛舞則象徵我校運生生不息之生命力。

國防醫學院雖是一所軍事院校，過去數十年從未自外於台灣醫學教育及研究主流，許多前輩師長無論在基礎醫學研究或臨床工作上，都是台灣醫界翹楚與領航者。再艱辛的環境與惡劣的體制，絲毫阻擋不住他們突破困境的信心與勇往直前的動力，他們堅毅卓絕的努力與無私無我的奉獻，除了奠定本校這幾十年來生存與發展的基石，同時也直接或間接地提昇台灣醫療衛生與生醫研究的整體水準；這是非常了不起的貢獻，也是國醫人整體的榮耀。我們企盼，這份「榮耀」與無數師長的「典範」，不會是僅存留在國醫人集體記憶的「資料庫」中，這些榮耀與典範，應是所有國醫人再次奮發、努力提昇最大的驅策動力及信心來源。以 2015 年 6 月 27 日的「八仙塵爆」為例，那是台灣自 921 地震以來，傷亡人數最多的重大意外事件。第一時間，我們三軍總醫院收治全國最多數量的傷患。當晚的急診室入口，擠滿了痛苦的傷患、焦急的家屬；而原已休假或下班回家的醫護人員，許多人不待指令就立即出門趕回醫院，因為強烈的使命感讓他們見聞社會民眾遭受重大危難病痛之際，堅持必須前往第一線共體時艱！

猶記得在國家衛生研究院第五任院長就職典禮上，龔行健院士致詞時即以蘋果創辦人賈伯斯先生為例，說明「創意力，就是能銜接足夠的點子」（Creativity is just having enough dots to connect）；本校除了思考如何整合培育目前師生教學核心能力的規劃外，更戮力提供未來軍醫臨床實務應用於災難醫學與軍陣特色醫學的知識建構，最後透過實際操作與參訪演習等深化經驗，俾能基礎研發與創新實用之間的緊密結合。近年來，學校醫學系以「軍陣醫學實習」作為暑期為時兩週的熱門經典課程，已獲得所有同學對這個課題的認同與共識。因此自 2018 年起，我們醫牙藥護衛五個學系的學生都要接受相同洗禮。特別難能可貴的是，參與課程活動的師生主動希望留下心得記錄，去年出版了《迷彩軍醫—軍陣醫學實習日誌》，今年更擴增海陸空校外教學的全方位特色，除了延續既有的急救術、創傷處置、災難醫學、搜救技能、戰術醫療、野外醫學、核生化、航空醫學、潛水醫學等，還增加軍陣精神醫學和選兵醫學，系列課程內容十分扎實；同時，並創新作品為《迷彩試煉—軍陣醫學實習》，運用虛擬實境式的小說寫法進行巧妙鋪陳，計有十四章節的精彩故事，另附有教師回饋、學生回饋等後記十六則，加上相關醫學知識參照其中，生動活潑且豐富多元。本人有幸再度先行閱讀，感動之餘，倍覺欣慰！

日前衛福部擬修正〈醫療法〉及〈緊急醫療救護法〉，因應事故出現大量傷患時，授予中央直接調度醫院收治病人的權力，方便整合資源。台北市長柯文哲對此指出，在那之前應先有大量傷患機制的SOP（標準作業程序）及實際演習。「否則，假設某天巡弋飛彈打到101大樓，或像911那樣，突然產生五千名外傷患者怎麼辦？」其實，類似天災人禍已屬全球無法避免的迫切議題，我國軍民對此危機威脅必須戒慎恐懼，國防醫學中心更應扮演領頭羊及開創者的角色。職是之故，衷心期許軍陣醫學教研與實習活動，賡續精益求精，奠立更深厚理論基礎及完成更精準演練學習，期承擔國家更多重任。

司徒惠康

二〇一七年十一月十二日

在軍陣醫學實習裡　燃起烈焰青春

國防醫學院副校長暨醫學系主任　查岱龍

一年前，在　穎信兄與年輕學弟妹的共同努力下，《迷彩軍醫—軍陣醫學實習日誌》一書得以出版面世，不僅為軍陣醫學教育留下了精彩忠實的珍貴記錄，更讓一般社會大眾可以因此更了解軍醫的教育與養成內容，從而撤下軍旅的神秘面紗，拉近軍民之間彼此的距離！為此，本人也在　穎信兄的熱情邀約下，寫下「從戰場到人群　看見全新的國軍軍陣醫學教育」一篇序文，分享從中所見國軍軍醫新生代努力學習、熱烈付出、創新蛻變所帶給我的感動！

一直以來，國防醫學院是國內唯一的軍事醫學院校，長期致力於發展與推動軍陣醫學的教育訓練，希望透過「勤訓精練，有備無患」，以完成在未來可能的戰爭與災難急救中，救死扶傷的任務。而這個任務的目標與對象，也隨著時空的變遷，從早期的殺戮戰場走向常民社會；協助拯治的內容從人為禍事到天災搶救—像是大家記憶猶新的八仙塵暴、高雄石化氣爆事件…；每一件任務，都是一次試煉，而國防醫護人員之所以能夠在最短的時間內迅速應變、提供最專業的醫療救援並把災害帶來的損傷降到最低〈甚至讓許多先進國家的醫療單位刮目相看〉，「軍陣醫學教育」擬真紮實的訓練絕對是功不可沒！

「軍陣醫學」不同於一般醫學，它除了提供醫療救治的必備知識與技能，亦增加了更多野外緊急救護的實戰經驗；在這天災頻繁的現在，軍陣醫學的訓練的確是非常重要的一環，相信國人也透過多次的國家重大急難救助，了解到了它舉足輕重的功能。為此，感謝 穎信兄與所有課程相關人員的努力與投入，在每年的「軍陣醫學實習」課程中，做了最全面的規劃、最大規模的動員與最強力的訓練—就如《迷彩試煉》裡的記載—課程內容參與人員，不僅只是三總的醫師，還動員了陸軍特勤隊、新北市特搜消防隊、中華搜救總隊及各醫院的急診室醫師；訓練的內容從高級救命術、災難醫學、戰術醫療、戰傷處置、災難搜救技能、戰場心理抗壓情境模擬到航空生理學、潛水醫學、輻射傷害處理：在短短九天之內，要消化與完成相關課程的學習與訓練，相信對20多歲左右、年紀輕輕的醫學院學弟妹們而言，也會是不小的壓力！然而，這個過程，不就誠如司徒惠康校長所言：「鳳凰浴火」—唯有通過烈火試煉，才能脫胎換骨，展翅穹蒼？！

訓練的過程絕對是艱辛的，但是它的重要性與帶來的收穫，不僅只是利己，更會濟世利人。我欣喜在翻閱學員的回饋分享中，讀到如下一段話：「在小時候，就覺得醫師很偉大，因為即使面對患上疾病的風險也在所不惜地照顧病患。後來到了軍校上了軍陣醫學，體驗防護衣的一刻，有著重新點燃當醫生的初衷，同時也感受到軍陣防疫的重要性，……總結而言，軍陣醫學所學習到的，在普通醫學院是沒有辦法所體驗的，而我在這裡，能夠得到的比別人多，真的很感恩。同時也慢慢開始明白到軍人救援的偉大，不論在救災上或是對急難中大量傷患的處置，都扮演著不可取代的必要角色。」〈學生M114 嚴海威〉

青春無價！能通過層層試煉，清楚並成就自己獨特價值的青春更是萬分地難能可貴！在《迷彩試煉》一書裡，我們看到了年輕學生強大的企圖心：用更多的創意去挑戰自我、完成任務；也看到了國防醫學院從師長到學生，整個大團隊齊心凝聚的堅強共識，去成就醫學教育裡最獨特的一環──「軍陣醫學教育」！當然，所有的學習與訓練「沒有最好，只有更好」，我們現今所處的環境，也還有許多地方有待大家一起戮力同心地去提升與突破，然而就讓我們一同以書中尹鑫教官的一席話來共勉：「要成為一位好軍醫，要學習的東西太多了，與其心懷憤恨，不如靠自己的力量來推動醫療的進步，同時讓軍方的體制變得更好吧！」

《迷彩軍醫》吹起了嘹亮的戰歌，《迷彩試煉》裡更譜寫了國醫人熱血青春的生命歷程，那是身為「國軍同袍們」才會懂得的「革命情感」！在此感謝每一位為《迷彩》系列付出的夥伴，也特別感謝穎信兄的承先啟後！最後，也期待日後每一位加入「軍陣醫學實習課程」的新血謹記護理系講師林辰禧老師在書中分享的一段話：「軍陣醫學實實習課程」除了提供專業的軍事及照護訓練，更肩負著傳承國軍保家衛國的使命及醫者救世情懷之重任。」

讓我們一起在「軍陣醫學實習」裡，從心燃起烈焰青春！

試煉是對國家社會善盡責任的開始

國防醫學院教育長　詹益欣

國防醫學院每年暑假為期兩週之「暑期軍陣醫學訓練」已行之有年，當其他學校之醫學生正利用暑假從事旅遊、進修、工讀，或是什麼也不做的時候，本校學生卻必須在酷暑下接受各種訓練。這是訓練，是磨練，也是鍛鍊，更是試煉，更將會是一種淬鍊，因為唯有經歷種種淬鍊之後，才能成就善盡國家社會責任的堅強意志。

為什麼國防醫學院畢業之學生，能夠秉持著校風「博愛忠真」之精髓，將所學貢獻於國家社會，擔負重大責任，就是因為國防醫學院之學生，除了一般醫學教育所必需之醫療專業外，我們還有其他各種潛在課程，藉由淺移默化之際，訓練學生的技能，磨練學生的心智，鍛鍊學生的體能，試煉學生的氣魄，最終淬鍊他們鋼鐵般的意志和為國家社會善盡責任絕不退縮之精神。

921大地震時，第一個前進災區展開醫療救難工作之醫療團隊，就是由國防醫學院畢業生所組成。他們到達第一線後，除了立即從事傷患醫療照護之外，也為災民帶來希望和溫暖。當SARS盛行，全國草木皆兵，大部分醫療人員棄守收治感染病患的醫院，或是從醫療崗位撤退時，國軍醫院責無旁貸的扛下防疫的重任，成立專責醫院，而國防醫學院之畢業生也勇敢的站上第一線，奮勇與SARS病毒搏鬥，救治病患而不退卻。最終戰勝了可怕的SARS，使國家社會恢復平靜和繁榮。高雄發生氣爆災害時，國軍高雄總醫院也即刻成立緊急醫療應變小組，啟動處理大量傷患機制，將傷害降到最低。而於前年（2015年），台灣地區發生了史無前例的八仙塵爆慘案，本校教學醫院（三軍總醫院）之醫護同仁，即使當天是假日，卻立即自動自發的回到醫院待命，希望在最短的時間之內，就能動員最大醫療能量，積極救治命懸一線之傷患。就是已經排妥出國休假，甚至是婚假的醫護同仁，也是取消休假，回到工作崗位。更有甚者，一些已經離退之校友，也願意回到母校，加入救治傷患的行列。其他醫學中心都會考量自己本身醫院的營運，對於收治病患人數有所限制，但是本校教學醫院卻是毫無上限，醫護人員全力投入救治傷患，使得三軍總醫院創下收治最多嚴重傷患，卻是零死亡率之空前記錄，也獲得國際上眾多醫療團隊之一致讚揚，甚至指派醫療人員至本校觀摩學習。再者，去年（2016年）台南發生大地震時，也是由本校畢業生所組成之醫療團隊，第一個到達震垮大樓災區，不但馬上從事緊急醫療照護，更充分發揮人飢己飢，人溺己溺之大愛精神，不眠不休的救治傷患，也因此能夠將一般斷定必須截肢的小傷患，成功的保住其左手，避免該傷患小小心靈蒙上更大的陰影和不可磨滅的傷害。

除了醫療工作外，本校畢業校友也善盡了其他社會責任，例如前幾年發生了高鐵炸彈客事件，歹徒所使用之爆裂物是否含有感染物或是其他毒化物，不僅造成人心惶惶，也形成檢警調單位極大的壓力和困擾。本校預防醫學研究所即刻接下此艱鉅之任務，花費最短時間檢驗完成，確定該爆裂物所含成分，用以安定社會人心。該所同仁每年也都還會到台灣各地區，包括偏鄉和離島，採集致病原和病媒，以控制可能發生之疫情。除此之外，本校畢業之醫療人員，也必須擔負著援外之工作。他們除了肩膀上扛著敦睦邦交之重責大任外，也常常冒著危及生命之重大風險。因為我們絕大部分之邦交國，多是貧窮落後的地區，除了各種致命性傳染病叢生，政局也相當不穩，常有內戰或叛亂情事發生。我們校友就曾有被叛軍以槍枝抵著頭要脅之經驗，但是即使在性命交關之際，校友也繼續從事醫療工作而不屈服，終能感動叛軍，不但完成了醫療任務，亦鞏固了邦誼。

本校畢業生如此剛強之意志，博愛之情操，和團隊合作之精神，是根植於入伍訓練開始之革命情感和向心力。從新生報到開始，本校的學生就生活在一起，接受入伍訓練、醫學教育和軍陣醫學訓練課程，共同學習和成長。我們沒有個人英雄主義，只有團隊的榮譽；不計較個人利害得失，但求國家利益和社會責任。這就是本校教育，除了要求從事醫療工作之醫德外，更強調善盡社會責任之「武德」精神。

兩週的軍陣醫學訓練後，同學們將此課程之精髓，以小說的方式呈現，佐以與情節相關之醫學技能和小知識，並附上精美插圖，頗有畫龍點睛之效，確實是令人驚豔的創意。讓人捧讀之下，即悠然神往，不忍釋卷，非一口氣拜讀完畢不可，真是精采絕倫，不同凡響。感動之餘，更是非常佩服參與撰寫和繪圖的同學，在繁重的醫學專業課程學習過程中，還能善用課餘時間，完成本次試煉過程之紀錄。也在此勉勵同學，經歷了此番試煉之後，亦應深思如何再精進自己，期盼能夠更進一步淬鍊自我，進而秉持著雖千萬人吾往矣，但成功不必在我之奉獻精神，以及不逐個人英雄主義，只求團隊榮譽之本校優良校風，以維持本校善盡國家社會責任之傳統於不墜，持續源遠流長。

教務處長序

國防醫學院公共衛生學系教授　高森永

感謝戰傷中心陳穎信主任的邀約，讓我有機會先睹為快，拜讀這本獨特的【軍醫小說】。這本【迷彩試煉】長達四百多頁的內容，雖然區分為14專章，有各自的主題，卻也能前後連貫，一氣呵成，人物特色刻意搭配劇情，醫學專業巧妙結合場景，讓讀者有如身歷其境，故事性十足，臨場感滿分；專業知識悄悄融入劇情，暗藏濃厚的教學意味。讀者可能因此會搞不清楚自己到底是在看小說？還是在上軍陣醫學的專業課程？

讓讀者迷惑的還有真假難辨的劇情與虛實交替的場景，作者高明之處可能就是故意要讓讀者分不清劇情到底是虛擬還是實境，情節到底是虛構還是紀實？聰明的讀者最好還是不要深究，因為這似乎已經不是作者的重點了！作者雖採小說題材與寫法，主體結構卻十分嚴謹，劇情緊湊且高潮迭起，對劇中每位人物賦予的鮮明個性與特徵都有著細膩的描述。故事的結局也是完美的，作者筆下的每位劇中人最後不僅在醫學專業上有大幅精進成長，在個性與人格上也更加成熟穩重，儼然是本勵志小說。難得的是每章文末貼心的註解、【小知識】、照片或插圖等，都讓本書更具可看性、專業性、趣味性、實用性、學術性與參考價值，也更值得留存珍藏。

目前在學的同學應該是國防醫學院創校百餘年來最幸福的一群，您們有學長姐前輩們奠下的厚實根基，並持續關注與挹注母校的建設發展；有不斷付出的教師們挖空心思設計課程，即使是最嚴肅的暑期訓練課程也要求新求變；有以學生為中心，全心全意支援教學的行政團隊；有最人性化管理，對學生照顧無微不至的隊職幹部當後盾；有對學生無限關愛與鼓勵的校長到處爭取資源與排除障礙，就是要給同學最優質的學習環境可以盡情揮灑創意與成就專業。希望同學們珍惜並把握此百年難得的契機，努力充實壯大自己，及早承擔承先啟後、繼往開來的重責大任，讓國防醫學院源遠流長。

軍陣醫學之多元性

國防醫學院牙醫學系副教授兼主任　李忠興

猶記得八十二年八月國防醫學院牙醫學系畢業，搭著火車從家鄉彰化北上到松山機場，購買了遠東航空飛往台東的機票，到單位報到。飛行過了段時間，聽到了乘務小姐廣播，即將要降落台東豐年機場，突然間前排小弟弟說：「媽媽，那是綠島姑姑住的地方嗎？」，望這那小小的島嶼，那是未來兩年要待的地方…。換上了八人座的小飛機飛往綠島，展開了憲兵軍醫官的生涯！在單位不僅是要守護著部隊軍士官、綠島居民、旅遊民眾的口腔健康、醫療業務等，更擴及到東海岸屏東大武至花蓮新城漁港哨所的巡迴醫療業務；八十三年年底，幾經折衝後，代表單位簽下了全民健保業務的合約等…，現在回想真的是如這本書的標題一樣「迷彩試煉」，那兩年的點點滴滴，著實讓我成長茁壯不少。

二零一六上映的「鋼鐵英雄」電影是改編自 Desmond T. Doss 的真人真事，他是一位二次世界大戰美國陸軍下士，因為信仰的因素而拒絕拿槍殺人，被分配到擔任軍醫的職務，在一次攻擊鋼鋸嶺的行動中，被日軍給偷襲而失敗撤軍，當全部的人皆已撤離卻徒留下 Desmond 一人獨自拯救傷患，並在這兩天一夜的時間中共救出 75 名的重傷軍人，即使在軍中已經到四面楚歌、被孤立無援的情況下，在心底還是深信上帝所言的信仰真諦。近年所發生的重大社會事件，如921大地震、88風災、復興航空空難、八仙塵爆⋯⋯，都可以看到軍陣醫學對災變事故緊急救護的成效；一百零一年的海上救護因而殉職的陳秉鴻上尉，而這樣的精神，來至於平日、長期、嚴謹的專業訓練與淬鍊。國防醫學院牙醫學系是國內「唯一」的牙醫軍事院校，在軍官養成教育中，除了一般醫學、牙醫學訓練，加入了多元、獨一無二的軍陣醫學訓練，為了的就是能讓學生在學習中增強其戰傷暨災難應變的能力。

「鋼鐵英雄」要告訴我們的事情其實很簡單，就是「信念」，我想大家一定都不會忘記Desmond獨自一人在鋼鋸嶺搬運傷兵的時候，他不斷地說著這一句：「Lord, please, help me get one more.」一介軍醫，卻做到更多其他人做不到的事。看了此書「迷彩試煉」後，相信你會更了解國防醫學院的特別—人的教育；年輕學子正值青春，何以選擇國防醫學院就讀？因選擇了國防，在軍事的薰陶，革命感情的融合下，讓一生蛻變、精彩，成就「唯一」。

迷彩試煉增益其所不能

護理學系教授兼主任　**廖珍娟**

青春猶如一首歌，它的內涵需要你用如火的精力，唱出它的生命；青春如一幅圖畫，它要靠你一筆一筆去繪製，在學習、生活、試煉中，我們編造著自己絢麗多姿的青春，品味著青春的滋味：因為青春，我們用力深呼吸，用力作夢；因為青春，我們約定製造共同的回憶，鑲在青春紀念冊；感受多彩的生命，編織人生的夢想。為期九天的「軍陣醫學實習」，同學們以《迷彩試煉——軍陣醫學實習》忠實地記錄了「戰術醫療、緊急救護、野外醫學、戰術救援、災難救援、潛水救護、空中救護」等課程；不僅有高級救命術、創傷處置等醫療照護專業技術，能夠展現出軍人本色的戰術醫療；也有陸海空戰力及設備認識、戰場心理抗壓等課程讓同學們留下特殊的「迷彩」氣質，這些特殊的輻傷防治、生物防護、災難醫學、搜救技能、大量傷患演習等教育的紀錄傳承，真的難能可貴。

「軍陣護理」是我們國防護理最核心的價值，醫療體系的災難應變是一種可教育、可增強的能力，經過準備與演習，可以減少災難的可能及危害。災難的處理不只是災難發生之後的應變，也包括災難之前的減災與準備。尤其在災難未發生時，護理知能之準備及演練；災難發生時的人力調派與立即有效資源投入；災難發生後期健康重建與促進；這些都有賴大家在不同的工作崗位共同努力；持續發展各種實體實作的程序與實證作業指引，加強醫勤人員於戰時急救的工作協調合作性，同時於現有教學模式中找出改良方案，期能以最佳的急救裝備與作為，落實軍陣醫學訓用合一目標，確保國軍災難搶救及戰傷急救品質與時俱進、精益求精。

編輯序

陳穎信

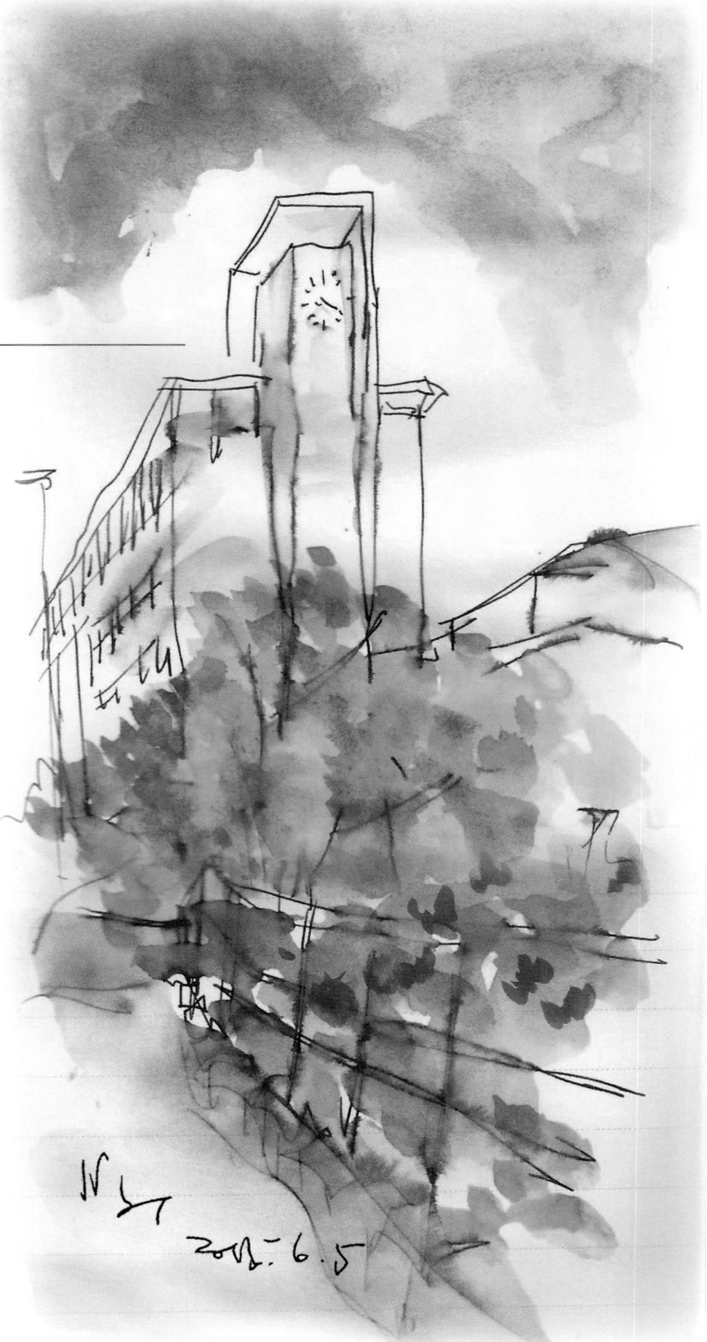

編輯序

M85 陳穎信 醫師
國防醫學院醫學系軍陣醫學組組長
106 年軍陣醫學實習負責教師

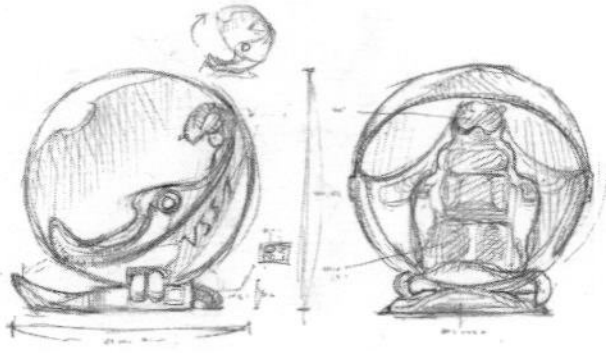

人生是一連串不斷的試煉，包含生活、學業、工作與情感，在這渾沌迷惘的世界裡，試煉我們的能力、專業與膽量。我們能否看清未來的方向，選擇最好的道路，即使前方困難險阻，讓我們都有勇氣與毅力面對，這是我們的意志所在。

著名詩人羅伯特・佛洛斯特（Robert Frost，1874～1963）的著作——「未走之路」（The Road Not Taken）這首詩，其詩內文如下：

『黃樹林裡分岔兩條路，
只可惜我不能都踏行。
我，單獨的旅人，佇立良久，
極目眺望一條路的盡頭，

看它隱沒在林叢深處。
於是我選擇了另一條路，
一樣平直，也許更值得，
因為青草茵茵，還未被踩過，
若有過往人蹤，
路的狀況會相差無幾。
那天早晨，兩條路都覆蓋在枯葉下，
沒有踐踏的汙痕，
啊，原先那條路留給另一天吧，
明知一條路會引出另一條路，
我懷疑我是否會回到原處。
在許多許多年以後，在某處，
我會輕輕嘆息說：
黃樹林裡分岔兩條路，而我，
我選擇了較少人跡的一條，
使得一切多麼地不同。』

身為一位醫者與師者，醫者治病，師者教育後輩，這樣的責任充滿不斷接踵而來的試煉，未來的試煉是否依然能夠讓我更堅強，是我一直堅持「人生寧可短暫雋永，不願漫長無味」的哲學。尤其從事軍陣醫學教育的師者，更要有莫大的勇氣去探索未知的領域。去年我還意氣風發地寫下期許，以下的文字至今還深深刻印在我的腦海，當作是自我實現與自我砥礪的備忘錄：

『我是一名軍人，也是一位醫師。
身為一位軍人與醫師，也就是軍醫，到底與一般醫師有何不同呢？
如果你問我這樣的問題，
我會直接回答說，因為我國軍醫的搖籃，
也是唯一的軍事醫學院校—國防醫學院，
訓練出來的軍醫身上都背負著一個救人的神聖使命，
他們都必須接受軍陣醫學的洗禮。
什麼才是軍陣醫學呢？
簡單的來說，與軍事相關的醫學。
我們可以想像在戰爭中軍醫的模樣，
在槍林彈雨中為了拯救同袍的性命，出生入死。

現今的現代化軍醫背負更多的國家與社會責任，
無論緊急救護、災難醫療、戰術醫療、創傷處置、
核生化防護、航空生理與醫學、海底醫學、野外醫學等等。
從平地到上山下海，全方位陸海空實務體驗訓練，
樣樣都須接受磨練。
能立志成為一位頂天立地的現代化軍醫，
在醫學生的養成教育中，
軍陣醫學實習是一門非常重要的課程。
更是讓醫學生脫胎換骨、體驗軍陣醫學精髓的必修課。
當這些軍醫的種子播種後，唯有勤訓精練，有備無患，
才能在未來可能的戰爭與災難急救過程中，救死扶傷。

軍陣醫學實習的目的就是為救命而訓，如同醫師誓詞中，
我將會保持對人類生命的最大尊重，
我鄭重地，自主地並且以我的人格宣誓以上的約定。』

以上是我在2016年11月24日國防醫學院校慶出版的《迷彩軍醫》中所寫的

期許，時間又過了一年，新的一年裡身穿迷彩的軍醫又有何種試煉呢？你在2016年底曾看過電影鋼鐵英雄中，那位英勇的男主角軍醫在戰場上不顧性命拯救同袍嗎？在三十幾年前我看到的那部野戰動章電影中，軍醫在戰爭中令人動容的畫面久久不能忘懷！

身為一位軍醫，該具備那些條件與素質呢？這些出生入死的軍醫與一般醫師有何不同呢？在目前這個世代，身為一位未來的軍醫，該如何培養成全方位的有用人才呢？也許有人認為軍醫在目前沒有戰爭的世代角色已漸漸模糊，沒有自省的能力與能力的提升，如何贏得別人的尊重？「國家、責任、榮譽」這樣的精神在軍醫的心中還存在何種價值，如果在培育未來的軍醫的神聖殿堂裡沒有灌輸這樣的精神意義，到底為何而戰是個發人深省的問題。

軍陣醫學在國防醫學院是軍醫生命力的根本、存在的價值、也是軍事醫學院的特色，而軍陣醫學實習更是落實軍陣醫學教育訓練中的亮點，每年五月底的軍陣醫學實習來臨時，總會在校園裡揚起濃濃的軍陣醫學氣息，為這個學校增添許多未來軍醫的種子能量。

今年的軍陣醫學實習的內容有的嶄新的規劃，兩週九天的課程包含了，這群國防醫學院三年級準備升四年級的醫學系、牙醫學系、護理學系與護研所碩一升碩二的學生，總共有 183 人，他們都接受的以下的教育訓練：

(1)高級救命術、創傷處置、傷口縫合、骨折固定。

(2)災難醫學、災難搜救技能。

(3)軍陣精神醫學、戰術醫療、戰場心理抗壓、武器介紹、止血帶使用、自我防身術。

(4)輻傷防治、生物防護、中暑處置。

(5)航空生理與醫學、空中後送、潛水醫學。

(6)選兵醫學、野外醫學、水中救生、災難大量傷患演習。

(7)校外教學：讓參與的學生見識了國軍陸海空的各式戰力與設施，包含高雄總醫院岡山分院的航空生理訓練中心、空軍軍官學校的國軍空勤人員求生訓練中心、高雄總醫院左營分院的潛水醫學部各式潛水醫學設施、左營軍區故事館參訪等。

(8)校外教學：海軍艦艇指揮部的海豹潛艦、拉法葉級巡防艦、盤石艦等、海軍水下救難大隊、與陸軍航空特戰指揮部歸仁基地的運輸直升機參訪等。

(9)結訓測驗：包含 CPR+AED，繩結打法、野外搬運技能、災難大量傷患暨空中後送演習等，可說是精實勤練、豐富精彩。

這些迷彩的試煉是累積多少的汗水、集結多少的毅力、堆砌多少的期許，只有親身腳踏過、揮汗過、歷練過，才知這樣的試煉是多麼珍貴。在我們還年輕時，很慶幸我們能有這樣的機會讓我們有不一樣的迷彩試煉，也期待這樣的迷彩試煉，淬鍊砥礪我們的意念，願這段刻骨銘心的經歷，讓我們對於未來有最好的選擇。

如果在現實中許多情境無法實踐，那麼想像的世界是無遠弗屆的。透過虛擬實境科技的運用，許多想像的世界將變得更容易親近，這樣的境界會變得更繽紛多彩。也許我們都對現實的世界不滿意，甚至不滿足，如何跳脫這舊有的思維框框，以虛擬的想像世界來烘托未來可能變成現實的故事，那樣的夢想會變得更加迷人、更令人嚮往。

《迷彩試煉》一書中的編排方式是虛擬實境與現實世界交融呈現的，故事部分是虛擬的，但是知識、照片實錄與師生回饋卻是真實的。在現今的科技中，VR (Virtual Reality) 是虛擬實境，應用在醫療教育訓練是最前瞻性的領域，而 MR (Mixed Reality) 是混合實境，也就是虛擬實境與現實世界混搭在一起，這樣的科技更是令人神往的想像世界。這本迷彩試煉的創作思維就是運用 VR 與 MR 等科技的構思，來呈現我們 106 年國防醫學院軍陣醫學實習的面貌。

我的一群熱情又有創意的學弟妹們，他們的腦海裡存在一個迷彩的美麗世界，他們的意念中充滿渴望突破、掙脫桎梧的動能，我們來隨著想像無遠弗屆的虛擬實境式小說，進入國防醫學院經典的軍陣醫學之旅，透過故事中起承轉合的情節，來襯托今年暑假中令人難忘的軍陣醫學實習，這樣的「迷彩試煉」，永恆真實！

總編輯陳穎信醫師與作者群合影

登場人物介紹

李嘉平：何百合的男朋友，與高蕙婷是青梅竹馬。郭偉祥的室友。英俊帥氣，故事的主人公。

高蕙婷：羅沛玲的室友、李嘉平的青梅竹馬。平時看起來溫和，只有在嘉平面前會展現另外一面。不常說話，不過說起話來一針見血。

何百合：李嘉平的女朋友。美麗大方，性格積極又有能力。

羅沛玲：馬來西亞僑生，高蕙婷的室友。和謝柏雍有點曖昧。做事可靠、細心。

謝柏雍：劉詠星和許景輝的朋友，和羅沛玲有曖昧。看起來堅強、開朗，總是被陶侃的一方，但其實有一顆纖細的心。

劉詠星：和許景輝是從高中就在一起的好夥伴。身材高瘦，性格幽默，喜歡逗女生笑，會偷懶避開麻煩的事物。

許景輝：和劉詠星是從高中就在一起的好夥伴。身材矮胖，性格幽默。

郭偉祥：李嘉平的室友。身材纖細，膽小怕事又神經質，優柔寡斷，遇到問題容易窮緊張。

尹　鑫：軍陣醫學實習總教官。

1 chapter one

序章

陳瑄妘・陳玟君

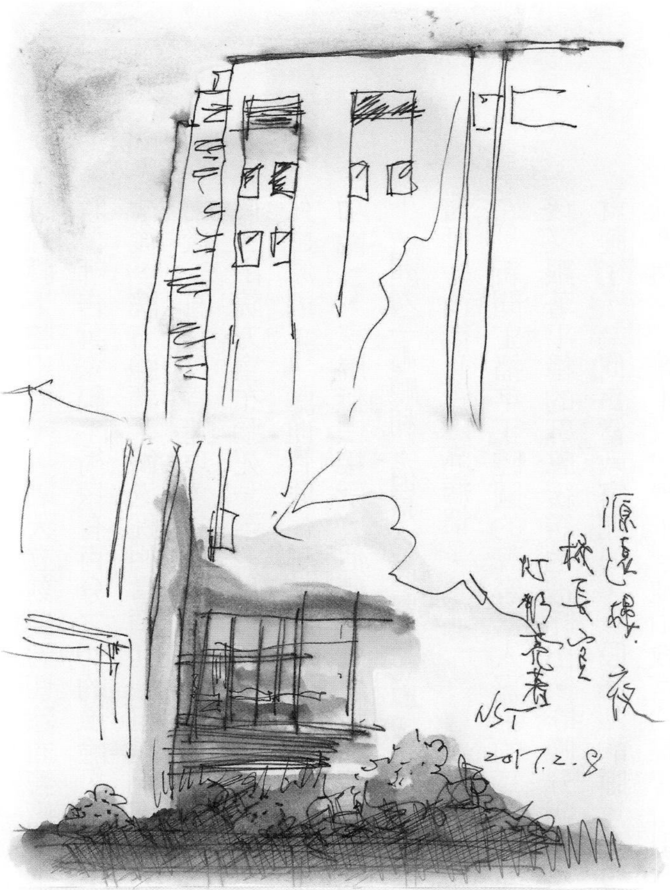

序章

「今年3月，一名婦女因為頭痛，前往醫院掛急診，急診醫師診斷為：『右側腦血管動脈瘤併發蜘蛛膜下腔出血』，隔天立刻開刀切除血管瘤，當時醫師告訴家屬手術只有百分之20的風險，而且手術後，院方強調手術過程相當順利，但是婦人在開刀後一直呈現昏迷現象，昏迷指數只有3，3個月後，由院方宣布腦死，至7月15日死亡，醫院說明死亡原因：『腦血管收縮導致腦水腫壓迫腦幹喪失功能』，家屬無法接受，他們質疑患者在清醒狀況下，開刀手術順利，但是為何會腦死導致最後死亡，醫師手術後有否隱瞞病情？」

新聞主播字正腔圓的聲音落入嘉平的耳朵，隨後又跟著平穩的鼾聲緩緩地被吐出。昨晚分明早早就睡了，為何每當教官開口，一股強烈的睡意便會向他襲來？難不成他患了一種由教官的聲音所引發的嗜睡症？

「3歲兒子拿著母親遺照，哭喊著『媽媽！』、『媽媽！』，讓許多圍觀民眾感到鼻酸，死者的妹妹表示家屬曾經和醫院多次協商，但是院方堅持沒有疏失，決定提出醫療告訴。」

嘉平勉強睜眼，螢幕上是一個哭泣的男孩，眼淚無聲地劃過稚嫩的臉龐，他空洞的眼神裡有種不該屬於孩子的憤怒。嘉平想再多看他幾眼、想拍拍他的頭，為他抹上無憂無慮的笑容，無奈睡意幾乎全面掌控他的腦袋，他的眼皮逐漸下沉，意識變得混沌，幾秒後他陷入一片黑暗之中，萬物歸於寧靜。

在喧鬧吵雜的台北，國防醫學院坐落於相對較寧靜的內湖區。沿著緩緩上升的馬路，稀稀落落的行道樹排列在道路兩旁，偶爾一輛汽車經過。往左看去，又直又長的U型車道映入眼簾，車道中央遍植著綠蓊蓊的橢圓形草坪，那兒立了幾叢植株，整潔而規矩。盡頭矗立著一棟雄偉的純白建築，入口兩根高聳的石柱頂端裝飾著圓圓的黃色校徽，鮮紅色的五瓣梅花中畫著雙頭蛇杖，梅花外環繞著「博愛忠真」四字校訓。

在這所學校中，總共有五個學系，分別為醫學、牙醫、藥學、護理、公共衛生，每年培養許多各方面的醫護人員。特別的是，每個國防醫學院的學生除了醫護方面的訓練外，還會接受軍事方面的訓練。學生畢業後擁有雙重身分，不但是醫院裡的醫師、護理師，更是在危急時必須趕赴戰場的軍醫、軍護。

這群學生在學期間都要參加好幾次軍事訓練的挑戰，其中又以三年級升四年級的暑假期間（註一）所受的軍醫專業實習課程最為精采。

接續著被考試逼得窒息的大三生活，緊接而來的是為期兩周的軍陣醫學實習課程，目的是當有緊急事件發生的時候，學生能夠知道如何以軍醫的專業形象處理這些緊急狀況。在這期間，人人皆須穿著迷彩服，接受戰術醫療、野外救護、災難救援、潛水救護和空中救護等十一項專業課程，所有課程結束後學生都要接受測驗，以看出是否將課程中的知識融會貫通，在測驗中學生將運用課程所學在模擬的災難情況下正確地做出應對措施。

今天是軍陣醫學課程的最後一天，學生們分成多組進行實作課程，課程結束前他們回到座位聽總教官冗長的宣達。下課鐘聲響起，原先流連於夢鄉的同學毅然捨棄椅背的溫暖懷抱，他們各個抬頭挺胸，閃亮而熱切的雙眼緊盯著仍洋洋灑灑地發表著激昂言論的總教官，像是要將他燒灼出兩個洞，若非衣領還留有口水的痕跡，那專心致志的神情還真會讓人誤以為他們至始至終都未曾恍惚。書本與文具已安安穩穩地躺在書包中，許多人開始拉筋，準備衝向學生餐廳，若慢了一步可得大排長龍才吃得到晚餐。教官一宣佈下課，大家頓時如出柙猛獸，抓起書包就一股腦兒地蜂擁至門口，只為能比其他人早一步跨出教室而奮力地推擠。

過了下課的浪潮，教室轉回寧靜。適才那堂課是做基本救命術的練習，教室前面擺了一具具半身人偶教具和一包包的AED、甦醒球。李嘉平正在講台前收拾器材，他五官深邃，清秀而英挺的面龐隱隱透露出男人成熟的魅力，專注而清透的眼神彷彿帶著孩童般的天真。此刻嘉平正彎著腰、低著頭，把一具具用來練習心肺復甦術的安妮搬至原位。

這時，一道陰影遮擋住撒在嘉平身上的燈光。

嘉平瞇眼抬頭望去，一道瘦削的身影立在身旁。

「蕙婷，妳要幫我收嗎？」嘉平看著身旁的蕙婷問道。

蕙婷一手扶著側背包，猶豫了一下，悶聲說：「看你可憐，來幫你收吧。」

嘉平好氣又好笑：「我才不用你可憐。我快收完了，不幫也行。」

看嘉平又低頭繼續工作，蕙婷有些尷尬，索性不再多說，便直接走到嘉平旁邊幫忙整理。

嘉平對這個不坦率的青梅竹馬的行為早已見怪不怪，微笑道：「謝啦！」

回答嘉平的只是一聲從鼻子吐出來的哼氣聲。

終於將教具都收拾整齊，嘉平心情不錯，說：「走吧！妳也要去學餐吃飯嗎？」

於是兩人並肩走在走廊上，向學生餐廳走去。蕙婷個頭雖不矮，但過大的迷彩服垂在那又薄又窄的肩上，讓她看起來縮小了一個尺碼；纖細的腳踝套在沉重的大頭皮鞋裡，使她走起路來有些笨拙。襯托起來，走在旁邊的李嘉平顯得英健挺拔。

嘉平感嘆道：「說起來，感覺自從高中以後，妳的脾氣就越來越古怪了啊！……該說是不坦率還是……。記得小時候不是這樣的，我們是鄰居、從小一起玩……」

蕙婷聽了之後先是有些生氣，但最後只吐出：「要是沒有你這個鄰居就好了……」

嘉平無奈地說：「喂……這樣說太過分了吧！」

就在這時，嘉平從眼角看到一抹身影，對方正好也注意到嘉平而轉過身來。

「李嘉平！」對方笑著向嘉平招手。

看到來人，蕙婷腳步一頓。

嘉平也向走向這邊的女孩招招手。「百合！」

不管是誰看到何百合，恐怕都會眼睛一亮。百合身姿風流如柳、穠纖合度，綁著高馬尾，更突顯出她容顏妍麗明媚不可方物。此時百合身邊還有好幾位男同學，原本似乎在討論什麼。百合的身高雖然不矮，但被其他男同學圍繞著，男女的身形差異襯得她嬌豔可愛，好像萬綠叢中的一株嬌花，特別光采奪目。

蕙婷低下頭，再抬起頭時已經掛上了微笑，也揮著手打招呼：「百合！」

百合也衝蕙婷笑了笑。

百合走了過來，立在嘉平身側，笑說：「這麼巧遇到你，一起去吃學餐？」她的頭稍稍偏向左邊，烏黑亮麗的高馬尾如柔絲般披散在左肩，每一根頭髮的位置與角度，以及她的一舉手一投足都像是被精確計算過似的，以最完美的姿態呈現在她身上。

嘉平任由百合拉住他的手，目光望向蕙婷。蕙婷回望著他，雖然掛著笑，但纖細的眉毛微微一皺，說：「我先走一步啦。」

嘉平點點頭，回頭望向百合。百合正笑臉盈盈地望著嘉平。

「妳剛剛不是在討論嗎？現在去吃晚餐？」

百合點點頭。「剛好討論到一個段落啦！暑期志工週也快到了，我們志工團（註二）因為是國際志工，要做募資，還要確認課程……真是快忙死了！」

「團長大人還真是辛苦呢！」

「哈哈，什麼『大人』，你在挖苦我嗎？」

兩人一邊說，一邊走。嘉平感覺到軟軟的手握住自己的手。

「你今天好像心情特別好？」

「呵呵，看得出來嗎？」

「發生什麼事了嗎？」

「我就跟你說吧！明天不就是軍陣醫學實習的總測了嗎？剛剛得到了最新消息喔！」

「喔！不愧是系長大人！」

百合拍了一下嘉平的頭，笑罵：「你很欠揍喔！」

「小百合息怒，請繼續！」嘉平也開始嘻皮笑臉了起來。

「你啊……。就是那個總測啊，居然……」

「什麼？」

這時，轉角處一個身影出現在他們眼裡。

尹鑫教官雙手揹在背後，下巴抬得高高的，圓圓的鼻孔隨著每一次的吸氣吐氣而撐大縮小，那銳利的眼神像是要找出病灶般地掃視著他們。嘉平的眼裡閃過一絲驚訝，默不作聲地放開百合的手，想要道好後便離開，尹鑫教官卻立刻伸手攔住他們。

「同學，別那麼急著走嘛！」尹鑫教官道，「一看到教官就想離開，這樣教官會難過的。你們兩個感情很好喔？走路也這樣黏在一起，感情好是好事，教官我大學時也談過戀愛，可是這裡是軍校，還是要遵守兩性營規，你們也都大三了，政令宣導時也說過很多次，應該也都知道學校是注重這件事的。不是教官古板，也不是見不得你們好，雖然知道講了你們會覺得我很囉唆，可是該說的話還是得說。我們學校平常不會給你們很多限制，可是現在有外面的人來我們學校上課，要是給別人看到了，他們可能會說我們國防醫學院管得鬆、沒紀律，這樣的話傳出去對大家都不是好事，你們說對不對？你們覺得我說得有沒有道理？」

「報告教官，有道理！」百合微笑道，嘉平也點頭附和。

尹鑫教官對百合的答覆很滿意。「對嘛！教官我最不喜歡拿位階這一套來壓人，大家都是文明人，講道理大家都聽得懂。讚！所以兩性營規這部分呀，是一定要遵守的，教官也不想一天到晚在那邊抓人講話，你們被抓應該也覺得很煩吧？教官不是要你們別談戀愛，要談戀愛，可以！你們私底下要怎樣牽牽小手、摟摟抱抱我都沒意見，那是你們的自由，但你們現在在營區內，還穿著迷彩服、大頭皮鞋，有些事就一定要遵守，有沒有道理？教官這樣講你們有沒有覺得很煩？」

嘉平沉默不語，露出尷尬的微笑。

「你們老實說，我不會怎樣。時代已經不一樣了，現在我們重視的是有效的溝通。」尹鑫教官說，但即便他的嘴角掛著和藹可親的笑容，漆黑的眼睛裡卻是一點笑意也沒。

「不會呀，教官。」百合道，「我們不會覺得……」

「好，沒關係！教官也當過學生，你們心裡在想什麼，我大概也都猜得出來。不管你們覺得煩不煩，還是要去思考教官講的話，如果你覺得沒道理，可以提出來，畢竟教官也是人，也會犯錯。教學相長嘛！說不定我也可以從你們身上學到東西……」

尹鑫教官就這樣不知叨叨絮絮了多久，好幾次百合都試圖打斷，都徒勞無功。嘉平已不耐煩地抖起腳來，好在另一位教官經過，拉著尹鑫教官去開會，他們兩人才得以解脫。

學生餐廳門口貼著各式新鮮蔬果的圖片，上頭標語寫著「新鮮、營養、美味」，嘉平跟百合在入口處拿了餐盤，到自助餐檯夾取配菜，然後前往打飯。

「唉唉，嘉平，不遵守兩性營規唷！」正當嘉平端著鐵碗盛飯時，有個人突然站在他背後，靠近他耳朵說。嘉平一轉頭後，發現是劉詠星與許景輝。

劉詠星與許景輝兩人分明是一高一矮、一瘦一胖，但從高中以來的朝暮相處，使他們的氣質看起來有些相似。或許該說除了身材以外，他們的性格、愛好都相似地讓人不敢置信，像是一對生長於不同家庭的孿生兄弟，兩位毫無相干的人有著相同的血型、出生日期，同時就讀同一所高中和大學，這樣的機率有多大呢？

「炎炎夏日，你們在樓梯口做什麼事呢？」高瘦的詠星挑著眉，邪惡地笑說。

「煩吶！」嘉平吆喝道。

詠星與景輝露出奸邪的笑容，「不是教官古板，也不是見不得你們好，我知道講了你們會覺得我很囉唆，可是該說的話還是要說……」微胖的許景輝把手背在後面，說話鏗鏘有力，「教官我最不喜歡拿位階這一套來壓人，大家都是文明人，講道理大家都聽得懂。讚！你們覺得我說得有沒有道理？」

一旁的詠星站直身子，模仿女生又細又尖的聲音答：「有！教官！」他粗糙沙啞的嗓子讓人聽了有些難受。

「你們都看到了幹嘛不來幫一下啦！」嘉平道。

「靠！你超廢的！都是何百合在回答，你只會躲在後面點頭。」詠星道，同時模仿鴿子呆頭呆腦的點頭模樣。被他這麼一說，嘉平羞紅著臉，無法辯駁。

「喂！你們在幹嘛？」謝柏雍端著餐盤向他們走來，接受過重量訓練的他走起路來有點外八，他頂著一顆平頭，兩條濃眉像毛毛蟲一般躺在彎月似的眼睛上，上排牙齒露出一顆小虎牙，掛著一年四季都不打烊的敦厚笑容。走在他後方的是馬來西亞的僑生羅沛玲，俏麗的短髮配上迷彩服讓她更顯帥氣，身材高挑又容貌清秀的她總會吸引女生的目光。

「兩個人單獨來吃飯。柏雍，該請紅豆飯囉！」景輝道。

柏雍倒吸一口氣，「請什麼紅豆飯呀！白癡！豬頭！」他如小學生驚慌失措時的反應總讓大家喜歡拿他開玩笑。他望向羅沛玲，眼神中充滿無限委屈。

「沒事的，他們開開玩笑而已，你不用太當真。」沛玲用濃濃的馬來西亞鄉音安慰他道，接著又說：「我們剛剛去找老師，所以才一起來的。」

一提到這，柏雍的雙眼瞬間變得閃亮，剛才的委屈與慌張消失地無影無蹤。

「我跟你們說，我們明天的結訓測驗不是在貴重儀器中心嗎？我們剛剛去六樓找老師時，聽到長官在聊天，聽說我們這次測驗使用的虛擬實境系統好像非常逼真耶，還會真的流血什麼的……很酷吧！」

景輝不屑地哼了一聲，「這消息早就過時了，上課時教官也一直喳喳喳說個不停。」

「那你有聽到明天會考些什麼嗎？」嘉平問。

「嗯……就考上課教過的那些吧！應該不會出太難。」有說等於沒說呀！嘉平心想。

「唉呀！虛擬實境不就是打打電動嗎？明天就靠你了，柏雍。」詠星拍拍柏雍的肩膀道。

柏雍狐疑地看著他，「靠我幹嘛？我又不常打電動。」

「別謙虛了！」詠星道，「你不是最常熬夜打手……機遊戲嗎？」說完後所有人都露出意味深長的笑容，一幕柏雍夜深人靜時坐在馬桶上看手機的畫面乍然浮現腦海。

柏雍瞪大雙眼。「哪有！才沒有！」他慌亂地緊咬下唇，手足無措的模樣令大家感到好笑，「不准想像！變態！」他轉頭再次向沛玲求救，發現沛玲也正努力忍住笑意。

柏雍雙頰脹紅，輕聲說著：「怎麼這樣……」

沛玲拍拍柏雍的肩膀，再次安慰道：「柏雍，別太認真，他們隨便說說而已。」她話是這麼說，但表情卻沒什麼說服力。「況且打機（註三）也不是什麼壞事，適當抒發對身心都好呀！」

她這麼一說，柏雍的臉色變得更加鐵青，他愣愣地看著沛玲，像是疑惑著從前最袒護他的沛玲怎麼也開始尋他玩笑。

「阿沛，那個打雞……」

「柏雍，我們趕快吃飯去，你等一下不是還要開會嗎？」沛玲打斷他的話。

「是什麼意思呀……」

「柏雍，天父在等我們了！」沛玲拉著嘴巴半開的柏雍，柏雍呆呆地看著她，不自覺地跟著她走了。

一群人打打鬧鬧一會兒後，嘉平先行離開，端著碗找百合吃飯去了。

夕陽躲在教學大樓後方，為建築物的輪廓鑲嵌上美麗耀眼的金邊，靠近地面的天空像是著了火，將上方的天空都燻黑了，紫灰色的雲朵靜靜地飄動，彷彿黑夜裡的幽魂，毫無目標地遊蕩著。橘紅色的火光是如此絢爛，它的美在於一切即將燃燒殆盡，厚重的黑煙將籠罩天空、如山的碳粉將灑落大地，萬物都不得不接受夜晚的降臨，並在日昇日落中走向破敗與凋零、繁榮與重生。

離開了學餐，嘉平慢慢陪百合走回女生宿舍。百合牽著嘉平的手，柔軟的指頭像豆腐般冰涼，一陣清風徐徐吐在她姣好的面容上，烏絲隨之飄動。

因為女生宿舍不准男生進入，往往男生陪女生走到宿舍前面，兩人還捨不得分開。因此女宿門口常常形成聚集了許多對情侶的奇觀。情侶們各自或握著手、或搭著肩，紛紛找一個小角落，沉浸在彼此的小世界中。

此時嘉平與百合也成為了裡面的其中一對。

百合兩手拉著嘉平的手，嘉平也回握住。兩人站得很近，幾乎要黏在一起。也沒有說話，就暫時這樣看著對方，享受一點點的甜蜜時光。

「明天要好好加油喔！嘉平。」在平時，百合都習慣叫全名，在私底下只叫名字，這總令嘉平更意識到自己是特別的。

「嗯。」嘉平撫摸著百合的後腦勺，感受那黑亮頭髮的柔軟觸感。「我還好，妳是小隊長，應該更辛苦。」

「不會啦。」

「哈哈，也對，我知道妳就喜歡當隊長。」

「對啊！」百合爽快答道，「討厭嗎？」

「妳這樣問很狡猾喔！」嘉平拍了拍百合的頭，「妳知道的。」

百合踮起腳尖，兩人的鼻子幾乎要碰到一起，嘉平都可以感受到百合的吐息吹到他臉上。百合又軟軟地說了一次：「討厭嗎？」

嘉平情不自禁地碰了一下百合的嘴唇，低聲說：「不討厭……」

聽到了想要的答案，百合露出燦爛的笑容。

「啊……」嘉平這才意識到自己剛才的舉動，連忙四處張望。

雖然兩人站地隱密，但也不保證沒人看到……。

說來也巧，一轉頭就剛好看見蕙婷跟她室友沛玲正走進女生宿舍。

沛玲似乎有注意這邊，蕙婷則完全沒將視線轉向嘉平，若無其事地走進了宿舍。

嘉平也尷尬地移開了視線。「可能被看到了……」

百合毫不在意地拍了拍嘉平，笑說：「不管過了多久你都還是不習慣耶！沒關係，大家又不會在意！」

嘉平還是嘆了一口氣。最後草草地跟百合道別。

一開門，發現原本該有四個人的寢室，只有一個室友在。

「嗨！我回來了。」嘉平對一個正在忙碌的背影打招呼。

「嗯……嗯……嗨……」郭偉祥的座位附近攤了一大堆東西，本人正在那堆東西當中埋頭清點。

郭偉祥瘦小的身材配上蓬亂的短髮讓他看起來活像隻猴子，他咬著指甲，一邊前後搖晃，口中還念念有詞著，像在做什麼不為人知的神祕法事，看起來煞是詭異。

「你在做什麼啊？」

「大頭皮鞋……小帽……手冊、迷彩夾克……上衣……」偉祥只是喃喃自語。

「喂，不要無視我啊！」

「喔……你也趕快開始準備比較好喔……」偉祥終於抬起頭，眼下是兩圈萬年掛著的黑眼圈。

「好像也沒有要準備什麼吧。」嘉平笑說。

「不不，這次真的準備的越萬全越好，真的。我的直覺。這次可能會發生什麼大事喔。」偉祥兩眼瞪得直直的看著嘉平說。

「能有什麼事？」嘉平心裡浮現虛擬實境系統，猜想那肯定只是某種像遊戲機一樣的機器吧！

「你看……你也感覺到了吧？不安……」偉祥嘿嘿笑了，不過馬上又變成嚴肅的表情。「未雨綢繆，不然等到發生什麼就來不及了。」

偉祥又開始低頭喃喃清點，不過就嘉平看來，偉祥只是一直在重複點已經點過的東西。

「什麼啊……」嘉平嘆道。嘉平一直懷疑這個室友有妄想症。

「啊！還有，」偉祥又突然抬起頭，「我剛剛看到了喔，你跟百合卿卿我我的樣子……」

「啊？」

偉祥吃吃地笑了：「你真的很幸運耶！有這麼漂亮的女朋友。人長得帥就是好。」

嘉平有些惱了，悶不作聲地走回自己的座位。

「嗯？生氣了？好啦，別生氣。為了沒有危機意識的室友，我就多帶一些，把你的份也帶上吧……」說著，又開始孜孜不倦地清點、收拾。

上了一整天課，再加上剛剛偉祥這麼一攪和，嘉平只覺得更疲倦了。他拿出明天測驗的規則手冊，想著在睡前再複習流程跟任務。

☆結訓測驗規則☆

※8人為一小隊

※測驗時間：

系統內（體感時間）：一天半

系統外（實際時間）：半天

※測驗對象：

國防醫學院牙醫、護理、醫學系之完成軍陣醫學實習課程的三年級學生。

為使學生熟悉暑訓課程期間—軍陣醫學實習課程，並將課程內容結合實用，國防醫學院特此引入台灣首創最新系統VSST(Virtual Simulation & Spiritual Transmission System)，採用最高科技的腦波傳送技術，將意識傳送進系統設定好的伺服器中，讓同學能夠在最真實的狀況下模擬上課所教過的情境，並做出適當的處置。

「喂！我說……偉祥！明天那個是虛擬實境吧！根本就不需要帶配備啊！」

偉祥像是沒聽到嘉平對他的呼喊，自顧自地一邊滴滴咕咕一邊在他的黃埔大背包裡面塞入更多的東西。

「真是……瘋了！」嘉平開始對於明天的組員感到有點擔心。那個時候一聽說結訓測驗是八人一組，大家便開始瘋狂搶人，一開始是百合，再來景輝跟詠星倆搭檔拉著柏雍跟沛玲進來，沛玲又拉著她室友蕙婷，而嘉平的室友偉祥則是最後找不到組別的時候才跑來的。

因為在一陣慌亂之下找組員，大家彼此間並不太熟，雖然說暑期的軍陣醫學實習課程不會在學業中占很重的分數，但要是沒通過，明年就得重修，這樣不僅會擋到念醫師國考的寶貴時間，一想到要跟學弟妹一起受訓，嘉平就覺得一個頭兩個大。

「話說，這個VSST系統到底是什麼東西啊！聽都沒聽過。」嘉平喃喃道，「還有分體感時間跟實際時間吶！真有趣，不會真的像是在打電動那個樣子吧！」嘉平拿著測驗規則繼續往下看。

測驗須知

・請於測驗當日上午8:00於三軍總醫院正子大樓3樓會議室聽取測驗說明

・下午1:30著系期服（註四）抵達三軍總醫院正子大樓3樓測驗中心並依組別進入對應之測驗室

【測驗課題】

1. 敵火下作業（止血帶運用）
2. 大量傷患處置（檢傷分類、搜救技能）
3. 繩結與垂降

【時間安排與位置】

項目名稱	時程	位置
初入系統	第一日下午2點	樹人基地
一・敵火下作業	PM2:30~PM6:00	樹人基地
休息	PM6:00~AM7:00	致德基地（乘直升機）
二・大量傷患應變處置	第二日早上7點	山頂（乘直升機）
三・繩結與垂降	約第二日下午3時	山頂步行返回致德基地途中
退出系統	約第二日下午5時	致德基地

※以上皆系統內（體感）時間

【地圖】

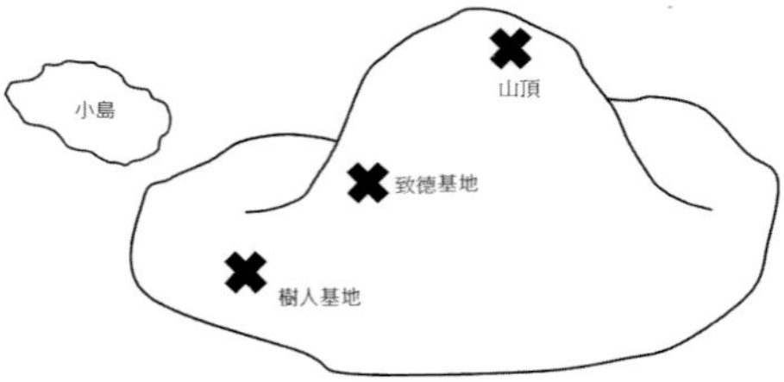

全景圖

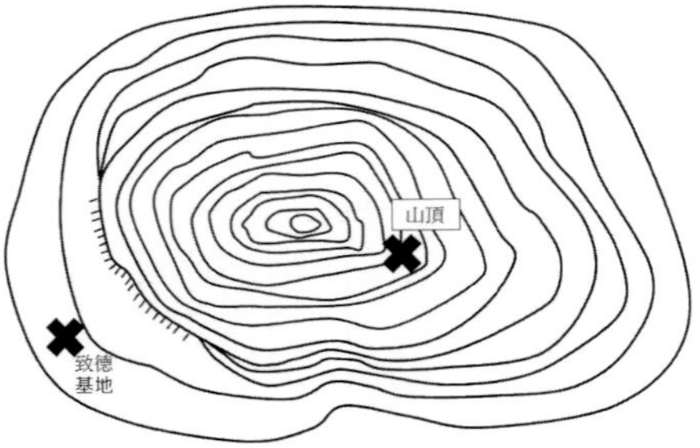

地形圖

沒讀個幾行，嘉平發現自己眼皮越來越沉重，他便拉上棉被與星星一同墜入寧靜的黑夜中。

註一：相較於一般大學有2個多月的暑假，國防醫學院僅有3個禮拜的假期，其他大學依舊放假之時，便是他們進行軍事訓練以及各種校務管理的時間。

註二：志工週是國防醫學院的特色之一。身為軍校生，平時不得隨意離開校園，因此在3個禮拜的暑假後，學校特別規劃3個禮拜的志工週，讓學生發展人文關懷精神、建立醫學與社會交流。學生可以自己擬定計畫，前往感興趣的服務地點擔任志工，透過這種自主性很高的課程，學生習得的不只是做志工的精神，更有對自己負責跟籌備活動的能力。其中，國際志工團更多次獲得青年發展署的獎項，成果豐富。

註三：馬來西亞口頭用語，指的是打電動。

註四：身為軍校生，在入學前必須經歷長達兩個月的入伍訓，期間大家相互扶持。也因此國防醫學院內，同儕間的感情都很要好，全校的同學幾乎都彼此認識。為了方便管理，除了在正課時間要穿軍便服之外，在上體育課時亦可依照不同的期班，穿著各自期班自己設計的衣服，此即為系期服。

【軍陣醫學實習課程實錄】

高級救命術（第一天 106.5.22）

高級心臟救命術／急診外傷訓練／傷口縫合／骨折石膏固定

陳穎信

高級心臟救命術－由陳穎信醫師講授高級心臟救命術中之 VF 急救流程，並用 Zuvio 雲端及時系統進行前後測學習成效。

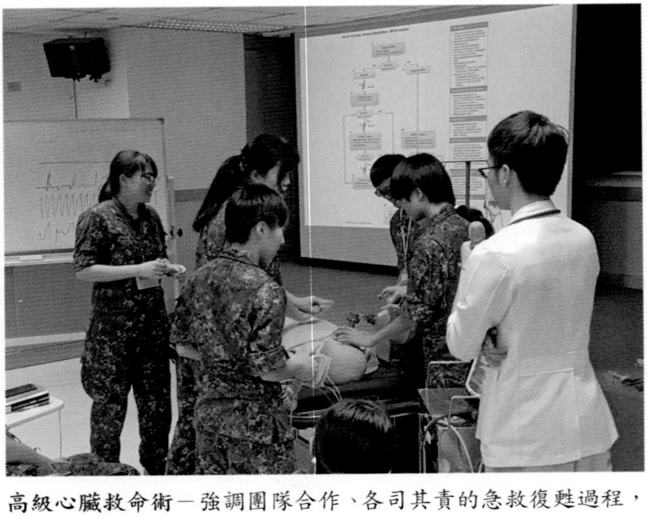

高級心臟救命術－強調團隊合作、各司其責的急救復甦過程，由急診部醫師帶領下進行 VF 之處置流程。

急診外傷訓練－由胡曉峯醫師指導急診外傷之初級評估 (ABCDE) 及次級評估 (從頭到腳趾頭)。

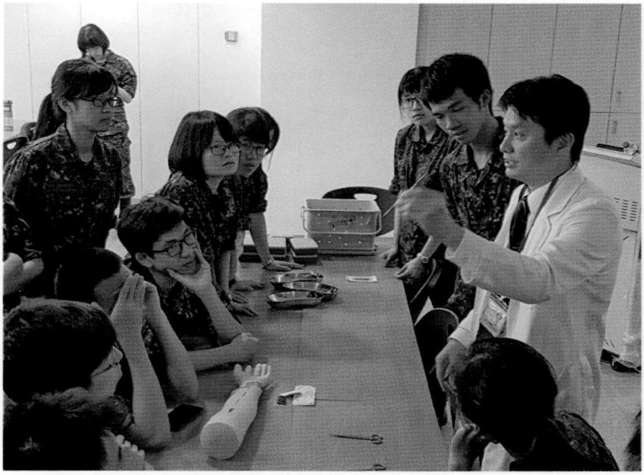

傷口縫合－由整型外科曾元生醫師指導正確傷口縫合。

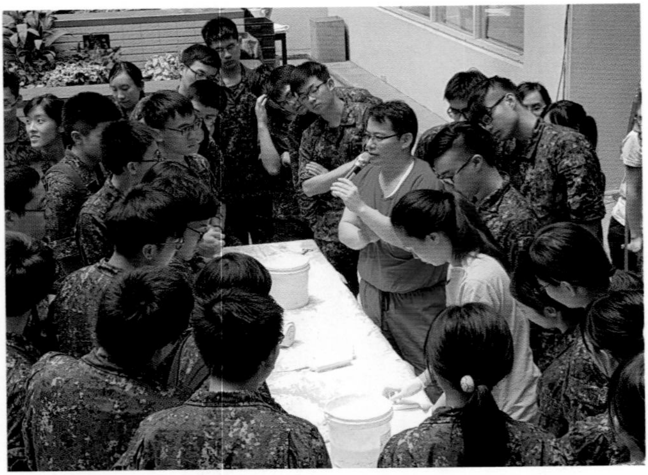

骨折石膏固定－由骨科部醫師指導如何進行骨折石膏固定。

止血帶操作－由前國防醫學院生物醫學工程學科主任林清亮教官指導如何操作止血帶。

2 chapter two

攻無不克

陳玟君

攻無不克

「都準備好了嗎？有沒有人沒到的？沒到的舉一下手，有沒有？有沒有？大家都走對房間喔？不要私底下偷換喔！我們每個房間都有對應到之前的分組名單，走錯的話你的成績就是別人的囉！不要到時候再哭著求教官說你不知道。大家再確認一下你前後左右的鄰居，看看有沒有人是被掉包的。如果沒問題的話，我們測驗兩點準時開始，預計晚上五點結束，總共三個小時。如果任務提前完成，就乖乖待在原地不要亂跑，系統會讓你們自動甦醒；如果時間到了都還沒完成，那也沒關係，反正五點一到所有人都會自己醒來。聽懂了沒？」七十吋的大螢幕上尹鑫教官正在做最終的確認，螢幕上的他看起來神采奕奕，每一根汗毛都興奮地顫抖著、法令紋也手舞足蹈了起來。此時的尹鑫教官的臉變成平常的十倍大，高解析度下讓他看起來不太真實。

這裡是貴重儀器大樓的測驗中心，這套最新

引進的虛擬實境結訓測驗系統—VSST(Virtual Simulation & Spiritual Transmission System)含括一間中央監控室與二十間虛擬仿真精神傳送室，每一間傳送室都獨立分配到一個虛擬世界中的伺服器，使學員們可以各自獨立地進行虛擬實境的測驗。每間傳送室內各有八座精神傳遞座椅，躺在上面，等VSST系統啟動後便可進入虛擬世界。中央監控室，也就是尹鑫教官目前所在位置，可監測各房間內測驗者的生理狀態，並藉由各房間內的大螢幕和測驗者們溝通，此外當學員出現異常生理反應時，能給予緊急甦醒。

躺在裝置內的嘉平身著系期服，他決定忽視那大得壓迫人的尹鑫教官面孔，開始打量當前所處的這套儀器。精神傳遞座椅像初四的娥眉月，彎彎的白色塑膠殼體外漆著一條優雅的水藍色條紋，用黑色流線型的字體寫著「VSST」，殼體上方是可開關的玻璃罩。機體散發著美國太空總署般的專業感，很難想像這竟是出自台灣的軍事研發中心之手。

座艙的內壁延伸出許多傳輸線連接他們的腦部與手腕，用以監控生理狀態；內襯聚氯乙烯質料的充氣式軟墊，填充後可束縛住失去意識的測驗者，以免他們拉扯傳輸線，裡頭更設有按摩功能，以避免受試者久坐後肩頸僵硬。透過偌大的玻璃罩，整個房間一覽無遺，房間內八座精神傳遞座椅呈放射狀排列，它們的底部皆固定在金屬大輪盤上。

嘉平對面的偉祥正打著盹，看到他搖頭晃腦的模樣，嘉平覺得有點好笑。尹鑫教官的大臉還貼在螢幕上，耳機傳來他和別人叨叨絮絮的雜音，嘉平眉頭輕鎖，只希望測驗趕快開始。

「唉，李嘉平，你會緊張嗎？」百合的聲音從座艙內的通訊麥克風中傳來，讓嘉平嚇了一跳，他望向百合，玻璃罩後的她眼睛依舊閃亮。

「有一點，原本以為是遊戲機之類的，沒想到煞有其事。」嘉平答，「妳呢？緊張嗎？」

「我超興奮的！我們這組戰力堅強，一定可以第一個完成任務。」百合自信地說。嘉平想到膽小又神經質的偉祥和總在偷閒的柏雍景輝倆搞笑拍檔，不免懷疑百合對「戰力堅強」的定義究竟為何。

「喂！柏雍，聽到了沒？百合都這麼說了，到時你可不要扯後腿唷！」詠星說。

「是你們要注意吧！要不是我，你們哪能和沛玲一組。我已經發揮了我的剩餘價值，反倒是你們兩個，到現在一點用處都沒展現！」柏雍說。

遊戲還未開始就已經發揮剩餘價值……這似乎不是什麼值得誇耀的事？嘉平

輕笑幾聲，有柏雍、詠星、景輝三人在，這次測驗或許會充滿意外驚喜。

「柏雍啊，你當初不是說有你在就沒問題嗎？」沛玲調侃著說，「還說要背著我到終點。」此話一結束，噓聲四起。嘉平偷瞄一旁的蕙婷，發現她也在偷笑。

景輝附和著：「喂！謝柏雍，說了就要做到！」不知道是害臊還是無言以對，柏雍沒有辯駁。

正當大家說說笑笑時，尹鑫教官的音調突然大了起來，響震了每個座艙。

「喂喂？各位同學還醒著嗎？不要先睡著囉！我看有些人的眼睛都閉上了。快點醒來、快點醒來，等一下就能連睡三小時了，錯過什麼重要事項是你們自己的損失。都已經最後一天了，大家認真一點。唉，那個五號傳遞室的郭偉祥同學，不要再睡了，附近的同學叫他一下。

好、好、好，睜開眼睛了。各位同學，教官在這裡說一句，這次的測驗學校是很認真地去籌備，老師和長官都花了很多心力和時間，希望各位同學能嚴肅看待。好，大家還有沒有什麼問題？任何問題都可以提出來，不然等一下測驗開始你們就不能和外界溝通囉！快點，有沒有？

啊！好，那位同學，九號傳送室那個戴眼鏡的男同學，你說。」

嘉平聽見螢幕傳來模模糊糊的雜音。

「啊？廁所？測驗途中想上廁所怎麼辦？」尹鑫教官緩慢地複誦九號傳遞室裡的同學的問題，「嗯……這個基本上你是可以上廁所的，你在虛擬世界中想怎麼上都沒問題，我們也管不著。但現實生活中你們的身體會有什麼反應……這個就因人而異吧！會不會真的尿出來就看你過去的經驗囉！我這麼說你們懂我意思嗎？教官也不能跟你肯定，反正你們平常作夢時會怎樣，現在就會怎樣。不過大家不用擔心，我們這個是防水材質，要是你真的不小心尿出來也沒關係。

基本上是不會發生這種事啦！教官開個玩笑而已。不過在系統內如果真的發生什麼事，你們還記得教官之前講過的那個緊急退出卡片吧！各位同學，教官再說一遍，到時候進去系統中每組的組長手上會有一張銀色的緊急退出卡，只要半數以上同組人員同時接觸到就會啟動甦醒程序，甦醒後全組測驗等同結束。

但除非萬不得已，否則不要隨便使用啊！如果任務還沒完成或是不到規定的時間就跳出系統的話，整組的學習態度我們會打很低分的，這點我得跟你們強調。如果不及格的話大家就明年見吧！不過各位都是年輕人，副交感神經也沒有什麼疾病，睡眠狀態下代謝會變慢，基本上憋個三小時不成問題啦！好，還有沒有？還有沒有什麼問題要問？」尹鑫教官說得一派輕鬆，但聽在嘉平耳裡可就不是這麼一回事了。他逼自己不要去思考尿褲子的可能性。就算真能藉緊急晶片卡強制甦醒，但這項需團體同意的舉動可能會害得全小隊測驗不合格，明年就得和學弟妹們一同參加考試。嘉平可不願成為千古罪人。

「柏雍，別嚇尿了。」景輝道。

「嚇你妹……」柏雍的聲音驟然停止，因為座艙上的顯示螢幕突然消失，房間的燈也暗了下來。雖然蓋子是透明的，但嘉平還是有種落入棺材的幽閉錯覺。

「喂，各位同學聽得到我的聲音嗎？」尹鑫教官宏亮飽滿的聲音在耳邊乍然響起，嘉平心跳瞬間慢了半拍。裝置兩旁皆設有喇叭，能接收來自中央監制室的指令，尹鑫教官的聲音迴盪在狹小的空間內，讓嘉平渾生起雞皮疙瘩，好像教官就在他耳邊言語，他彷彿感受到教官沉沉的鼻息吐在他的太陽穴上，令人頭皮一陣發麻。「看來各位同學都做好準備了，大家對這次測驗有沒有信心？待會一進去的第一個測驗不要太緊張啊！敵火下作業嘛！有上課的都會操作，上課都有教過的嘛！我聽到幾位同學說有了，呵呵。好！那我們倒數十秒開始。

十、九、八、七、六、五、四、三、二、一。開始！」

座艙下方的金屬大輪盤開始順時針方向加速轉動，起初嘉平只覺頭腦一陣暈眩、呼吸困難，感覺心臟要飛向右邊，這讓他想到小時候在遊樂園玩的「無敵風火輪」，但這次不只是單純暈眩。他的思緒開始紊亂，新舊記憶、現實與想像開始毫無章法地穿梭在他腦海，周遭的聲音也變得吵雜，迷茫間他看到百合正吃著大腸麵線，他也想上前一同享用，但走著走著地面開始崩塌，他奮力求生，但還是不幸墜入無止境的黑暗裡。在不斷墜落的過程中，他消失了，軀體與意識開始崩解，最終被黑暗吞噬殆盡。

四周一片漆黑，幽暗之中嘉平聽見有個規律又有點懷念的聲響。

「喀噠。」嗯？那是什麼東西？難道說蕙婷又把他收藏多年的遙控汽車翻出來？

「喀噠。」她什麼時候溜進他房間的？難不成又是媽媽放她進來的？

「匡噹。」啊！蕙婷笨手笨腳的，一定會弄壞它！

喂！蕙婷！把車子放回去！喂！蕙婷！

「喂！」嘉平猛然睜眼，水泥天花板潮濕發霉，不規則散佈的霉痕勾勒出一幅詭譎的人像，這裡是監獄嗎？

「你醒來啦？」嘉平扭頭一看，發現沛玲坐在身旁對他淡淡一笑，她周圍放著各種裝備，手中擺弄著彈夾。陽光透過上方的小窗子灑落沛玲修長的身形與中性的臉龐，令她看起來格外瀟灑。

嘉平坐起身，發現蕙婷和偉祥也已清醒，身旁同樣擺著各種裝備，而其他人還處於昏迷狀態。

「嗯？這裡是哪裡？你們在做什麼？」嘉平問，他的頭還有點暈，但手掌的觸感、空氣的味道，這裡的一切都無比真實，卻又有股難以言喻的詭異。

「這裡是系統中了喔！精神傳輸系統中的樹人基地，我們在清點裝備。等全員甦醒，大家上完裝備後就可以開始執行任務了。」沛玲邊說邊拿起一把T91戰鬥步槍，「話說你剛剛怎麼叫那麼大聲？做惡夢囉？」

嘉平瞄了蕙婷一眼，她正埋首於手榴彈的清點，對他們的談話似乎絲毫不感興趣。「啊……嗯……夢到以前的事。」嘉平有點恍神，不自覺用起沛玲那馬來西亞口音講話，他不太好意思地望向沛玲。沛玲淡淡一笑，不再多問。

嘉平幽幽地想，蕙婷與他兩小無猜，現在她卻對他愛理不理，這是什麼道理呢？他不認為自己做錯了什麼。他也知道蕙婷對他的想法，但他只不過是想回到從前那樣，難道這樣也有錯嗎？究竟是他不懂女人心，還是這一切不過是蕙婷在任性？

嘉平環顧這間約莫十坪大的房間，只見牆上掛著一個銀框的時鐘，顯示下午兩點，秒針答答答地走著，在這昏暗且安靜的房間內顯得格外刺耳。

「我們睡多久了？把他們叫醒好了，不然晚點測驗就要開始了。」嘉平說，並作勢要搖醒倒在他腳邊的柏雍。

「沒關係！」沛玲出聲阻止他，「大家對系統的適應性都不太相同，勉強甦醒的話可能會干擾腦波的傳遞。反正遊戲是全員甦醒後三十分鐘才正式開始，不需要擔心敵軍。」

沛玲指著牆上的電子時鐘，接著說：「我剛醒來時也是兩點，要等全員甦醒後時鐘才會開始運作。倒數十秒時它會發出聲響，哨聲響起後測驗才正式開始，那時房間門也才有辦法開啟。」嘉平依稀想起早上教官重複講解的測驗流程。

看著沛玲熟練操作裝備的動作，想必做了很多的練習，相較只會複誦講義內容的自己，嘉平不免覺得有些慚愧。

「這些都是偉祥告訴我的，你不用想太多。」沛玲好似看穿了嘉平的心思，用她一貫善解人意的語氣說著。嘉平大吃一驚，不知道是不是自己的表情透露了心聲，他趕緊重整表情，假裝若無其事。沛玲心思細膩、觀察入微，想來在她面前得多提防些。

躲在角落的偉祥聽到了沛玲的話語，不懷好意地笑道：「嘿嘿嘿……就說嘛！只顧著卿卿我我……」嘉平鼻頭皺了一下，低頭研究起裝備。

十幾分鐘後百合、柏雍、詠星與景輝陸續甦醒，沛玲再次向大家解釋當前狀況並開始著裝。

地上的裝備分成八堆，主要包含鋼盔、戰術背心、一把 T91 戰鬥步槍和兩顆 Mk 2 手榴彈，其中戰術背心上附有彈袋、防彈衣和飲水器。這八堆裝備的最左邊屬於醫護兵，它的頭部鋼盔有明顯的紅十字標記，其中一顆手榴彈改為有色煙霧彈。此外，除上述裝備外還多了個軟式擔架和單肩的卡其色帆布救護包，救護包裡面則有止血帶、手電筒、體溫計、血壓計、嗎啡、碘酒以及林林總總的藥物和器材。而最右邊的裝備則屬於小隊長的，裡頭多了地圖和緊急退出卡；緊急退出卡是一張正八邊形的銀色塑膠卡，上頭金色的圖騰將八個凹槽串聯在一起，全員同時握住卡片便能強制從系統中甦醒。

「這好逼真喔！」詠星拿起一顆手榴彈，「百合妳看，這看起來好像鳳梨喔！」他張大嘴作勢要咬下去。就在嘉平悉心研究裝備期間，剩下的隊員陸續清醒。從詠星跟景輝醒來的那一刻起，整個房間就充斥著他們吵雜的喧鬧聲。

「唉！別亂玩啦！」百合用力拍他的背，「等一下手榴彈爆炸，我們就不用玩了。」

詠星笑笑地說：「別擔心，我會在手榴彈爆炸前就把它吃下去的！」

「最好是啦！」百合笑著搶過他手中的手榴彈，接著轉頭向大家宣布：「大家，我們要快點整裝出發。有誰想當醫護兵？」

大家你看我、我看你，但沒人想扛著沉甸甸的救護包穿梭戰場。

「我來當吧！」沛玲說。

最後一個字才剛落地，詠星和景輝立刻異口同聲地說：「不行！」

「那我來吧！」柏雍道。看來他不是已發揮剩餘價值，而是他的價值只有在沛玲需要時才會發揮。

沛玲面露擔憂，柏雍要比沛玲強壯許多，嘉平無法理解沛玲為何要為柏雍操心。

「不用擔心啦！我做過重量訓練的！」柏雍笑著說，同時舉起右臂，試圖展現迷彩服下傲人的二頭肌，當他肌肉用力時，寬鬆的迷彩服似乎真有那麼一點被撐大。

「確定嗎？你不是還要揹我到終點嗎？」

「沒問題的！」柏雍說，「妳那麼輕，一下子就揹起來了。阿沛，你可別小看我喔！」他挑了挑眉，看到他那副故作輕挑的模樣，沛玲嶄露笑容。

不久後大家開始著裝，沉重的防彈衣壓在嘉平肩上，笨重又悶熱的鋼盔像鍋子一樣罩住他的頭，這裡一切佈景、空氣、觸感都是如此真實，原本抱著遊戲心態的詠星和景輝也逐漸認真起來。百合的雙眼炯炯地盯著包覆著一層迷彩偽裝的銀白鋼盔，嘴角透著一抹篤定的微笑。她輕巧地戴上鋼盔，穿戴充滿著各種背帶交互穿扣的裝備，整個流程都是如此地自然，嘉平不禁懷疑嬰兒時期的百合是不是也是自己換尿布、自己泡奶粉？是不是也像現在一樣乍到陌生環境就無所不能？

百合攤開地圖，指著目前所在位置：樹人基地甦醒區。

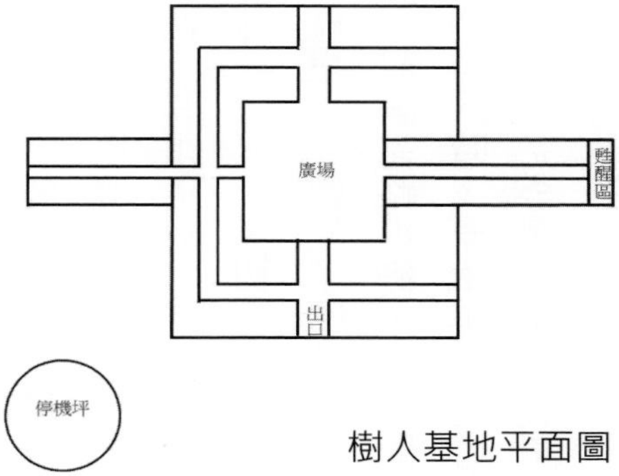

樹人基地平面圖

「這次由我擔任第五小隊的小隊長，希望大家可以放心地交給我領隊。」百合一本正經地說，「我們現在在樹人基地，而這裡是樹人基地停機坪。」

百合指向位於樹人基地下方的一個環形地點。

「我們在這兒搭直升機前往致德基地，第一階段的任務就結束了。我們目前應該在基地東側走廊盡頭的這個房間，等出了樹人基地的圍牆基本上就安全了，但走廊地方可能會有散兵埋伏，建築物中央的鏤空中庭是火力交鋒區，大家到那邊時要多加小心。」

這些情境上課時都有操練過，學校也不可能出難題來刁難學生，只要照本宣科就沒問題了吧？百合總會將事情複雜化，再小的問題只要交到她手中，她都會嚴肅視之。大家初來這個難分虛實虛擬世界，本就夠緊張了，現在弄得這麼嚴肅，不就更人心惶惶了嗎？

討論完路線後，時間僅剩兩分鐘，大伙兒開始收拾裝備，隨著時間越來越接近倒數計時，原本平靜的心開始躁動不安，嘉平感覺思緒變得混亂，他的腦袋嗡嗡作響，完全想不起來突圍計畫的第一步是什麼。他深吸一口氣，環顧同伴，他發現看似平靜的蕙婷的手正微微顫抖著，嘴唇也變得鐵青。

在這種情緒下執行任務，大家肯定會手足無措的。他得做點什麼才行……

「嘿，大家！」嘉平的聲音粉碎了房間內高漲的焦慮情緒，大家都轉頭看向他。「我們要不要來呼個口號？我昨天想了一下隊名，可以叫『攻五不克』，祝第五小隊破關斬將、相互扶持完成任務。」

大伙兒呆愣地看著嘉平，讓嘉平不禁懷疑自己是不是說了什麼蠢話。這時百合開口道：「不錯耶！李嘉平你真用心，還想了隊名。」百合遞給他一個溫暖的微笑，嘉平不好意思地笑了笑。

大家一致同意後便圍成一圈，一隻手相疊在一塊兒，喊著老掉牙的隊呼：「攻五不克，加油！攻五不克，加油！攻五不克，攻無不克！加油！」喊完後大家的臉色似乎都放鬆不少，原來參加營隊活動時喊那些羞死人的口號是真有其意義的。

牆上的電子鐘發出倒數十秒的警告聲，整個小隊全副武裝集中到鐵門邊，嘉平開始心跳加速，他的呼吸變得又淺又快，但此時的他對下一個行動不再猶疑。百合手握把手，緊盯著牆上的電子鐘。

「嗶——」尖銳的哨聲劃破昏暗潮濕的房間，百合推開厚重的門。

【小知識】

戰術醫療

林賢鑫

由於戰場上的狀況特殊，在發生人員傷亡時，需要有一定的處理原則，以期達到自救、互救，將意外創傷所造成致命可能性降低。因而有了美軍戰術戰鬥傷患照顧規範 (TCCC，Tactical Combat Casualty Care) 以及許多相關的概念，旨在當戰場上出現傷者時，能兼顧醫療及戰術任務考量，對傷員採取及時、有效的緊急醫療措施，以挽救傷員生命，保留肢體，穩定傷情，預防致命性併發症為目的，為傷員能安全後送到更高一級醫療機構創造有利條件。

其中TCCC以及院前創傷生命救援術（Prehospital Trauma Life Support, PHTLS）軍用版主要將戰傷救援分為三個階段：[1]

一、敵火下作業階段（Care under fire）

亦即戰鬥中敵方武器直接或間接對人員造成傷亡的第一現場，此時無論傷者或救助者仍暴露於強烈的敵火威脅下，因此僅限於使用傷者或醫護兵的急救包進行緊急治療，並需把握幾點原則：

1. 火力回擊與壓制並尋求掩護與掩蔽（最重要，火力反擊不論來自於傷兵或其鄰兵皆能有效降低產生新傷兵的機會，或防止傷兵承受敵火進一步傷害，它是敵火下救護最佳的治療處置）。

2. 如果狀況允許，讓傷者繼續戰鬥以利救援行動。

3. 如果狀況允許，指揮傷兵進入掩護處及自行使用止血帶止血，或用創傷繃帶包紮。

4. 儘量讓傷者的傷口不致擴大、加重，或受到更多傷害。

5. 讓傷者離開燃燒中的交通工具或建築物，之後並儘可能撲滅火源。

6. 以處理大面積傷口為優先，到了戰術野戰救護階段再進行呼吸道的處理。

7. 如果戰術可行，應先處理危及生命的出血狀況。

（如果可以的話，讓傷者自行止血，如果不行，則取傷者的止血帶從肢體近端綁在制服上扭緊止血，並將傷患移至掩蔽處）

M – Massive Bleeding 大量出血處置

A – Airway 氣道處置

R – Respirations 呼吸頻率及狀況處置

C – Circulation 循環系統處置

H – Head 頭部傷情處置與保溫確保

E – Evaluation 傷情評估

二、戰術野戰救護階段（Tactical Field Care）

戰術野戰救護階段，需掌握 MARCHE 的原則評估及控制傷情，降低死亡的機率，又以控制大量出血 (massive bleeding) 最為重要

此時傷者和救護者已暫時脫離敵火強烈的區域，提供救護者更多的時間及安全性來救助患者，可以進行一些迅速的評估及處置（先以目光掃描身上明顯的出血處先行止血，確認意識、暢通呼吸道、評估呼吸、循環，檢查傷情及是否骨折、確認前一階段敵火下作業時綁上的止血帶效果，重新調整該止血帶或必要時須在第一條止血帶近心端綁上第二條止血帶…等，軀幹部位深部之出血無法以止血帶控制出血時，必要時以含有各種止血材質如甲殼素、海藻膠、高嶺土類之止血紗布，深部加壓填塞 packing 並包紮以利止血），填寫檢傷卡，接上持續簡易生命徵象監控儀如手指型血氧濃度儀等等，然而仍受限於醫療設備不足，因此需同時請求支援，期待盡速將患者後送至醫療資源充足的區域。

三、戰術後送階段（Tactical Evacuation Care）

當傷兵從受傷處經初步處置後移至醫療救護輸具上之過程稱為 CASEVAC (Casualty evacuation)，此階段傷兵與搬運傷兵之作戰同袍，仍有可能遭受包圍突襲，狙擊等，因此 CASEVAC 小組成員要有隨時接戰而進入敵火下作業的準備，

同理已經處於野戰救護階段 Tactical Field Care 的隊員，也一樣隨時可能接戰而進入敵火下作業的循環，當患者被送上救護用的載具（直升機、軍用救護車…等）即進入戰術醫療後送階段 (MEDEVAC/medical evacuation)，此時載具上的救護人員已預先備妥更良善的醫療設備以控制傷者的狀況。此二後送階段重點在於持續動態的傷情評估與醫療應變處置，而前者更著重於傷情與後送相關情資有效通訊作為，隨隊醫務士 Medic or Corpsman 必須熟悉相關之醫療後送請求通訊方式。

參考資料

[1] National Association of Emergency Medical Technicians [NAEMT] (2017). TCCC Guidelines for Medical Personnel 170131, 1st Edition. Mississippi, USA.

【軍陣醫學實習課程實錄】
災難醫學／災難搜救技能（第二天 106.5.23）
災難醫學概論／高山災難醫療救援／繩結／繩索垂降

陳穎信

繩結－由新北市政府消防局特搜大隊指導常用繩結打法。

繩索垂降－利用國防醫學院戶外垂降場進行垂降實際體驗。

繩索垂降－由高達三層樓高的垂降場頂端準備下降，我鼓足勇氣，毫無畏懼。

繩索垂降－在同學眾目睽睽下進行繩索垂降，原來垂降是多麼有趣實用啊！

繩索垂降—瞧！我準備下降的英姿是多麼優美啊！

繩索垂降—快樂垂降行，學習災難搜救技能讓我更加體認救災相關技能的重要性。

3 chapter three

上膛

陳瑄妘

上膛

門軸發出嘰嘎聲，詠星緊貼著冰冷的鐵門，探頭確認走廊無伏兵後，比了個OK的手勢，大家才戰戰兢兢地靠著牆列隊行走。

走廊約莫五十公尺長，堆積著大大小小的紙箱和雜物，頭上幾盞閃爍的白燈嗡嗡作響，更添恐怖，或許在一明一滅間，敵人就會跳出來給予他們致命的一擊。每當經過房間時，一行人便會慢下腳步，由詠星打頭陣，勘查內部有無動靜，一夥人才繼續前進。他們壓低身子、警戒地環顧四周，但除了偉祥讓人煩躁的喃喃聲外，一路上可說相當平和，原本忐忑不安的心情也逐漸平復。

一行人走著走著，漫長的走廊到了轉角處。沛玲首先緊靠牆壁，一點一點地往轉角挪去。其餘的人都僵在原地，不敢稍作聲響。

沛玲握緊手中的步槍，小心地將頭探出牆外。沛玲退了回來，大家默不作聲地看著她。

「是一個大廣場。目前沒看到人。」沛玲低聲說。

「大廣場……大家等一下小心一點，有遮蔽物嗎？」百合問。

「有。有一些堆起來的箱子和高台。」

「好，大家等一下不要曝露，盡量躲在遮蔽物後前進。」

大家點了點頭。一時間彼此相望沒有動作，大家都知道在空曠的地方移動很容易成為敵人的目標，緊張的情緒重新浮現在大家心頭。

偉祥哭喪著臉，緊緊拉住嘉平的衣服。嘉平的這位室友身高不高，此時身上穿著有些過大的迷彩套裝，手拿沉重的步槍，雙腳還有些微微顫抖……看起來靠不住到令人擔憂。

膽小怕事的偉祥平時就習慣依靠嘉平，此時更像是救命稻草般緊抓不放。

嘉平勉強擠出一絲笑：「怎麼？怕了？」

偉祥猛力點頭。

「等一下你就好好跟著大家走。」

大家心中難免緊張，但看到偉祥極致膽小的表現，大家不知怎地反而稍微放鬆了點。

而沛玲和柏雍對看了一眼，沛玲拍拍柏雍的肩好似說著「撐著點，不要跟偉祥一樣讓人笑話啦！」柏雍也了解似的搖了搖頭，咧嘴傻傻笑了。

百合環視了眾人一眼，在大家開始躁動不安之前，低聲說：「走吧。照之前說的隊形走，還記得嗎？我、詠星、景輝、嘉平先走，蕙婷、沛玲、偉祥、柏雍接著。有敵火攻擊時？」

「互相掩護、分批撤退。」大夥答道。

百合點點頭便提著槍走在前面。八人小隊四個四個前後掩護著，踏入廣場。出了轉角後，視野突然變得寬廣起來。說是大廣場，嘉平覺得這裡更像是這棟大建築物的中庭。除了剛出來的走廊，可以看見中庭四周還有好幾個出口。鏤空的庭院堆放著雜物以及花臺，眩目的陽光從頭上大片灑落下來。

很熱。衣服都黏到身上了。

大夥觀察完中庭的配置，打算進一步前往戶外停機坪，百合用手勢比劃著前進方向。

突然，震耳欲聾的槍聲與百合的手勢同時落下。

「找掩護！」轉瞬之間，寧靜的午後廣場充斥著槍響、喊叫以及自己心臟狂暴如雷的跳動聲響。

大夥如本能般迅速臥倒，以最快的速度匍匐前進到各自的掩蔽物之後。

槍聲快速而連續，充斥整個腦袋與中庭，建築物的回音讓人區辨不出槍聲的來源。

片刻之後，稍微習慣了的嘉平第一個想到的就是確認同伴，他一個一個數著，走在他前面的有百合、詠星、景輝，沛玲則與他待在同一排花臺後，而走在他身後的……

「柏雍！」

醫務兵鮮明的紅十字鋼盔還在地上緩慢的前進，全身配滿的醫療器具讓他匍匐前進的樣子看起來更加笨拙吃力。而柏雍離他最近的花臺——也就是嘉平和沛玲現在所待的花臺，也還有一段距離。

說時遲那時快，在嘉平還腦袋一片混亂不知該如何幫忙的時候，沛玲衝了出去，往柏雍身旁撲倒轉身向後拽，柏雍的身體瞬間向花臺滑了幾分，沛玲動作一做完也馬上繼續拉著柏雍半推半爬的向花臺前進，就在兩人快要抵達花臺後面之時突如其來的狀況讓那瞬間好像不真實一樣。

沛玲突然渾身抖動了一下，壓倒在柏雍身上，嘉平一開始不知道到底發生了甚麼事。只見柏雍開始慌張，掙扎著坐起來將沛玲抱在懷中。沛玲右大腿處沾滿了一大片汙漬，液體還在繼續從大腿淌出……暗紅色的、濃稠的液體……

過了一陣子，嘉平才真正意識到那是血。

震耳欲聾的連續槍聲還在繼續，答答答答、答答答答。

這時，一瓶銀色的罐子滾到柏雍與沛玲旁邊，白色的煙霧從小小的瓶身中瘋狂地噴射而出。

「快找遮蔽！」百合嘶聲力竭的喊道。嘉平回頭望去，見到百合已經以臥姿將步槍架在花臺上開始進行射擊。

嘉平這才如夢初醒般，叫道：「快！我們以火力掩護他們！」詠星、景輝聞言也馬上架起槍。

雖然做過幾次射擊訓練，但也就是像體驗一樣的程度而已。但事到臨頭，就算沒自信也只能直接射擊了。嘉平其實也分不清楚敵軍的火力是從哪個方向而來，只是認定一個方位不斷扣板機。後座力打在自己肩窩處，並不如想像中疼痛。

在煙霧彈的遮掩下，柏雍帶著腿上沾滿了血的沛玲來到花臺後。嘉平不敢鬆懈，瞪直著眼繼續射擊。

「阿沛……」只聽柏雍用顫抖的聲音喚道。

「我沒事……可能是系統做了減痛設定……其實沒有很痛。來，拿止血帶。」

每個人迷彩服上右手臂的口袋都配備了止血帶。柏雍從沛玲的口袋中抽出了一條布製的墨綠帶子。柏雍嘗試用止血帶纏住傷口上端。

「血……沒有停……」

「還不夠緊，再綁緊一點。」沛玲聽起來比柏雍冷靜多了。

「還是沒有停！」柏雍纏止血帶的手沾染著沛玲的血液，他不停顫抖著

「可能要再加一條，幫我綁在傷口近心端。」

柏雍將右手臂口袋內的止血帶拿了出來，綁在傷口上端。

這時，與柏雍、沛玲同為B組的蕙婷也趕了過來。

「沛玲！沒事吧？」

沛玲笑了笑：「我沒事，妳來得正好，幫我看看止血帶是不是都拉緊了。」

蕙婷點點頭，毫不猶豫地將兩條止血帶拉緊。

「等一下B組先撤退，A組以火力掩護！」在鋪天蓋地的槍聲中，不遠處的百合喊道。

「知道了！」蕙婷喊回去。

「郭偉祥呢？」百合問。

蕙婷回頭四望，發現偉祥躲在離他們有一段距離的箱子後。

「郭偉祥！趕快過來！要走了！」

「郭偉祥！快！」百合也一起喊。

偉祥像是嚇傻了似的，縮在原地一動不動。

「B組要撤走了！你想被留在這裡嗎？」嘉平一邊臉還貼在槍身上，一邊大吼。

「哇……」偉祥像發了瘋似地衝向這邊，跑過來時破綻百出地樣子令大家捏了一把冷汗。

蕙婷看著氣喘吁吁的偉祥：「天啊！你在哭嗎？」

偉祥用寬大的袖子抹了抹臉，沒有說話。

「好了！B組快撤！」百合向這邊喊。

於是柏雍、蕙婷扛著沛玲，在遮蔽物的掩護下撤到另一端的走廊。偉祥雖然動作不俐落，但也成功的撤出。

「接下來換我們撤了。」百合對嘉平、詠星、景輝說。

「OK！」詠星答道。

「B組以火力掩護我們！」

「好！我以火力掩護你們！」蕙婷從遠方大喊。

事實上嘉平也不知道隊友以火力掩護到底有多大作用，不過當下也不去思考，就是專注地看著前方，上方視野被鋼盔的一部份遮擋住。看著前方、揹著沉重的 T91 步槍，不斷壓低身子快速前進。

嘉平是最後一個撤出戰火區的。當嘉平一進入有遮蔽的走廊，大家都鬆了一口氣。

「這裡是……？」嘉平輕舒了一口氣，站起來問道。

這條走廊比較短，可以看到走廊不遠的前方就是廣闊的室外。

「前面好像就是這棟建築物的出口了！」景輝走過來說。

「是嗎……」

「阿沛怎麼辦？」一旁的柏雍有些激動地問。

沛玲躺在地上，跟柏雍說：「我沒關係，真的沒有很痛。只是……好像不能行動了。」

「對不起……都是因為我……」柏雍自責地低下頭。

「要不是因為系統設定，流這麼多血，可能早就意識不清了吧。」詠星說。

柏雍將頭低地更低了。

「大家別急。」百合說。經過剛剛逼真戰火的切身體驗，百合的眼神也顯得黯淡了些，白皙的臉頰上沾了灰黑的髒污。百合拿出小隊唯一的一支無線電。「隊上出現了傷員。需要先連絡來接我們的直升機準備輸血急救設備。」

大家都點頭。

「柏雍，你先量一下沛玲的血壓。」

「好！」柏雍馬上答道。從笨重的醫護包中拿出血壓計。

百合打開了無線電傳來嘈雜的聲響，百合按著之前背過的口報詞說：「這裡是第五小隊，我們在樹人基地遭遇敵機槍兵攻擊，一人中彈失血過多。over。」

百合將無線電拿遠一點，問：「沛玲的血型，還有我們的座標？」

「我是O型。」沛玲說。

「座標……我們怎麼知道？」景輝疑惑。

「啊！地圖！百合是妳拿著的吧？」嘉平走到百合身邊直接翻找她的背包，從裡面拿出一開始跟裝備放在一起的地圖。果然上面畫著這棟建築物的座標。

百合點點頭，將資訊報給了對方後結束通話。

「大家，」百合拿起地圖，說：「等一會直升機會在這裡的停機坪接我們後送，我們接下來要出這棟建築物，還要再經過一塊空地，才能到停機坪。」百合一邊說著，一邊手指地圖上的位置。

「大家加油！剩下一小段路而已！」看著大家士氣有點低迷，百合心中有些擔心。百合繼續說：「以沛玲現在的狀況，最好能有一個擔架，只是不知道這裡有沒有什麼可以用來當擔架的？」

「那裡堆了很多雜物。喔！」景輝拍手道：「好像看到那裡有幾根長竹竿。」於是詠星和景輝一起走過去看了一下。走廊的牆邊真的堆了不少雜物，幾根長竹竿與紙箱中的迷彩服就足夠製作簡易的戰場擔架了！

「哈哈！畢竟是測驗。應該是特地放在這裡，讓我們可以用的吧！」景輝瞇著眼呵呵笑說。景輝原本眼睛就不大，瞇起眼笑的時候，眼睛就像一條線一般。

「嗯……還記得擔架是這樣做……」詠星將兩根長竹竿平行放著。景輝在一旁將衣服的袖子反摺到裡面，再將衣服套進兩根竹竿中，製成了簡易擔架。

詠星景輝拿著製好的簡易擔架回到安置沛玲的地方正準備跟大夥吹噓做好擔架的驕傲。卻看到大家都圍繞在沛玲旁邊，表情有些凝重。雖然沛玲一直說沒事，不過臉色開始變得蒼白而憔悴。

詠星拿著擔架看著沒精神的大家，不禁脫口而出：「唉！為什麼會發生這種事呢？」

「嗯。」景輝的視線直直地看著這樣地場景。似乎要把這個場景烙印進腦中一樣。

百合走近大家，問：「柏薙，血壓怎麼樣了？」

「血壓降得太低了。」柏薙沒講話，是蕙婷回答的。

「大家，詠星景輝剛剛做了一個簡易擔架，等一下我們把沛玲抬到擔架上。柏薙、偉祥、嘉平、蕙婷，你們四個來抬擔架。景輝和詠星，你們兩個一前一後做戒護。我會跟在擔架後。」

「好！就交給我們吧！你們的安全就放心交給我吧！」在凝重的氣氛下，景輝發揮平常耍寶的氣質，故作輕鬆地說。

「哎喲！交給我還好！感覺交給你更讓人不安了耶！」景輝的好哥們，詠星也跟著輕快地開起玩笑。

不過大家都沒有笑，倒是躺在地上地沛玲勾起蒼白的嘴唇，笑說：「哈哈！那就拜託你們了！」

嘉平看著身旁的百合，雖然跟大家一樣有些狼狽，清澈的眼神卻透露出益發堅定的神情。

明明一樣是同學、上一樣的課，百合卻能將所學到的知識有效地運用出來，就算是沒有學到的部分，也能做合理的安排，讓嘉平自嘆不如。

在平常輕鬆打混過日子的時候，嘉平從來沒有思考過，原來自己跟百合有什麼差別。

幾個人將沛玲搬到擔架上後，大家就照百合的分配位置，抬起沛玲，小心步出建築物。

建築物外跟地圖畫的一樣，是一大片水泥空地。放眼望去，只有遠處有幾棵孤伶伶的樹。虛擬的太陽亮晃晃地高掛在空中，似乎想要蒸發一切水分般，將這片大地烤地又乾又熱。

大家都很緊繃，不知道會不會突然有槍聲響起。幸好一路上都再沒有敵軍的蹤跡。

平安抵達停機坪後，四個人將沛玲放下。將揹著的步槍緊握在手中，一起加入戒備。

「你們看！那是直升機嗎？」詠星指著空中遠處，的確有直升機在遠處空中盤旋。

「直升機為什麼不過來？」偉祥緊張地問。

「會不會是不確定地點？」景輝說。

百合轉頭對柏雍說：「施放有色煙幕。」

柏雍於是從背包中拿出一瓶罐子。拉開插銷丟到不遠處，罐子開始噴射紅色的煙霧。

百合對著無線電說：「這裡是第五小隊。請問有看到煙幕嗎？……對，是紅色。」

偉祥歪頭問：「這是在做什麼？」

蕙婷說：「是在確認位置。不要去錯地方了。」

不久，螺旋槳「答答答答」的聲音在耳邊越來越響，直升機的輪廓也越來越清楚，紅白相間的機身在湛藍的天空下格外耀眼，隨著直升機越來越近，螺旋槳旋轉帶來的氣流也一陣陣撲面而來，景輝開心地朝著直升機揮手。

直升機落到地面之後，眾人從直升機的三至九點鐘方向把沛玲搬到直升機上。等到眾人都上來後，百合把門關上，飛機一點一點往上升。

「把他交給我們就可以了，謝謝。」機上的兩位穿著白色制服的青年說。

「把他交給我們就可以了，謝謝。」他們重複著這句話語，便開始為沛玲做一些緊急的醫療處置以及輸血。

看著這兩個奇怪的陌生人，嘉平又將視線望向駕駛艙，那裡坐了兩個一樣穿著迷彩服的人，一個坐在駕駛處，一個坐在副駕駛。想必機師跟幫沛玲做醫療處置的人就是這個虛擬實境系統中所謂的「NPC (Non-Player Character)」了吧。手冊上面說，他們並不是真的人，只是系統中設定出來服務測驗者的機器人。

沛玲垂直著機身方向躺在擔架中，除了醫療 NPC 外，隊員們分別坐在擔架兩側。沛玲低垂著眼皮，似乎很想睡覺。柏雍雙手緊握著沛玲的一隻手。嘉平不知道他們兩人是否已經在一起。不過在這樣的情形下，柏雍早就沒有在避嫌，也沒有任何人想要調侃他們。

這期間景輝好像想要說些什麼緩和氣氛，只不過因為直升機的聲音太大聲，聲音被噪音攪碎得無影無蹤。也就再沒有人嘗試講話。

窗外，漸漸的，綠地開始多了起來，直升機越過幾座矮小的丘陵，丘陵上綠樹蓊蓊鬱鬱，跟現實世界沒什麼不同。

嘉平悠悠地想，不知道現在現實世界過了多久？才在這個世界待了幾個小時，卻好像已經過了很久很久。看到的、摸到的、體會到的都是那麼真切，不禁真的要以為這一切其實就是「真實」。

【小知識】

戰傷處置

林賢鑫

本章的情境中，沛玲遭敵軍子彈擊中，產生大量出血，需緊急止血並進行後送，而戰場上常見的傷害大致有傳統彈道武器穿刺傷害、爆炸傷、燒傷（燒夷彈與火焰噴射器）、衝擊波傷害、高能武器傷害（雷射，微波）、特殊核生化(CBRNE)傷害等六種。

其中，又以本文提及的彈道武器（槍枝或刀械）穿刺傷最廣為人知也最常見。當高動能旋轉之子彈進入組織後，其動能與衝擊波將在穿過之組織內形成腔室效應 cavitation。因彈體旋轉移動刮除組織而成破壞性之洞穴通道。是對肢體、生命產生威脅的一種狀況。由於中彈處肢體某部位神經、血管及肌肉是位在一個由緻密筋膜 (investing deep fascia) 封閉的的空間（腔室），受傷後急速腫脹壓迫，造成血管灌流不足，導致組織缺氧而壞死）進而可能產生腔室症候群 (compartment syndrome, [1]。若是擊中骨頭則可能造成碎骨飛濺，產生續發性破片傷 (secondary missiles from gunshot)，造成二次傷害 [2]。

除了這些常見的傷害以外，戰場上常見的可預防性死亡包含下列幾種狀況：[3,4]

1. 四肢出血性傷口
2. 肢體交接處出血 (Junctional hemorrhage)
3. 非壓迫性出血如腹部槍傷 (Non-compressible hemorrhage)
4. 張力性氣胸 (Tension pneumothorax)
5. 呼吸道阻塞 (Airway problems)

其中，以大量出血 (hemorrhage) 導致的休克為主要死因，呼吸道阻塞居次，再來是張力性氣胸。

面對大量出血導致的休克死亡，如何有效止血成了救護人員的重要課題。而本章提及的止血帶即是戰場上用於止血的一大利器，其使用時機及方法如下：[5]

1. 敵火下作業（Care under fire）階段：

如因為中彈等因素發生嚴重的肢體動脈出血（假設皆穿戴各式防彈背心與頭盔），在缺乏凝血（大出血）的前提下，除非對該處加壓，否則出血狀況不會停止。然而在敵火下作業瞬息萬變，不容浪費過多時間進行直接加壓，位於深部動脈出血也不容易以直接加壓方式有效止血，因此兼具迅速（拿條類似鬆緊帶的東西套上，絕對比用紗布繞來繞去快）及穩固的止血帶，成了最有效的救命方式。此階段，需快速旋緊/固定後與傷患一同脫離戰場，因此往往沒有時間暴露傷口就將止血帶綁在衣物外。

2. 戰術野戰救護（Tactical Field Care）階段：

檢查是否有其它未被處理大量出血傷口（再用止血帶止血）並暴露已知傷處，如戰情允許下，評估先前使用止血帶的情況後，可以考慮鬆開止血帶並在傷處直接加壓止血或以止血敷料（hemostatic dressings, HemCon® or hemostatic powder QuikClot®，具備甲殼素，有快速凝血的功能）塞入傷口內止血。

3. 戰術後送（Tactical Evacuation Care）階段：

後送時間超過二小時且傷患目前無發生休克，可考慮以其他有效止血的材料替換止血帶；換言之，若後送時間在二小時以內，或傷患發生休克，是不考慮替換止血帶的。

※止血帶的使用步驟：

不同種類的止血帶有不同的使用步驟（見圖），不過不外乎快速的使用轉桿或插扣將布帶綁緊於出血點與心臟間（傷口近心端 2.5cm 以上，理想上士兵應具單手操作的能力來進行自救），以處理四肢的大出血為主，若是頸部或軀幹的傷口，就須使用止血繃帶或止血敷料處理。

CAT(Combat Application Touriquet)
國際通用戰鬥止血帶使用步驟(模擬左前臂中彈止血)

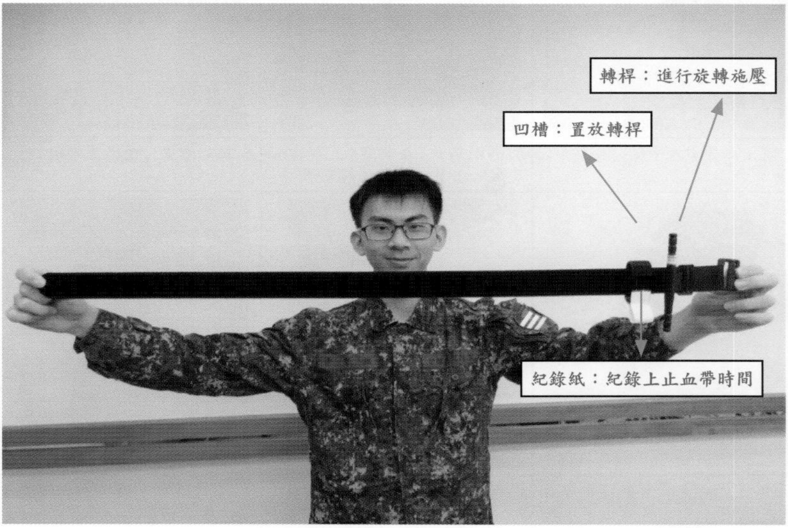

圖：李育銘

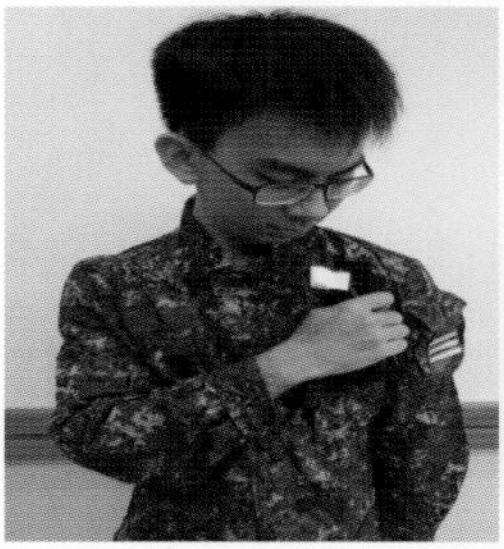		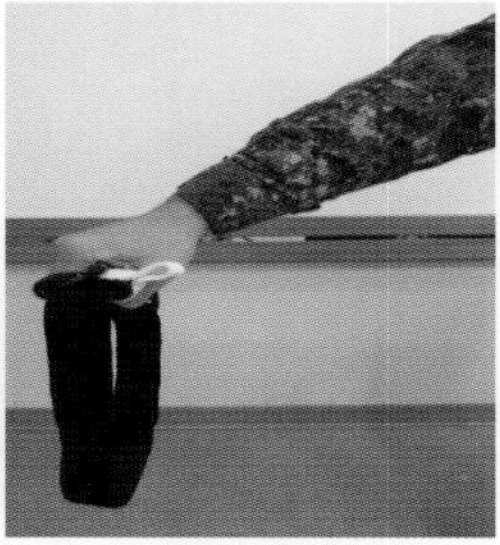
1. 自左胸前的口袋取出預備用的止血袋	2. 此時的布帶有魔鬼氈相連，體積較小	3. 用力向下甩動止血帶，使得中間的套環足以套入手臂

接下頁

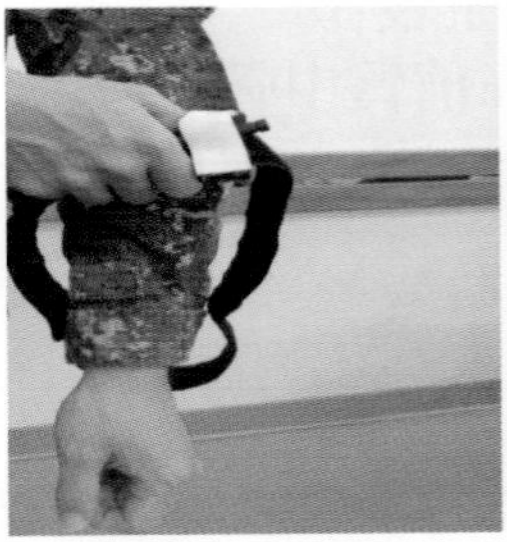	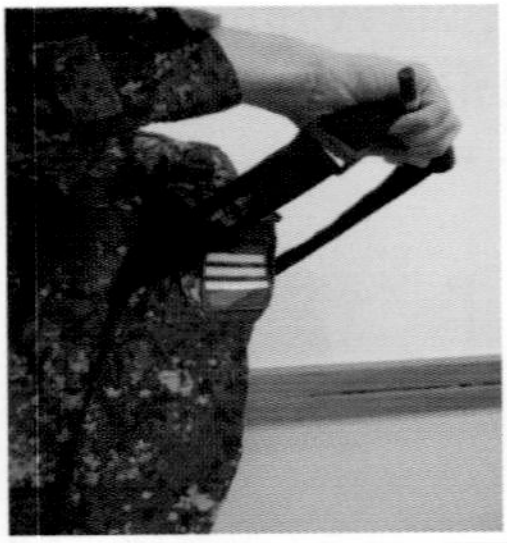	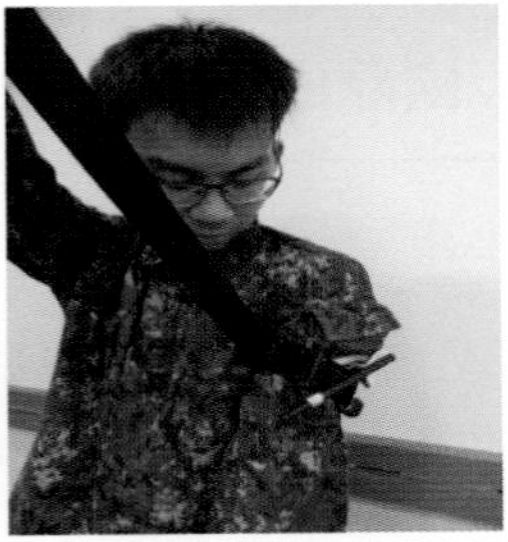
4. 將止血帶套入手臂	5. 套入傷口(左前臂)上方近心處，儘量與關節保持距離	6. 拉動布帶，使得套環縮小
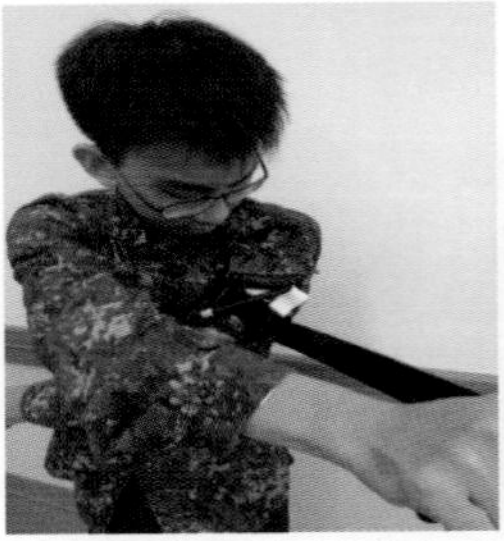	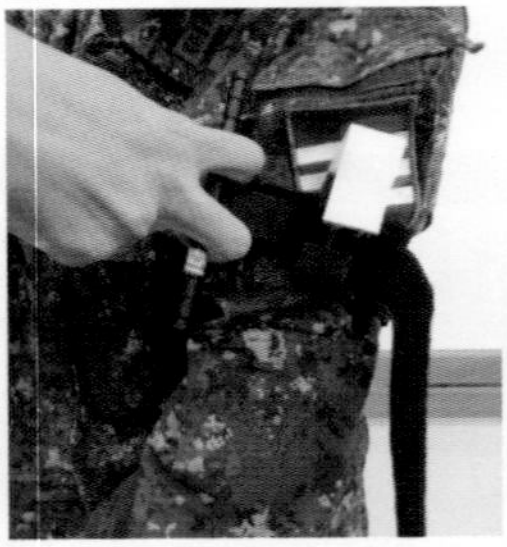	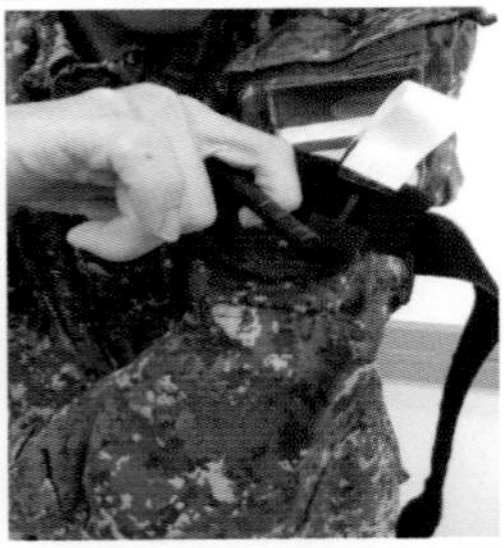
7. 夾緊左腋下，右手將布帶自後方繞過左臂，持續拉緊，增加壓力，貼緊壓住對面魔鬼氈	8. 兩指(中指、食指)拉出轉桿	9. 旋轉轉桿，使得止血帶更緊密地綁在手臂上
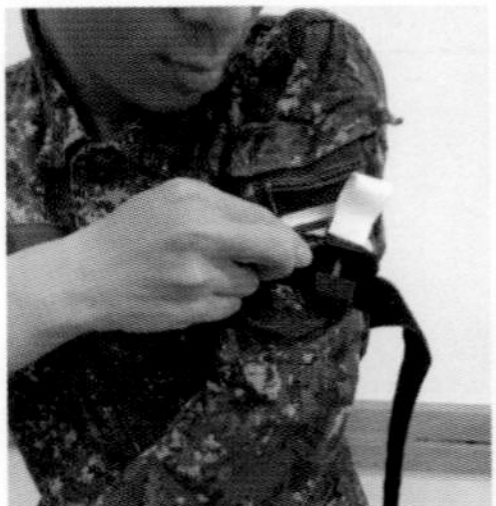	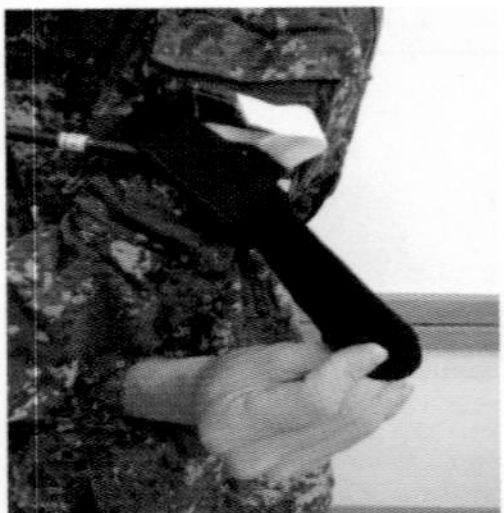	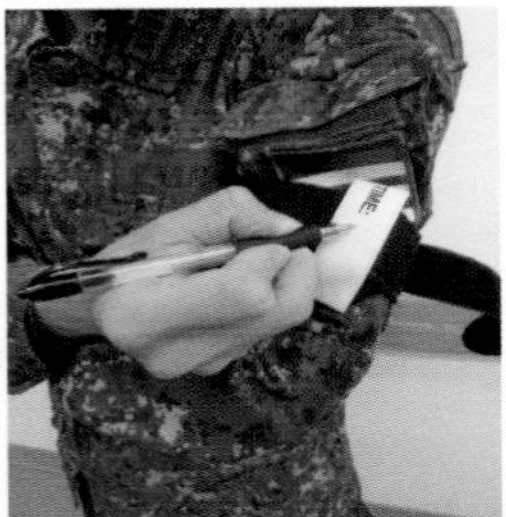
10. 將轉桿塞回凹槽內固定	11. 將剩餘布帶壓過轉桿後從手臂後方再次繞出	12. 將白色布帶蓋住黑色帶體以魔鬼氈黏在另一側之旋感凹巢上之魔鬼氈，紀錄使用止血帶的時間(四位時間)於止血帶上的紙條

SELF-AID TOURNIQUET
自救止血帶使用步驟(模擬左前臂中彈止血)

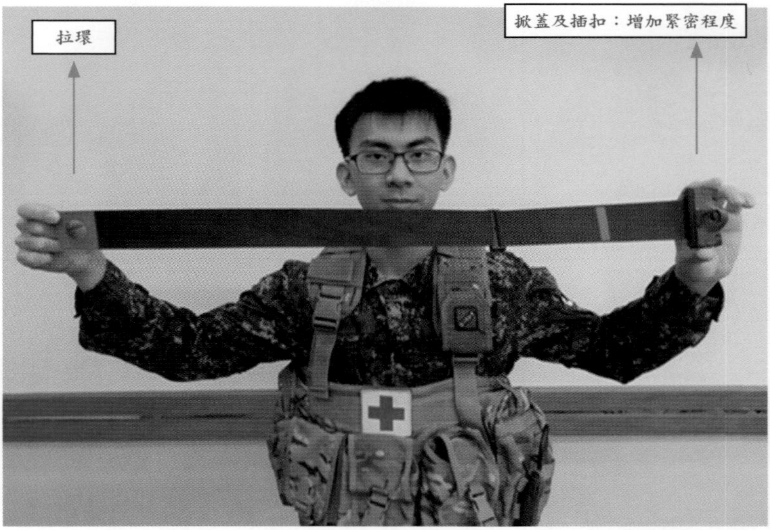

圖：李育銘

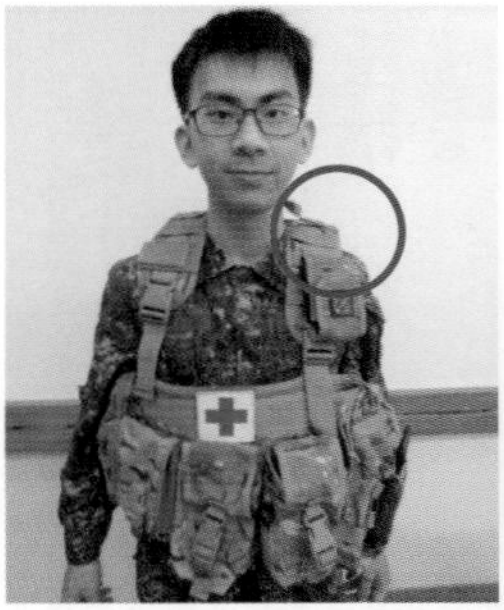

1. 止血帶配於裝備衣左胸前袋內

2. 往下.拉開袋體掀蓋之魔鬼氈

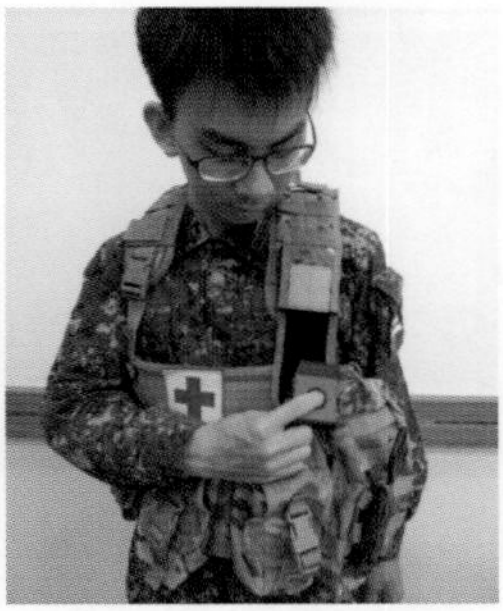

3. 露出紅色拉環，從掀蓋處取出止血帶

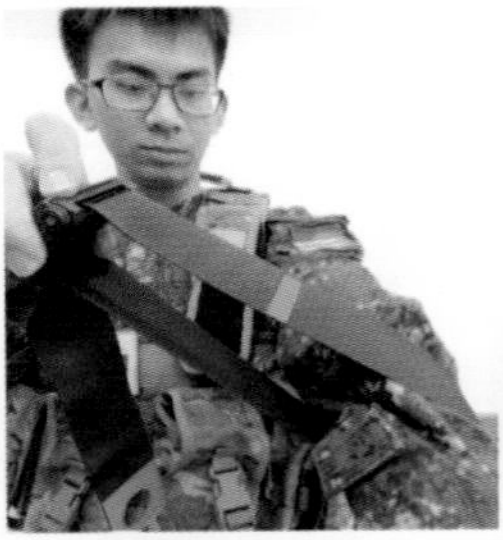	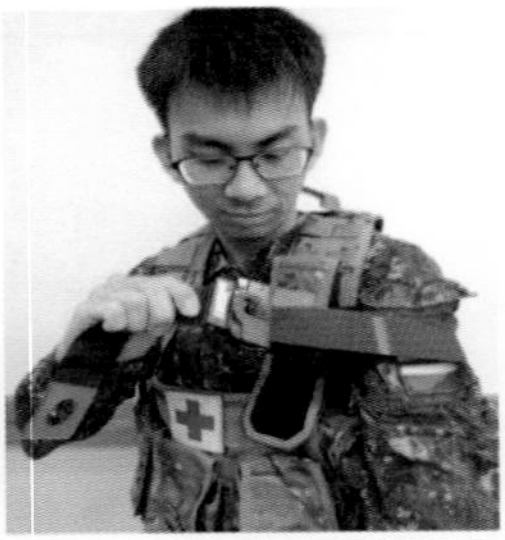	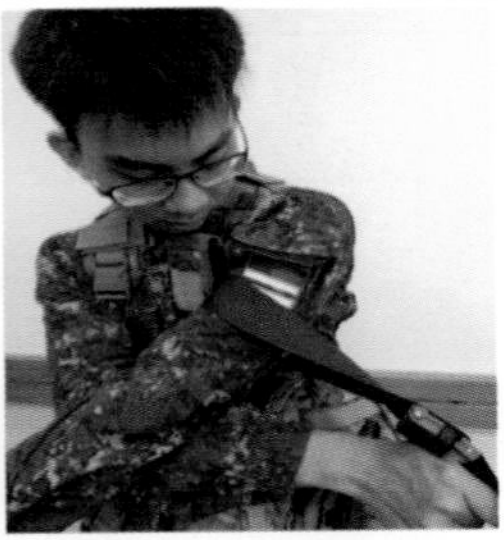
4. 將布帶套入手臂	5. 套入傷口(左前臂)上方近心處，儘量與關節保持距離	6. 夾緊腋下，往手臂外側拉緊布帶
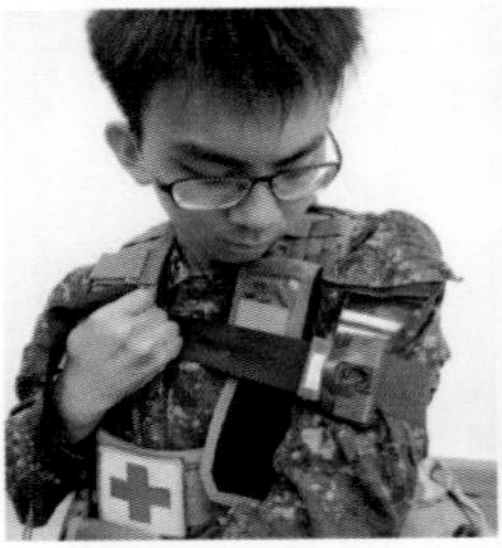		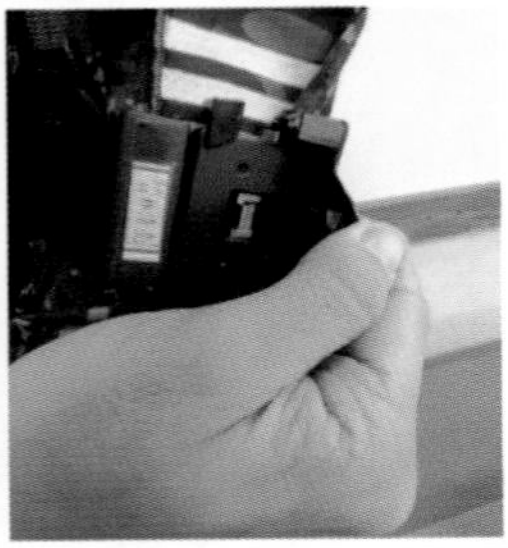
7. 往內側拉緊布帶，直至止血帶與傷處緊密貼合	8. 上下掀動掀蓋，使其越來越緊以止血	
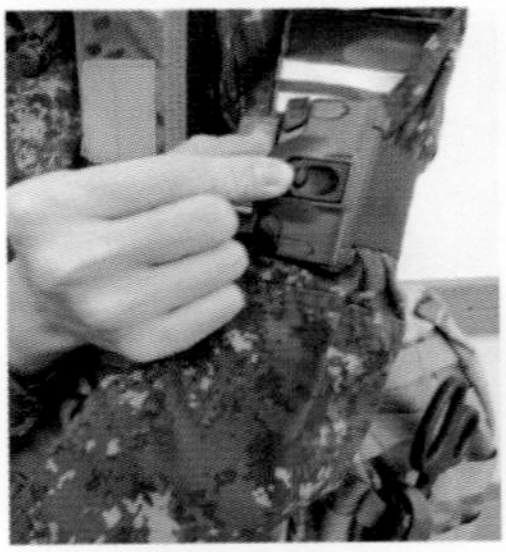		
9. 最終壓下掀蓋、扣住卡榫	10. 紀錄使用止血帶的時間(四位時間)	最後將寫有時間之紅色套環至於傷兵頸下第一個釦子上，提升其警示度

※止血帶的使用注意事項： [5]

1. 在有需要的狀況下，迅速的綁上止血帶不要遲疑；如只是輕微出血，則切勿貿然使用。
2. 不用脫去衣物，立即在出血點的近心端上止血帶。
3. 不可直接使用於傷口、關節或口袋/硬物的上方。
4. 上了止血帶請勿週期性的重覆鬆放與上緊過程，如果這麼做可能引起無必要的額外出血。
5. 綁緊之後要測試一下遠端的動脈，確定摸不到脈動就是成功的止血。
6. 有一些狀況就不能把止血帶拿掉。
   - 創傷到必須截肢的狀況。
   - 病人已經休克。
   - 止血帶已經綁超過六小時。
   - 病患兩小時內到達不了醫院時。

鬆開止血帶

1. 鬆開時機：
   - 可以使用其他替代方法止血的話。

• 掌握狀況後由專業人士鬆開止血帶。

2. 如何鬆開：

• 首先慢慢地將止血帶鬆開，並找到止血點。

• 在傷口上覆蓋戰鬥創傷紗布，如果出血的狀況止住了，就用紗布加壓包紮。

• 如果止血還是沒有得到控制的話，再將他綁上。

3. 止血帶應配置於個人易取得位置，救助同伴時應先用傷兵之止血帶。

※臨時擔架的製作

當發生意外時，傷勢較重者必須利用擔架搬運以避免二度傷害，然而事發現場不一定有現成的擔架，因此需要就地取材，使用門板、椅子、木棍等臨時物品應急，製作簡易擔架，以下介紹「木棍外套法」簡易擔架的製作方式。

1. 將外套拉鍊拉好，翻轉(不翻亦可)，使衣裏向外，兩袖在內。
2. 使衣領在下，衣背朝上。用兩木棍分別穿過兩袖。
3. 再用另一件外套如上法以該兩木棍穿過之，增加其長度，調整擔架之長度使得傷者臥於其上，如此則一件外套負載傷者臀部，一件外套負載傷者頭部(若長度不夠，則再加一件)。或可加綁一條三角巾，以托住頭部，較為舒適。

參考資料

[1]Abraham T Rasul, Jr, MD, FAAPMR (2017), Acute Compartment Syndrome, Retrieved September 13, 2017, from Medscape database.

[2]Amato JJ1, Syracuse D, Seaver PR Jr, Rich N(1989).Bone as a secondary missile: an experimental study in the fragmenting of bone by high-velocity missiles. The Journal of trauma, 1989 May,29(5),609-12.

[3]Kelly JF1, Ritenour AE, McLaughlin DF, Bagg KA, Apodaca AN, Mallak CT, Pearse L, Lawnick MM, Champion HR, Wade CE, Holcomb JB(2008).Injury severity and causes of death from Operation Iraqi Freedom and Operation Enduring Freedom: 2003-2004 versus 2006. The Journal of trauma, 2008 Feb;64(2 Suppl):S21-6; discussion S26-7. doi: 10.1097/TA.0b013e318160b9fb.

[4]National Association of Emergency Medical Technicians [NAEMT] (2016). INSTRUCTOR GUIDE FOR INTRODUCTION TO TCCC-MP 160603, 1st Edition. Mississippi, USA.

[5]National Association of Emergency Medical Technicians (NAEMT).Tourniquet and Hemostatic Gauze Training Slides. Mississippi, USA.

【軍陣醫學實習課程實錄】
戰術醫療／軍陣精神醫學／戰場心理抗壓／自我防身術（第三天 106.5.24）

陳穎信

戰術醫療－敵火下作業，確保自身安全。

戰術醫療－在敵火下作業學習如何緊急救護，穩定傷患。

武器介紹－由陸軍航特部涼山特勤隊教官介紹國軍單兵常用武器。

武器使用－涼山特勤隊教官指導如何使用槍枝，如何射擊。

戰場心理抗壓情境模擬—由國防醫學院心輔室曾念生主任主持戰場心理抗壓情境模擬演練。

自我防身術—由中華武術散打搏擊協會蔡豐穗教練指導自我防身術訓練。

4 chapter four

暫逗

陳瑄妘

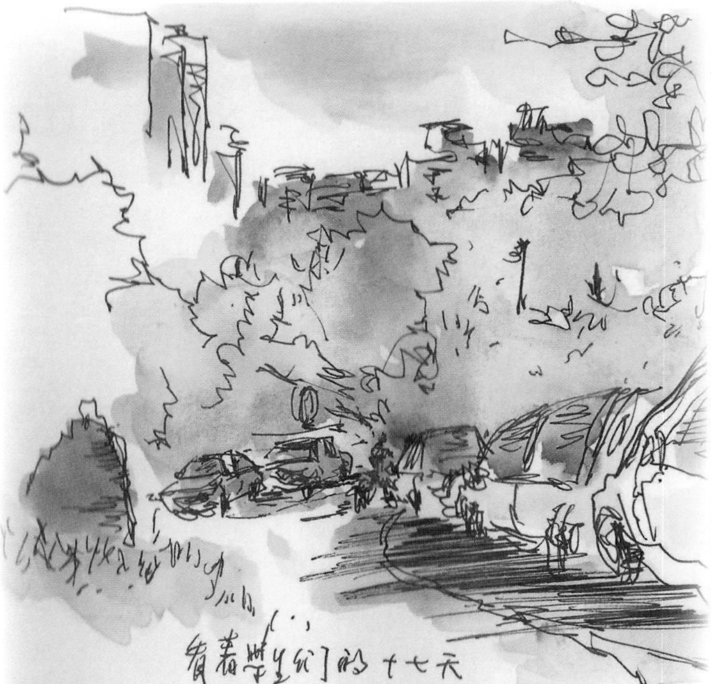
看著學生們的十七天
環島淨灘自行車隊出發的背影
NST 2016.7.20

暫逗

嘉平一走進所謂的「病房」，馬上就失望了起來。這個房間乍看之下空蕩蕩的，只擺了幾張鐵架床。雖然天花板上日光燈亮著，但依然掃不去房間灰白黯淡的印象。

沛玲被搬到其中一張床上。沛玲經過機上的輸血，氣色看起來好了許多，但可能體力耗盡，一直沉睡著。柏雍在一旁直直地盯著沛玲看，不說一句話。

致德基地的醫療站裡面有NPC醫師，和藹大叔般的外觀讓大家都忘了他不過是個電腦數據，讓人不自覺地想要依賴他。

大家都圍在沛玲身邊等待醫師說明診斷結果。跟剛才在直升機上的NPC不一樣，這裡的醫師彷彿普通人一樣可以跟大家自由的交談，但也僅限於跟沛玲健康相關的方面，要是問他一些跟醫療處置無關的問題，便答不出來了。

醫師看著焦急地大家，平穩地笑了笑：「大家不用擔心，目前生命跡象穩定，但還要休息靜養一陣子。」

詠星和景輝明顯地鬆了一口氣。景輝笑了出來：「嚇死我了！還好、沒事就好！」

不過一旁的柏雍沒有因此而放鬆，反而瞪圓著眼睛望著醫師。百合也皺著眉默默看著一臉祥和的醫師。偉祥更誇張地高聳著他原本就很衰的八字眉，嘴角緊閉，虛弱的晃來晃去。

詠星忍住笑意忽略著偉祥過度誇張的緊張，悠悠地問：「醫師，一陣子是要多久？我們很想念我們的好隊友欸。」

醫師慢慢地轉頭望向詠星，帶著微笑緩慢回道：「大家不用擔心，還需要休息一陣子。」

百合說道：「醫師，詠星的意思是說，沛玲他大概還需要休息多久，不能用系統中的設定讓她快速恢復嗎？我們明天早上就要出發前往另一個任務了。」

醫師彷彿沒有聽到百合的問題，依舊帶著微笑回道：「大家不用擔心，還需要休息一陣子。」

聽了醫師沒有靈魂般的回答，大家愣愣地講不出話來。嘉平感覺心臟被浸到冰水裡一樣，渾身發冷。後來又再試了幾次，但都沒辦法得到想要的答案，沈默了一陣子之後，大家默默地目送醫師離開病房。

「沛玲的傷，到底是怎麼回事？」嘉平不解地問。

「她受的傷，不是真的吧？」偉祥不安地問，看起來臉色很差。

這時百合鄭重地搖了搖頭：「不要擔心，不是真的。」

大家都看著百合等著她說下去。

「這只是一個測驗，學校不會真的讓學生受傷。當時學校有保證我們，在這裡受的傷應該都會得到減痛。」

聽完百合的話，大家都稍稍放下心來。

「啊，這就是為什麼沛玲一直說自己沒事沒有很痛。」詠星點頭道，「只是，為什麼現在她會昏迷不醒？」

「如果一直不醒的話，我們不就沒辦法完成進一步的任務了嗎？」景輝說。

「我們之後怎麼辦？要在這裡等沛玲醒嗎？」

「按照課程安排，我們明天就要去山頂進行任務。」百合說。

「那如果沛玲還沒醒來怎麼辦？」

「我們等一個晚上。如果沛玲沒有醒來，隔天就我們七個人去做任務。如果不做任務會被判不及格。」

嘉平張了嘴想要反對，但最後還是沒有說話。他知道百合說得沒有錯，但是這麼說好像及格的事比沛玲的狀況還要重要。

「我在思考一種可能性。」一直沒說話的蕙婷突然開口，大家齊齊看向她，「有沒有可能沛玲受傷是系統一開始就設定好的。是這個任務的一部份？沛玲看起來臉色蒼白、病懨懨的樣子，也只是系統設定的一部份。」

「但系統設定一個人中彈，有什麼意義嗎？」嘉平問道：「這樣的做法雖然確實能增加測驗的真實感，但未免也太冷血！」

蕙婷攤手，「不知道，也許明天做了任務就會知道了。」

由於不知道該怎麼辦，大家勉強同意了這個說法。

百合看了看病房裡的時鐘，指針已經指到了六點，「今晚會在這個基地過夜。我們早點去休息吧！今天大家都辛苦了。」

嘉平遙想幾個小時前的槍戰，就好像作夢一樣。

一走出病房，一位士兵便走向他們，說：「你們就是第五小隊吧！跟我來。」

百合點點頭，毫不猶豫地跟著士兵走。其他人也一一跟上。

柏雍走在後頭，頭垂地低低的。景輝拍了拍柏雍的肩，笑道：「不要這麼緊張嘛！你一直這副表情的話，原本會好的傷都被你嚇得不敢好了！」

柏雍勉強牽起一絲微笑，槌了一下景輝的肩。

一行人來到基地的中心廣場。帶路的士兵跟他們解釋這個大廣場可以通到基地的任何地方，分別可以通往醫療區、寢室區與飛機區。剛剛他們就是從醫療區走過來的。

聽到「寢室區」，大家不禁都渴望能夠趕快到寢室休息。經過一天的任務，大家沾著滿身髒污、身上也黏答答的。幾乎可以說有生以來第一次有這樣狼狽的狀態。都希望可以好好洗個澡、上床休息。

士兵就像啟動了播放程式般的解說完這裡的建築構造、路標、還有什麼地方在幾樓等等，就離開了。

士兵剛離開不久，大家滿懷期待地想回去休息、吃飯，洗澡、跟卸下裝備時，一個人砰地一聲倒地。

「偉祥你怎麼了！」嘉平剛好離他最近，頓時嚇了一跳，著急跪下來查看。

頓時大家都擠成一團想要靠近去看，但是空間就這麼大，反而吵吵嚷嚷的誰都沒辦法好好確認偉祥倒地的原因。百合一看不行，強硬地叫其他人都退後，自己上前查看。

「體溫稍微偏高，而且皮膚濕冷、面色蒼白、脈搏過快而且微弱。」百合冷靜的檢查偉祥的情況：「嗯……可能是熱衰竭，剛剛好像就有看到他有點虛弱的晃來晃去……」繼續面不改色地下達指令：「詠星景輝去找冰水過來，嘉平去叫醫務室的人，其他人來幫他脫裝備降溫，等等再搬去醫務室後續處理。」說完百合就開始脫偉祥的衣服，其他人一愣，也都開始動作起來。

嘉平也趕緊遵照指示回到才剛離開的醫務室，找了路邊的醫療人員說明之後，醫護小組迅速的推著推床跟著嘉平過去。

當嘉平帶著人回到偉祥這裡時，偉祥全身上下的裝備已經被脫得一乾二淨，唯一的草綠內衣也撒了水濕濕的黏在他瘦弱的身上，蕙婷說：「還好剛剛沒有一時衝動拿醫院的酒精來降溫，不然過度散熱導致血管收縮無法排熱就不好了。」見醫護小組過來，就讓嘉平跟醫護小組的人帶著偉祥回到病房區。

回到病房區後，醫護小組叫大家先在外面等著，等第一時間降完溫穩定好後會再叫大家進去。

景輝誇張地哀嚎著：「哎呀呀！這下連偉祥都倒了，可以用的人力又少一個啦！」詠星也接著說：「對啊！剛剛是有看到偉祥那傢伙苦著臉晃來晃去的，但這天氣又不算是非常熱，怎麼就熱衰竭了，還以為他在搞笑呢！」百合有些疲倦的說：「現在說這個有什麼用，反正人是倒下了。我們還是想想接下來做什麼吧，只希望他可以盡速恢復，不要真的又讓我們少了一個人力才好……。」

柏雍看百合這麼疲倦的模樣便自告奮勇說：「不然……我留在這裡等好了，你們先回寢室休息吧！現在時間也不早了，我留在這兒聽偉祥的狀況，順便陪陪沛玲。」

「這怎麼可以，我們應該要同進退啊！」景輝不贊同地看著柏雍。

「對啊，你一個人在這邊很無聊吧。」詠星也出聲反對他。

「我們對這邊都不熟，你一個人待在這裡等不好吧。」蕙婷也擔心著說。

「這附近已經摸比較熟了，能有什麼事情？不用管我了趕快回去休息啦，你們也都累了吧，快去快去！」柏雍不知怎麼地異常堅持，大家勸說一陣子都無效。

「好吧！現在差不多八點，時間也晚了，明天還要早起出一整天的任務呢！既然柏雍自己堅持在這邊等，我們就先回去吧！」百合看了下時間，有點不耐煩地答應讓柏雍自己留下來。

「嗯，有什麼狀況我再跟你們說。」柏雍說完就對他們揮手趕人。

等到他們都走後，柏雍才嘆了一口氣，看向病房，輕輕地喊了一聲：「阿沛……」便皺眉低下頭，雙手緊緊地握著拳。

先回去的嘉平等人，各自在寢室休息了一下、洗澡換裝，等到晚餐也吃完之後，就相約到中山室休息、討論。

嘉平洗完了澡，身體乾燥清爽，走進了沒有人的中山室，就找了一張看起來很柔軟的沙發靠上去。嘉平懶洋洋地靠在沙發上。呆呆地望著天花板，覺得身體鬆鬆軟軟地，十分疲憊。

這時，蕙婷也走進了中山室。兩人對視了一眼，蕙婷一挑眉，轉頭找了另一張沙發坐。

很快，詠星與景輝也走了進來，一人手上拿著一瓶沙士，樂呵呵地跟他們炫耀。照他們的說法，他們在營區逛了一圈，發現營區裡的營站和萊爾富。他們身上沒有錢，想說反正也在系統中，就偷偷摸了一兩瓶沙士出來了。

蕙婷在一旁笑說：「你們這些人，搞不好這系統中的狀況都被尹鑫看在眼裡呢！」

詠星用他大而深邃的眼睛無辜地看著蕙婷，「反正這裡是虛擬世界，我們喝的也只是一串數據吧？教官會原諒我們的啦！」

「今天真夠嗆的，要好好犒勞自己啦！」景輝說著，就灌完了自己的那一瓶沙士，不留一滴給其他人。

坐。

百合最後走進中山室，看起來有些悶悶不樂。嘉平站起來，把沙發讓給百合

「你是不是累啦？」嘉平問。

百合點點頭，說：「是有點累了……。進到這個測驗之後，總覺得有點古怪，不太對勁。」

景輝也點頭贊同：「看到那些NPC，看起來好像真的人，卻又不是。還真有一點毛骨悚然。」

「而且沛玲還有偉祥在第一天就發生了那樣的事……。」蕙婷說。

大家都沉默了下來，不安的空氣在房間中瀰漫。

百合自己搖了搖頭，彷彿甩開困擾她的想法。「我們還是來討論一下柏雍的事吧。他……」

「我在想他可能很自責。」詠星說。

雖然說蕙婷推測會有一個人中彈是測驗系統已經設定好的，但親眼看到沛玲幫自己擋子彈，柏雍應該還是受到了震撼。

「應該不管是誰遇到這樣的狀況都會很自責吧。」嘉平說。

「我們能做的……就是盡量支持他。」百合環視大家，大家都點了點頭。

就在這時候，柏雍突然走進中山室，所有人都轉向他，大家一時之間反應不過來，還好景輝一回神咧開嘴朝他招手，一掃前一刻有些凝重的氣氛。

柏雍已經換下了裝備，輕便的衣衫卻沒有讓他沉重的表情緩和多少，他向大家報告：「偉祥情況穩定了，只不過不是熱衰竭，是熱中暑，還好處理了一陣子後沒有大礙。醫護區的會客時間結束了，我就回來了。」

百合點點頭，說：「沒事就好……既然人都到了，我們來討論一下明天的任務吧。蕙婷，可以由你來說明一下明天的流程嗎？」

蕙婷被點到，心中暗自詫異，但還是遵從小隊長的指令開始說明明天的行程：「明天早上七點要整裝完畢，抵達停機坪；飛到山頂後操作大量傷患處置流程，之後要兩個人跟直升機後送，也就是搭直升機送傷患回來這裡；剩下的人徒步下山回到致德基地，過程中需要垂降。」語音未落，百合便看向其他人問道：「就是這樣，我們現在要討論，誰明天要跟著直升機後送？」

「我！」

「還有我！」

不愧是最佳找爽二人組，景輝跟詠星飛快地搶走了唯二不需要操作垂降任務的工作。其他隊員彷彿也習慣他們的賴皮，沒有要跟他們爭這個輕鬆的任務，百合便要解散會議讓大家早點回去休息。

「百、百合！」這時柏雍突然迸出一句：「我想留守。我們現在有兩個人待在病房，我想留守，照顧他們。」百合聽後沉默不語，看了看其他隊員的神情，雖然心中不想要再少一位隊員去操作明天的任務，但想到沛玲身上發生的事件，最後還是同意了柏雍留守。

百合於是總結道：「那就柏雍留守致德基地照顧沛玲和偉祥。其餘隊員明天早上七點在停機坪集合搭直升機上山，任務結束後由景輝和詠星直升機後送，我、嘉平、蕙婷徒步下山，過程中包含垂降作業。」說完看看大家，又說：「沒有問題的話就解散吧。」

蕙婷也說：「嗯，今天就好好休息，明天一起加油吧。」

大家便互相彼此道別、各自回房了。

半夜，嘉平在硬邦邦的床墊上翻來覆去，怎麼都睡不著，想著今天發生的事情心中就悶悶的很不痛快。睜開眼睛，眼前是陌生的天花板，四周一片漆黑，只有電風扇緩慢轉動發出嘎嘎的聲音。煩悶又焦躁，嘉平索性坐了起來，小心地爬下雙層床。

走廊上也是一片漆黑，只有指示逃生路線的燈亮著微弱的綠光。沒有一點聲音，不過這也是當然的，在這個詭異虛擬的世界，只有他們八個是真正的生命體。

走到走廊的盡頭，那裡有一扇窗戶，嘉平趴在窗戶邊仰望星空。今天沒有月亮，只有點點星光點綴在夜空中。嘉平對於星座沒有研究，因此也沒辦法分辨在這個世界的夜空跟現實世界究竟有幾分相像。

突然，嘉平聽到有腳步聲往這邊走來。嘉平一驚，往旁邊的樓梯間一看，一個人影慢慢從樓梯轉角浮現。

就算光線昏暗不明，嘉平還是馬上就認出那個瘦削的人影。人影走下樓梯發現嘉平站在那裡，明顯一愣。

「哈囉，妳也睡不著嗎？」嘉平打招呼。

蕙婷呆滯了一下，轉身便要退回樓上。

嘉平本來心情就不算好，看到蕙婷對他又是這種態度，他甚至連蕙婷在跟他賭什麼氣都不知道，不禁竄起一股怒氣。

「妳為什麼一直都這樣陰陽怪氣的？」嘉平一開口，驚訝的發現自己的聲音很低沉。

「不要以為我沒發現，妳只有對我這樣。」

蕙婷停下了腳步，「什麼？」

那是在一個不正常的時空、不正常的時機、脫口而出的話語。但，反正已經說了出來，嘉平覺得其餘的感情像潰堤一樣也無須再忍耐了。

「妳真的以為我不會受傷嗎？」

蕙婷瞪著嘉平，慢慢回身面對嘉平，雙手盤胸，抿緊著唇，等待著嘉平下一句話。

「妳到底在想什麼啊？」嘉平緊盯著蕙婷所在的方向，但樓梯間的陰影籠罩著蕙婷的上半身，但透過背後樓梯的燈光，隱約能看見蕙婷板著臉。

「從小到大妳都是那樣隨心所欲，想怎樣就怎樣，妳真的以為妳那樣不會傷到別人嗎？裝作像什麼都沒發生一樣，別人沒發現，我還會沒發現嗎？已經好久了吧？我一直在想妳什麼時候會停止那裝模作樣、我本來以為妳是在賭氣，但賭氣也持續太久了吧？」

被戳破了自己的那一點小心思，蕙婷緊握拳頭、漲紅了臉。

「妳從小就很任性，但我一直都讓著妳。」

「什麼？我沒有……」

「妳故意裝模作樣是想讓我發現妳是在氣什麼吧？但很抱歉，我現在沒有這個耐心去猜了，我們就直接說清楚好了。」

「……」蕙婷死死地盯著嘉平，胸膛因澎湃的心情而激烈起伏。

嘉平嘲諷地笑了笑，「妳啊……是在嫉妒百合對不對？嫉妒所有我交過的女朋友。從高中時我交了第一個女朋友起，妳的態度就突然很不對勁。」

「李嘉平！」蕙婷突然叫了一聲，嘉平嚇了一跳。

嘉平驚訝地看到蕙婷一滴眼淚不甘心地從眼角滑落了下來。再來是第二滴、第三滴，像斷了線的珍珠那般。

「既然你都知道了，你為什麼還要理我？你覺得捉弄我很好玩嗎？」蕙婷咬牙切齒道。

「我沒想過要捉弄妳啊！」嘉平說，「我只是……」

蕙婷硬生生打斷嘉平的話道：「你呀，就是這種人！總認為自己在行善、在施捨我，但我才不需要咧！你說我傷害到你，但你又未曾不是？」

「我們是彼此彼此吧！腦袋裡都只想著自己的事。妳以為自己很倒楣很可憐、卻還是會忍受這一切，很了不起對不對？」嘉平反駁。

「我、」蕙婷抬手抹去流下的眼淚，「你太過分了，明知道我、我對你……」

蕙婷停住，語氣放緩了一點，「你其實是今天累了，壓力太大，才會想找一個人出氣是不是？你明天就會後悔的對不對？是這樣吧？」

兩個人明明就不是在講今天的事，蕙婷硬是要這樣說。但是嘉平居然也覺得有道理。他會發脾氣……一定是因為今天實在太不正常了。

「對不對?所以你才會向我發脾氣……」

嘉平不禁笑了出來：「在測驗裡覺得壓力很大的是妳吧！」

嘉平慢慢走向蕙婷，蕙婷仍繼續叨唸著：「我們八個人，今天一天就兩個人倒了，明天一早我們還要出任務，在這種是真是假都摸不清楚的鬼地方，你當然壓力會很大……」

嘉平走到蕙婷身邊，拍了拍她的肩，小聲說：「好啦，對不起……，妳不要再說了。」

蕙婷用她充滿怒氣與淚水的明亮眼眸瞪著嘉平，「李嘉平，你還遷怒我，我受夠了，我真的、我真的很討厭你。」說完一屁股坐了下來，埋頭崩潰大哭。

嘉平笑嘆了口氣，坐在旁邊輕輕拍著蕙婷不停顫抖的肩。心中默默地想著不知道上一次看到蕙婷哭是什麼時候的事了呢，雖然這樣說不大好，但還真有點想念他們兩個如此互相依賴的時候。

兩人都不再說話，持續了一段時間後，嘉平又開口了：「明天妳就會恢復正常吧？」

蕙婷緩緩平復了心情，望著前方的虛空，浮腫的眼睛與悲慘的表情看起來讓嘉平覺得有些可憐。

嘉平自顧自地說，像在催眠彼此一樣，「會恢復正常的。」

蕙婷哭累了，將整顆頭的重量靠在嘉平肩上，嘉平卻覺得彷彿渾身都輕盈了一些。

致德基地平面圖

【小知識】

陳郁欣

熱傷害

在氣候變遷的時代，氣溫創新高的新聞屢見不鮮，而炎熱的天氣是造成熱傷害的元兇之一，因此，不論是在夏日裡工作、遊玩，都必須建立一些基本概念，預防並保護自己免於受到熱傷害的威脅喔！

1.人體散發身體熱能的方式：傳導(conduction)、對流(convection)、輻射(radiation)、蒸發(evaporation)。[1]

(1)傳導(conduction)：經由固體或液體之介質散熱，如皮膚接觸到溫度較低的物體時，直接將熱能轉移出去。

(2)對流(convection)：經由氣體之介質散熱，如皮膚將熱能轉移給環繞在身體皮膚週邊的冷空氣，透過空氣的流動而帶走熱能，故風速大時，透過對流所散發的熱能就會增多。

(3)輻射(radiation)：不經由任何一種介質的散熱，在環境溫度較低時，透過電磁波形式將熱能轉移出去；不過在大太陽的高溫環境下，人體不只無法藉由對流及輻射散熱，反而會因對流及輻射自外界吸收熱能而導致熱傷害，故在高溫(環境溫度高於體溫)時，最重要的散熱方式是蒸發！

(4)蒸發(evaporation)：人體可藉由呼吸或排汗來散熱，透過水分的蒸發帶走身體的熱能。值得注意是，若是空氣濕度過高，或是穿著衣物阻礙排汗時，蒸發散熱的能力就會減少，即可能造成身體熱能的堆積而造成熱傷害，因此在高溫高濕的環境下，更要保持警覺預防熱傷害的產生。

2.常見的熱傷害：熱痙攣、熱暈厥、熱衰竭與中暑

(1)輕度：熱痙攣、熱暈厥、熱衰竭

A.熱痙攣：在炎熱的環境下劇烈運動，大量流汗喪失水分及電解質，使電解質不平衡造成肌肉之症狀；通常發生在劇烈活動之後，剛開始休息時，肌肉產生強烈抽筋疼痛的感覺，需補充足夠的水分及電解質。

B.熱暈厥：在熱環境久站後發生短暫意識喪失的情形，一般只需讓病患移到陰涼處平躺即可。

C.熱衰竭：在炎熱的環境下運動或從事一般活動，因大量流汗喪失水分，造成身體循環血量不足之症狀。

a.症狀：頭暈、虛弱、噁心、頭痛、臉色蒼白、皮膚出汗、濕冷、脈搏加快、微弱、視力模糊、姿勢性低血壓，意識通常清醒，如意識不清則考慮已惡化至中暑。

b.體溫：正常或稍高(小於40℃)。

c.處置：

‧避開太陽並移至陰影處或有空調的地方，讓病人平躺並稍微提高下肢。

‧鬆開或解開身上的衣物、讓病人喝點冰水、使用冷水噴灑、搽拭或風扇吹的方式來幫助降溫。

‧小心地監測病人的狀況，熱衰竭可以很快就進展成中暑。

‧如果體溫高於40℃或出現暈眩、神智錯亂、痙攣的現象，要呼叫緊急救護員來處理。

(2)重度：中暑

A.中暑[2]

a.熱傷害中最嚴重的一種。

b.臨床上診斷依據：

‧嚴重高體溫（中心體溫大於40℃）。

‧中樞神經系統異常（包括躁動、抽搐、昏迷等）。

c.根據中暑發生機轉及原因，分為：

• 傳統型中暑：主要發生機轉是因熱排除不良所致。多發生於老年人、有慢性疾病者或常服用抑制排汗藥物或利尿劑者。
• 運動型中暑：主要發生機轉是內源性的熱產生過多，超過可排熱量所致。多發生於健康的年輕人，常在激烈的勞動或運動（如長途行軍）時發生。

b. 中暑之降溫方法與程序
• 將病患移至陰涼處，移除外部衣物。
• 維持患者的呼吸道、監測呼吸與血液循環狀態。
• 將冰袋或冰毛巾置於頸部，腋窩，腹部，及鼠膝部。
• 用冷水將身體弄濕，放置於電扇前。
• 將病人置放於開放性且空氣流通之運輸工具上，盡速送醫。運送時並持續降溫治療。

3. 中暑的危險因子[3]

(1) 熱指數過高(溫度，濕度)。

・熱指數公式

公式：室外溫度（℃）+ 室外相對溼度（%）×0.1= 熱指數		
熱指數	危安狀況	預防方法
小於 30	安全	正常作息
30–35	注意	水份補充確實
36–40	警戒	水份補充確實、避免激烈競技
大於 40	禁止	強制水份補充、避免室外日照操課

(2) 易導致中暑之環境：天氣太熱、車內、頂樓無冷氣、三溫暖烤箱。

(3) 劇烈運動(超過體能負荷)。

(4) 水份缺乏者。

(5) 肥胖症(BMI大於 28、體重大於85kg)。

(6) 睡眠不足，體質耗弱。

(7) 感冒、發燒、腹瀉、肺炎、其他感染。

(8) 甲狀腺亢進症、汗腺功能不良者。

(9)慢性疾病導致心肺功能不良。

(10)熱適應不足(新兵、久未訓練之老兵)。

・熱適應(Acclimatization)：重複及長期暴露於熱環境下身體產生之適應。

4.中暑的預防

(1)為可預防的疾病。

(2)使其適應環境的熱度(1-2週)。

(3)盡量排於每日較涼快的時間運動(32℃以下，溼度80%以下)。

(4)根據熱指數減少體能活動的程度。

(5)根據熱指數補充水分。

(6)每日量體溫。

(7)小心注意其他內科疾病和藥物，如利尿劑，抗膽鹼性物質，鎮靜劑。

(8)高危險群者之標識。

(9)穿著較寬鬆，易排汗之衣物。

(10)熟悉中暑之臨床症狀及初步急救措施，如CPR、降溫等。

參考資料

[1]衛生福利部國民健康署 (2015)。熱傷害。預防熱傷害專文。取自：https://www.hpa.gov.tw/Pages/ashx/File.ashx?FilePath=~/File/Attach/323/File_283.pdf

[2]蔡易達、謝至嘉、洪明原、李忠勳 (2010)。熱症與中暑。台灣急診醫學會醫誌，12(suppl 2)，27-37。

[3]朱柏齡 (2015)。32℃警戒，小心熱傷害、中暑（初版）。臺北市：大塊文化。

【軍陣醫學實習課程實錄】
輻傷防治／生物防護／中暑防治（第四天 106.5.25）

陳穎信

輻傷防治一參觀全國唯一的三軍總醫院輻傷防治中心，這是由行政院衛福部唯一指定的核災緊急醫療示範演練單位。

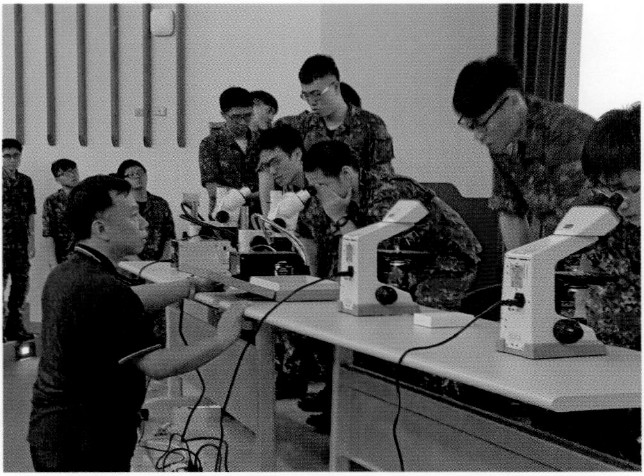

生物防護一由預防醫學院林昌棋副所長利用顯微鏡指導學生如何辨認病媒蚊。

生物防護－由預防醫學研究所徐榮華老師指導生物快篩之偵檢採樣包及紙牒操作。

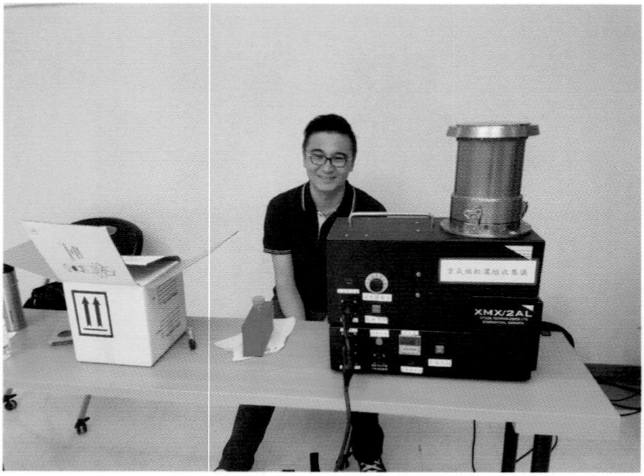

生物防護－由預防醫學研究所林文智老師指導如何使用攜行式空氣採樣機。

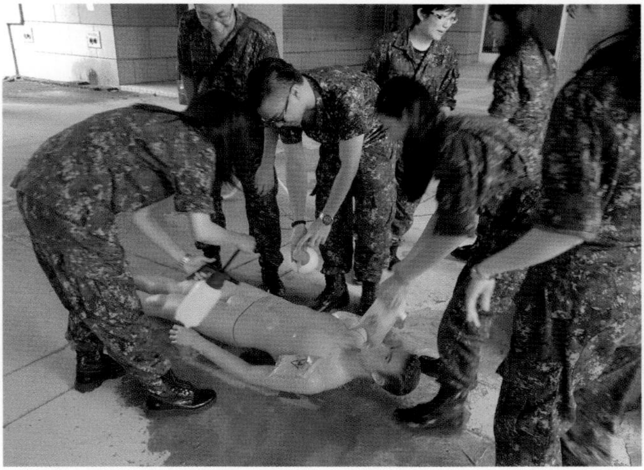

中暑防治－以情境演練方式進行中暑之現場降溫處置，瞧！我們的動作多專業啊！

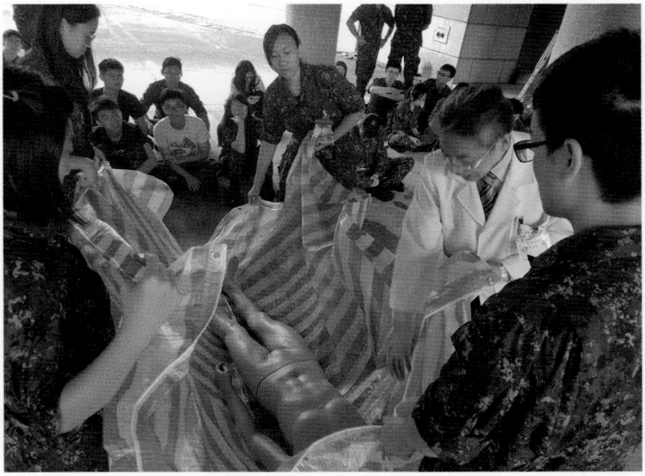

中暑防治－由國防醫學院醫學系副主任朱柏齡教授指導如何利用帆布進行水浴降溫。

即刻救援

陳玟君

即刻救援

詠星起床的時候，牆上的時鐘顯示六點三十分。清晨的微風在舒爽的空氣中流動著，太陽正從東邊山頭緩緩高昇，透過薄雲放送著溫暖和煦的光芒。測驗今晚便會畫下句點，這樣舒適宜人的天氣做為一天的開始，想必是在向他們宣告著：一切順利。

整備好裝備後，詠星走進基地的餐廳。餐廳採自助吧檯模式，進入大門，左手邊是中式吧檯，吧檯上燒餅、油條、蛋餅等等中式早餐一盤一盤陳列著；右邊則是西式吧檯，有沙拉、吐司、可頌等……因為選擇甚多，詠星猶豫了一下，最後他將所有餐點都各拿一份。盛好餐盤後，便緩步走向用餐區，只見景輝與蕙婷已經先來了，正在一旁享用早餐，詠星便湊過去跟他們坐在一起。

「柏雍呢？怎麼沒看到他？」詠星四處張望，都不見柏雍的身影。

「還能在哪裡？他不是在沛玲身邊，就是在去找沛玲的路上。」景輝調侃道。天還沒亮，柏雍就急著去探望沛玲，這兩人在曖昧期就如此，開始交往後豈不是要變連體嬰了？

不久後，嘉平也進來吃早餐。經過一夜，今天早上嘉平看起來特別神清氣爽。「早啊！」詠星揮手向嘉平打招呼。嘉平也道了聲早之後，視線挪向蕙婷。「早安，蕙婷。」嘉平對著正低頭吃包子的蕙婷說。蕙婷起先反射性地挪開了視線，嘉平卻好像覺得很有趣般執著地盯著蕙婷。

蕙婷有些不服氣地轉過頭來，臉上換上淺淺微笑，說：「昨天睡得如何？」看著兩人的小動作，詠星眼球差點掉了出來。蕙婷對嘉平向來是愛理不理的，連多說一個字都嫌浪費唇舌。但從眼前的狀況來看，兩人暗中竟有些什麼？

景輝肥嫩的手臂撞了一下詠星，小聲地問：「你看到了嗎？」詠星點點頭。

「難道說遊戲有加溫感情的作用？」景輝說，「看看柏雍和嘉平，早知道我就應該和李青兆同一組，這樣測驗結束後你能喝我的喜酒了！」

李青兆是景輝最近好上的軍陣醫學社副社長，她是一位外表甜美又不拘小節的女生，大喇喇的性格讓她的桃花運不曾斷過，一想到這麼可愛的女生和景輝湊成對的模樣，詠星不禁覺得好笑，「景輝，你就不要妄想了，反正你已經有我了不是嗎？」詠星嘟起嘴、眨眨水亮的眼睛，故做嬌羞。

景輝做了個嘔吐的表情：「你啊？唉……」

詠星嬌裡嬌氣地打了景輝厚實的背，「你這個見色忘友、始亂終棄的混蛋！」景輝哈哈笑起來。

這時候詠星看到百合走進餐廳。與神清氣爽的嘉平相比，百合看起來有些疲倦。

詠星揮揮手：「百合！早安！」

百合向他們走過來，笑道：「早安啊。」僅僅一個微笑，眉間的倦意立刻一掃而空，她又恢復了光采與自信。

「你們剛剛在說什麼呀？」

「他始亂終棄。」詠星指著景輝無辜的說。景輝馬上把指著自己的手打掉，慌忙道：「不要亂說！被李青兆聽到該怎麼辦！」

百合噗哧一笑：「又來！整天只會開玩笑！」百合笑著說，「你們吃完了沒？我們中午可能會忙得沒時間吃飯，早餐多吃一點喔！」對於他們的玩笑，百合總是相當買單，這令詠星非常有成就感。詠星立刻將拳頭大的包子一口氣塞入嘴巴，景輝則將數個饅頭塞進迷彩褲的口袋內，這些舉動又惹得百合呵呵笑。

詠星吃完早餐後便和景輝先行離開。離開前，詠星又看了餐廳一眼，餐廳裡只剩嘉平和百合。

一陣子後，他們也用完餐了。這對小情侶不知道怎麼了，百合和平常沒兩樣，嘉平卻看起來有點鬱鬱寡歡。對於嘉平的憂鬱，詠星也沒多想，既然百合沒說什麼，那就應該沒什麼事吧！大伙兒整理完裝備後，便再前去醫護室探望沛玲和偉祥。

偉祥看起來好多了，身上吊滿管子的他睡眼矇矓地向大家說哈囉後又陷入熟睡，發出平穩的鼾聲，醫師說他還需要再休息觀察一陣子，不建議出任務。另一邊的沛玲狀況就沒那麼好了，病榻上的她意識相當模糊，她發著高燒，汗水浸濕她的頭髮，原本健康的小麥色皮膚顯得有些蠟黃，她直打著哆嗦，一邊呻吟著。一旁的柏雍面色凝重，又粗又濃的黑眉毛絕望地垮了下來，健壯的他此時看起來竟是那麼的脆弱。

「柏雍，你別擔心，這只是虛擬實境而已。現實中的沛玲不會有事的，況且NPC醫師也會醫治好她的。」嘉平安慰柏雍說。

「嗯，對呀！柏雍你別想太多，沛玲這麼強健，不會輕易陣亡的！」蕙婷說。

柏雍無力地點點頭。

柏雍留守醫護站照顧沛玲及偉祥，雖然這麼一來就得折損三名隊員，但同樣虛弱的這三人，大家也不好多說些什麼，於是整好裝備，向他們道別後大家便坐上直升機離開了。

或許是因為直升機上噪音太大，又或許是還在擔心沛玲的傷勢，一路上大家都不發一語。照理說沛玲就算傷勢還沒完全復原，也不該發燒這麼久，學校自稱擁有獨步全球的測驗系統，但種種奇怪的跡象讓人不禁懷疑測驗系統是否出了問題……

直升機在山頂降落，這關是大量傷患的檢傷分類測驗，他們小組作為後援的救護人員加入救災。急救現場會依傷重程度將傷患分為四類，分別為綠色、黃色、紅色以及黑色，大致上綠色為能夠自行行走者；黃色為無法行走，生命徵象穩定者；紅色為無意識、生命徵象不穩定者；黑色則為無生命徵象者，這是相當概略的分類方法，到時會依患者實際狀況做應變。

一行人下直升機後便立即尋找災難現場的 NPC 指揮官，準備向他報到。抬頭遠望，只見大量傷患或坐或臥，散落在山坡地上，哀鴻遍野，而搜救大隊隊員忙於穿梭於災難現場，運送傷患，詠星雖知是虛擬世界，看著不免怵目驚心。

現場的NPC救援大隊隊員三到五人為一個小隊，由小隊長指揮小隊員搬運傷患至搭設出來的臨時醫療站，而醫療站的檢傷分類官會依患者傷勢，指示搜救小隊員將傷患送至舖有綠色、黃色或紅色塑膠地墊的棚子做緊急處置。

他們在急救現場發現指揮官，NPC指揮官和救援大隊隊員一樣穿著橘黑相間的連身救災服，頭戴黃色頭盔和護目鏡，汗水滑過他俊俏的臉龐，黝黑的皮膚在烈日下有種莫名的異國情調，他正以富磁性又恰到好處的音量下達指令給小隊長們。他結實的身材和深邃的五官讓詠星聯想到某位日本明星。

「你們好，我是這裡的指揮官——平憬兼。」NPC指揮官對他們說，「想必你們就是此次前來支援我們的醫療團隊了。現場情況緊急，就由我來做人員的分派。」

「平憬兼……怎麼不是新垣結依？」詠星失落地想著，他瞄了百合一眼，發現她和蕙婷兩人都直愣愣地盯著指揮官那野性的五官，如果是漫畫的話，她們的眼睛早就變成愛心了吧！

平憬兼迅速地看了一遍大家的名牌，但他的眼睛根本沒對焦，看來隊員的名稱跟任務分配是進入系統前就事先編寫好的，「那沛玲的中彈和偉祥的中暑也在他們預測之中嗎？」詠星心想。

平憬兼指揮官道：「綠區由何百合負責、黃區李嘉平、紅區高蕙婷，至於搜救組就由劉詠星與許景輝負責。」

什麼？搜救組……詠星望了一眼偌大的山坡地上四散的傷患，其中還有零碎的石塊及傾倒的樹木等障礙物，光用想像的他就覺得全身疲倦。百合也是一臉不願意，她這樣有野心有能力，必定很想負責最棘手的紅區吧！

「指揮官，我這麼胖、跑得又慢，加入搜救組的話會延誤患者就醫啦！我看嘉平比較適合，身高和詠星相似，搬運起病人也比較順手。」景輝說，平日嚷嚷著自己是厚實不是胖，現在倒把自己的身材搬出來當擋箭牌。

「想找爽呀？」詠星說，「人家蕙婷被分配到紅區都沒說什麼，你都這麼胖了還想偷懶。」想丟下我自己跑去乘涼？想都別想！

景輝雙手一攤，「反正這是虛擬世界，有沒有動都一樣。」

「你自己都這麼說了，那就動起來吧！反正都一樣。」嘉平不耐煩地說，早餐過後他就一直板著這張臭臉。或許是感受到嘉平的不悅，景輝就不再嚷嚷了。

「請各位務必遵守規定之人員分派，否則後果自行負責，謝謝。」平憬兼指揮官用那低沉性感的嗓音做了個總結後就不再說話。

大家聽了也不再說些什麼，便前往各自負責的區域。

協助搜救一陣子，負責搬運傷患的詠星和景輝便趁著空檔光明正大地開溜了。

他們四處閒晃，周圍救難大隊來來往往，每當有人經過時，他們便會裝作氣喘吁吁，假裝自己正準備跑下一趟任務，或許是因為他們的演技太過高超，一路上都不見有人上前攔阻。緊急醫療站入口站有一名檢傷官，用以確保傷患被送到正確的帳篷。他們趁著檢傷官忙得焦頭爛額時，抓準空檔溜進醫療站內「探望」其他人。

綠區內只有五名患者，四肢與軀幹皆有輕微擦傷，傷勢不大。當中最嚴重的應該就屬百合現在正在治療的那名頭部挫傷的患者。

「醫生，我跟妳說，我的傷口一定得縫合。」那名患者面紅耳赤地大呼小叫著，「這是我的權益！妳不尊重我，小心我去跟你們長官投訴！」一旁的百合看起來很無奈，那位患者的頭部挫傷大小不及兩公分，傷口也不深，分明用碘酒清理就足夠了，連紗布都顯得多餘，真的不明白他為何偏要多挨兩針。

「先生，你這個傷口不必縫，讓它自然修復也不會留疤的。」百合輕聲細語地說。

那位病患聽了更加生氣，怒喊著：「這是我的身體，要不要縫是個人選擇和自由！反正妳現在這麼閒，幫我縫幾針是會少一塊肉嗎？你們公務員領的可都是我們人民的納稅錢，既然是公奴就好好做事嘛！」

百合拗不過他的堅持，最後還是替他縫傷口了。第一針戳下去，患者方才的氣焰立刻煙消雲散，他的人中拉得長長的，開始哇哇大叫。

「呵呵這個 NPC 也太生動了吧！」景輝說。

「經驗多了自然就做得生動。」詠星說。隨著民眾自主權益的意識提升，醫療業逐漸向服務業邁近，但這對醫病雙方都是不利的，現今台灣醫療正面臨諸多問題，如何解決仍是未知的謎，也許在這模擬系統裡面讓學生多加體驗各種未來可能會面對的病患也是這次測驗的一環。

「唉唉你看百合，縫得好美。」景輝用手肘推推詠星，「我懷疑我們上的是不同的課。女朋友那麼優秀，嘉平壓力應該很大吧！」

「男朋友這麼優秀的話，女生也會壓力很大嗎？」

「嗯……也是會吧？」他的語氣聽起來不太確定。

詠星拍拍景輝的肩膀，說：「恭喜你，兄弟，你將來的女朋友會非常無憂無慮！」

景輝打詠星一拳後又罵幾句髒話。「唉！我說認真的啦！」景輝說，「雖然他們已經在一起一年多了，可是我到現在還是很難想像。」

「怎麼說？」

「嗯……你想想我們班上那些情侶，在一起總是會發散出一股濃濃的戀愛酸臭味，但比起戀人，總覺得嘉平和百合之間反而更像朋友。」景輝說。

「愛情又不是只能發散酸臭味。」詠星說。雖然他這樣反駁景輝，但他並非不明白景輝所要表達的，在愛情這領域，嘉平似乎有點水土不服。

景輝搔搔頭，說：「我知道，可是……我也不知道該怎麼說才好吶！他們給我的感覺……」景輝突然住嘴，因為他發現百合正看向他們。現場噪音很大，詠星猜想百合應該沒聽見他們的對話，但他還是趕緊拉著景輝離開。

距離綠區二十公尺處即是黃區，此區病患為無法行走、但意識及生命徵象穩定者，棚子內有數十名病患，多數病人的傷口都已完成包紮，或躺或坐在鮮黃色的塑膠地墊上休息。嘉平前方放著一個約莫兩公尺長的橘紅色球棒狀袋子，他正奮力踩著白色幫浦為袋子充氣。

那個紅色的袋子名為「攜帶型加壓袋」，簡稱PAC，主要用來治療高山症患者。它上方有條拉鍊，患者進入加壓袋後再拉起拉鍊，內部便呈現密閉空間。它外接幫浦，可藉由腳踩加壓幫浦在十分鐘讓加壓袋內的壓力迅速上升。

「嗨，嘉平。你在做什麼？」景輝問。

「噢，你們怎麼來了？」嘉平邊腳踩幫浦邊說，「你們不是搜救組的嗎？」

「我們看搜救得差不多，就跑來了。剩下的就交給NPC大哥哥吧！」詠星說，「高山症患者呀？」

「嗯嗯。」嘉平看向躺在加壓袋內的女人，她的臉色蒼白，看起來有氣無力。「她頭暈噁心，血氧濃度也低於正常值。雖然症狀不是很嚴重，但為以防萬一，還是給她做加壓袋的治療。」

嘉平踩沒幾下，景輝便自告奮勇接替他的位置，臉上有著小孩在為游泳圈充氣時的興奮表情。不知為何教具離開了課堂就會變得特別有趣。

「你們現在沒事做了嗎？」嘉平問。

「對呀！我們做事特別有效率，速速做完後就到處溜躂了。」景輝洋洋得意地說，嘉平挑了一下眉，瞄了一眼周遭來來往往的救難大隊，顯然不太相信。「我們剛剛去百合那探班，她在幫病患縫傷口。雖然只是小傷口，可是百合做起來氣勢就是特別不一樣，手起刀落，眨眼間傷口了無痕！猴腮雷呀！」景輝邊說邊揮動他肥肥短短的手，模樣看起來特別可愛。

景輝看向嘉平，等待他回應，但嘉平只是淺淺一笑，於是景輝又繼續說道：「她真的是無所不能耶！這麼優秀的人怎麼會跟你在一起呢？你當初是怎麼追到她的呀？傳授一些撇步給我好不好？」

嘉平笑得有點尷尬。「那有什麼撇步，自然而然就在一起啦。」他感覺嘉平不太喜歡將感情的事說與大家知道。

「嘉平的意思是說：帥哥的撇步說給你聽也沒有用啦！」詠星說。景輝對他比了個中指。

「那蕙婷那邊如何？她還應付得來嗎？」嘉平問。

景輝答：「不知道。我去幫你看看。」於是他丟下就快打滿的加壓袋，和詠星兩人去找蕙婷了。

「……二八、二九、三十。」蕙婷做完三十下心跳按壓後，立刻拿起一旁的寶藍色甦醒球罩住患者口鼻，緩緩擠壓兩次。結束後馬上進行第三次心跳按壓。

患者身穿粉色條紋裝，紮著長長的高馬尾。詠星想起方才他們溜躂時，一旁救難隊員在搬運的患者時就是身著粉色條紋衣，那時的她看起來還好好的，想來她應該是抵達後才休克的。

蕙婷旁站著一名 NPC 救護員，他正用剪刀剪開患者的外衣和胸罩，準備為她貼上自動體外心臟電擊去顫器的貼片，等到蕙婷做完五次心肺復甦術循環，自動體外心臟電擊去顫器便會評估患者有無電擊必要。若有，實施完電擊後兩名救護員位置交換，再次進行五次心臟按壓，如此重複直到患者生命徵象穩定、無生命徵象或接受後送時。

蕙婷的手打得直直地，用全身的重量實施按壓，姿勢與速度都相當標準，一顆顆斗大的汗水流經她緊皺的眉頭及泛紅的臉頰，看著她嚴肅認真的神情，詠星和景輝也不好上前打擾，不久後他們便默默離開，準備回去找嘉平。

他們離開紅區棚子後不久，正前方有個男人朝他們走來。詠星和景輝一看立刻慌張地調頭，有如做了壞事的小孩。

「等等，別走！」救難隊小隊長叫住他們，「原來你們在這，我找你們找得好苦。還有很多傷患還沒搬呢！快點跟我過來。」詠星知道這回他們逃不掉了，只得跟著小隊長繼續前去搬運傷患。

途中，現場突然一陣騷動，醫療站入口聚集著一群人，大家七嘴八舌地不知道在說些什麼。忽然有個男人大喊：「檢傷官被蛇咬了！」

林賢鑫

【小知識】

大量傷患處置及檢傷分類機制

※大量傷患事件：根據世界衛生組織的定義，單一事件產生病人的數量超過以平常運作方式(醫療系統&醫療運作)可以負荷的情況，就稱為大量傷患事件(An event which generates more patients at one time than locally available resources can manage using routine procedures.)。[1]

大量傷患事件的處理有幾個分工的要點，包括指揮、搜救、檢傷、傷患治療、後送，條列如下。[2,3]

指揮：

一般而言，以對災難性質關聯最多且最有專業知識者，擔任指揮的工作。負責控場（檢傷區、醫療區含輕傷區、中傷區、重傷區等區域劃定）、協調各組的行動、掌握傷者狀況、聯絡（請求支援、回報中心）。

搜救：

由專業的搜救人員負責，大部份的受困傷患都只要簡單的脫困技巧及基本的救援技術就可以解救，而受困時間較長的傷患就需要更積極的醫療照顧。近年來隨著科技的發展，救難人員利用震波、生命偵測器、遠距照相機等工具協助患者的定位與發現，並以強有的剪斷、鑽孔等方式破壞障礙物，提升了受困者的存活率。

檢傷：

在搜救人員解救出傷者後，即送至檢傷區。檢傷人員主要負責點人頭、確認傷者人數、回報指揮官後進行檢傷，依序確認傷者能否行走，評估呼吸、脈搏、意識等，進行緊急處置後〔BASIC，B（Bleeding，控制出血），A（Airway，呼吸道），S（Shock，預防休克），I（Immobilization，脊椎固定），C（Classification，分類）〕，依照傷情掛上傷卡（紅黃綠黑），將傷患送至傷患治療區。

傷患治療：

傷患治療區儘量設置於檢傷區附近，以減少傷患的搬運。如果傷患人數眾多，則要細分為輕、中、重傷區，以免互相干擾。傷患處理的順序按照檢傷分類的結果，先處理紅色危及生命者，其次再處理黃色次重傷者，再未處理綠色輕傷者，明顯死亡或是屍塊留在最後處理。

後送：

清楚附近醫院的容量，規劃好救護車的路線，依**就近**、**適當**、**分散**原則進行後送，掌握傷者人數及狀況，依紅黃綠順序（有時為了增加效率，會採一輛救護車一紅二綠方式）進行後送。

事故現場指揮系統(Incident Command System，ICS)簡介[4]

面對大量傷患這類的緊急事件，往往會在現場建立一個事故現場指揮系統(Incident Command System，ICS)，以達到資訊統合、情報蒐集、人員分配、組織間互相溝通…等效果，提升救難效率並妥善利用資源。ICS主要有五項管理工作，條列如下，並可視現場狀況及需求調整組織大小，擴編或裁撤不必要的部門。

- 指揮(command)：訂定目標及優先順序，肩負統籌處理事件的責任。
- 執行(operation)：擬定策略性目標，依策略執行，掌控所有資源。
- 計劃(planning)：蒐集資訊進行評估，預測、研發可達成目標的行動計畫，監控各項資源狀況。
- 後勤(logistics)：支援各項行動，提供所需的軟硬體、器材資源。
- 財務(finance)：管理經費，監督各行動的費用，對採購進行財務分析。

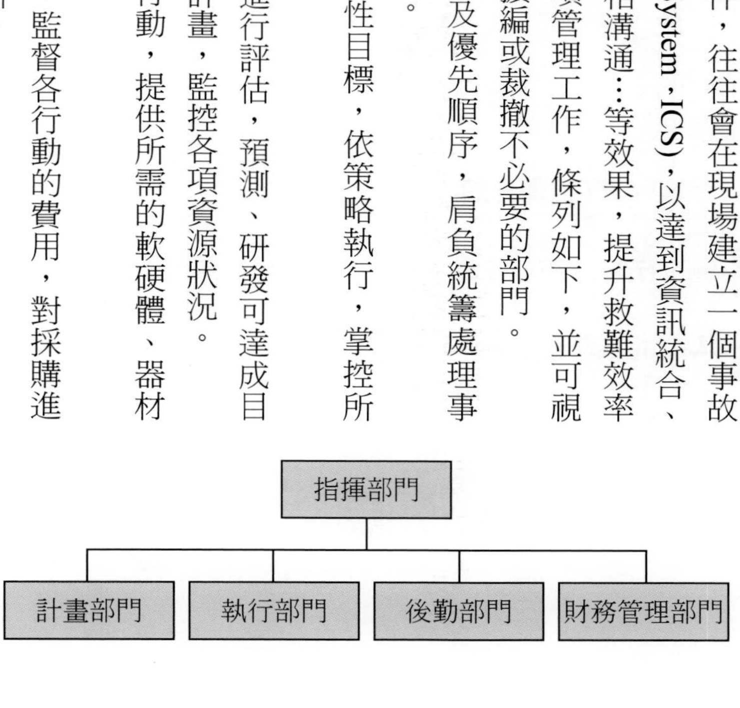

而檢傷在大量傷患事件處置中扮演扮演尤為重要的角色，其重點為簡單、快速（一個病人勿超過一分鐘），不要停下檢傷的工作而去治療病患，挽救生命的考慮優先於挽救肢體，目前各國多依照START(simple triage and rapid treatment)原則進行檢傷分類，評估傷者的行走能力、呼吸、微血管充填時間、意識狀態後分為紅黃綠黑四級，紅色牌最為緊急，應優先後送，依此類推。[5,6,7]

※操作步驟

1. 能動的人請移到安全的地方去：可自行移動者為輕傷
2. 聽到我的聲音的人舉手：有反應者為中傷
3. 快速檢查未舉手的病患，仍有生命徵象：重傷；無生命徵象：死亡

檢傷分類原則：

紅色傷票：代表患者處於極度危險的狀態，可能是呼吸道阻塞、被目擊的心臟停止、

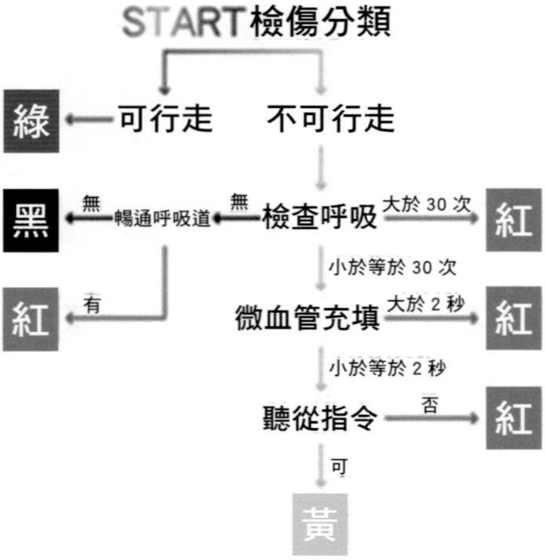

無法控制之出血…等。

黃色傷票：代表患者處於危險狀態，可能是開放性或多處骨折、穩定的腹部傷害、中度出血…等。

綠色傷票：代表患者處於輕傷，可能是小型的挫傷或軟組織傷害、小型或簡單型骨折…等。

黑色傷票：代表患者已經死亡或難以施救者，如頭部不見、軀幹分離…等。

參考資料

[1]World Health Organization(2007) . Mass casualty management systems: strategies and guidelines for building health sector capacity. Switzerland

[2]石富元(台大醫院急診醫學部醫師)。大量傷患及災難之緊急醫療現場控制。民106年9月1日，取自http://dmat.mc.ntu.edu.tw/eoc2008/uploads/disaster_article/DmatAdva/A05.pdf

[3]Hank Christen and Paul M. Maniscalco, Prentice Hall Inc. NJ. (1998) The EMS Incident Management System. 1st edition. London, England : Pearson Education

[4]The U.S. Department of Health and Human Services(2007), Medical Surge Capacity Handbook: A Management System for Integrating Medical and Health Resources During Large-Scale Emergencies. 2nd edition. Washington, D.C: the U.S. Department of Health and Human Services

[5]Benson M, Koenig KL, Schultz CH(1996). Disaster triage: START, then SAVE-a new method of dynamic triage for victims of a catastrophic earthquake. Prehospital Disaster Med. 1996; Apr-Jun; 11(2): 117-24 [PubMed Citation]

[6]Radiation Emergency Medical Management: REMM (US Department of Health and Human Services). START Adult Triage Algorithm. Retrieved September 10,2017 ,from the World Wide Web: http://www.remm.nlm.gov/startadult.htm

[7]CHEMM: Chemical Hazards Emergency Medical Management(2013) . START Adult Triage Algorithm. Retrieved September 10,2017 ,from the World Wide Web: http://chemm.nlm.nih.gov/startadult.htm

【小知識】

傷口縫合

陳郁欣

一、目的：關閉傷口，減少出血及感染風險、對齊傷口增加美觀及功能、在癒合前強化傷口對皮膚的抗拉力。[1]

二、縫合技巧與方式 [2]

當一位外科醫師開始接受訓練時，除了學習外科技術上的基本原則，也會認識到謹慎止血和精確縫合對傷口順利復原十分重要，更將了解所有的縫線材料對人體而言都是外來物質。為使組織對縫線的反應降至最低，外科醫師必須使用最細最少的縫線，並具有足夠的韌性，以保持傷口密合，直到痊癒為止。

雖然醫生的縫合技巧可能會有各式各樣的變化，但歸納起來只有連續縫合 (continuous suture) 與間斷縫合 (interrupted suture) 兩種方式。二者各有其利弊，連續式的縫合可以迅速地進行，而且縫線較為牢固，因為傷口張力是平均分布在整段縫線上的，但是如果其中一針縫線斷了，整條縫線都將會鬆散；間斷式的縫合，則是每縫一針就要打一個結並剪斷縫線，耗費較長的時間，但如果其中有一針縫線斷裂或鬆脫，其餘各針縫線仍然能夠保持傷口的密合。

連續式的縫合常用於傷口內遺留較少外物時，適合處理傷口癒合較快的部位，如臉部、頭部和頸部；而有些醫生在傷口縫合 24 至 48 小時候便即拆掉相間隔的每針縫線，這樣的處理方式，唯有使用間斷式縫合才能進行。

三、縫線材料及選擇 [2]

當外來物體被移植到人體組織內，會引起細胞組織的反應。通常大多數縫線所引起的反應都十分溫和，但如果發炎或受到外傷而引起併發症，反應就會較為強烈。外科醫師選擇縫線材料時，必須對縫合部位組織復原的特性有充分的了解，斟酌縫線材料的物理和生化性質、所縫合傷口的情況，以及病人在開刀後可能會發生的狀況等因素後，在諸多縫線材料中，做出準確的選擇。

任何縫線材料縫在人體組織內都是「外來物體」，人體細胞內的組織酵素會試圖把它排出體外。細胞組織酵素的功能之一，就是去圍攻並分解吸收性的縫線，最後這段縫線將被溶解或消化。縫線依材料可以分為兩大類：

1. 吸收性縫線：被人體酵素消化或被組織分泌液水解的一切縫線材料。是從健康哺乳類動物身上提取出膠原質，或合成聚合體，經過消毒而製成的縫線，能被哺乳動物生命體的組織吸收，也可以經過處理而改變其對吸收的抗力。

2. 非吸收性縫線：組織酵素不能溶解的縫線材料；非吸收性縫線不會被消化，通常存留在組織內縫合之處，如果用於皮膚縫合，則須在手術後拆除。它可能是一股或多股金屬或有機纖維所搓扭或編織而成，每一根縫線從頭到尾的粗細一致，且需符合美國醫藥典所定的規格。

3. 縫線小須知：所有縫線材料的粗細規格和伸張力，都有政府規定的標準，縫線規格依照直徑大小來區分，用數字表示之，「0」的數字越多代表縫線越細，「0」數越少縫線則越粗。例如：5–0表示有5個「0」，比2–0為細。縫線越細則伸張力越小，伸張力是縫線線結斷裂之前所能承受的壓力磅數。

四、持針器 (needle holder) 的拿法：以右手拇指和無名指穿過鉗環後，以食指抵住持針器前部近軸節處，中指扣於鉗環外側，便可以夾住針。

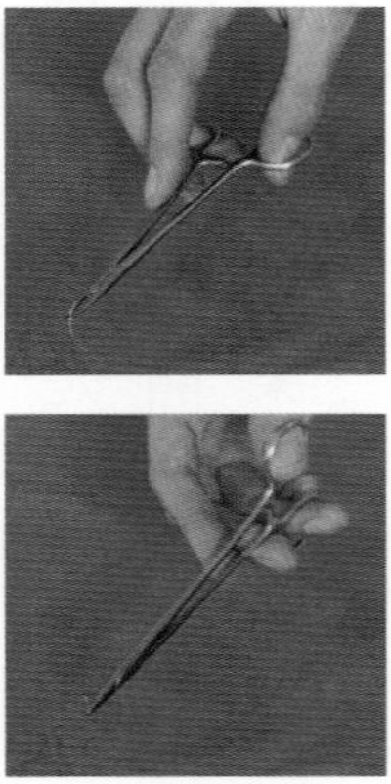

圖一 由曾元生醫師提供

五、常見皮膚縫合方式：[2]

1. 不同的縫法都有不同的效果和意義，選擇縫法的因素有：[1]

(1) 傷口類型及解剖位置。

(2) 皮膚的厚度。

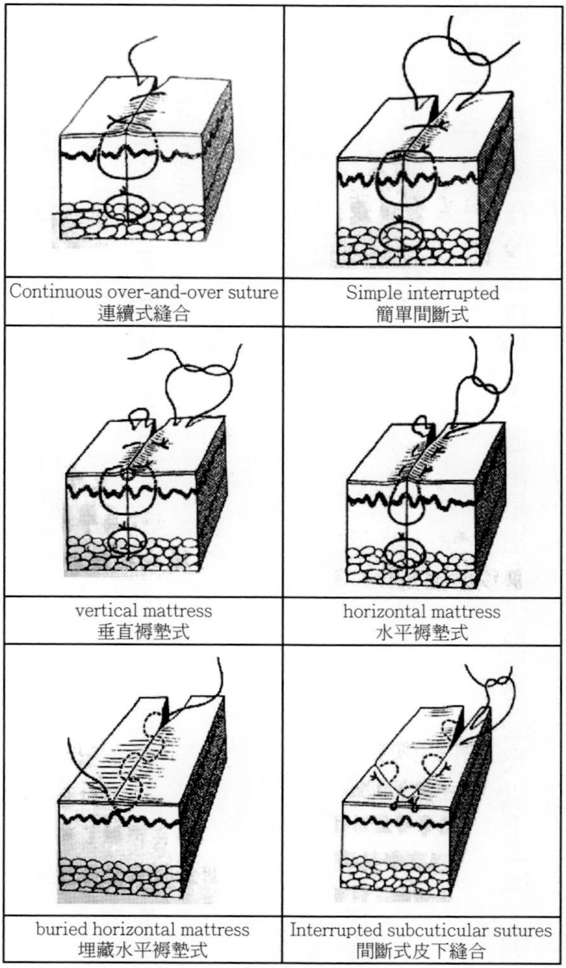

圖二 各種皮膚縫合方式 (來源 [2])

(3)皮膚的張力(tension)。
(4)期望的效果。
(5)舉例：在臉部的傷口通常會偏向用皮下縫合，避免明顯的疤痕；而較嚴重、深度較深的刀傷或切割傷，則常用水平褥式縫合法，可以垂直加強縫合、減少表面張力，避免預後的問題。

參考資料

[1]Julian Mackay-Wiggan.(2017, July 11). Suturing Techniques. Retrieved from http://emedicine.medscape.com/article/1824895-overview
[2]于大雄(主編)(民92)。外科臨床技術手冊。臺北市，九州圖書。

【小知識】

林賢鑫

高山症及PAC(攜帶型加壓袋)介紹

※ 高山症簡介 [1,2,3]

高山症泛指人體處在高海拔地區（通常是指海拔 2,500 公尺以上）時，因高海拔特殊環境所導致的健康風險，正確的名稱為「高海拔疾病 (High altitude illness)」。當海拔高度的上升時，很多環境條件和地面不太相同，包括低氣壓、低溫、低濕度、高紫外線等，但其中對健康影響最大的就是因氣壓較低，同時導致空氣中氧分壓較低，當長年居住在地海拔的人們進入這樣的特殊環境時，就很可能會出現一些健康問題，其中，最常見的疾病就是高海拔疾病。目前將常見的高海拔疾病分為三類：

1. 急性高山病(Acute mountain sickness; AMS)

急性高山病是最常見的一種高海拔疾病，最主要會出現頭痛，伴隨疲憊虛弱、食慾低落、噁心、嘔吐、頭暈/頭重腳輕等症狀，多數人到達高海拔地區後約2～12小時開始出現頭痛的症狀，約12～48小時後會隨著身體適應環境而緩解。嘔吐是症狀惡化的重要指標，旅客要多加留意。

※根據2017年版路易斯湖急性高山病診斷標準：新進的高度上升，抵達地點高於海拔2,500公尺，出現頭痛，並且出現至少其餘三個症狀中的一種：(1)腸胃道症狀（噁心、嘔吐、沒胃口）(2)疲憊虛弱、及(3)頭暈/頭重腳輕。以上四個症狀各分為無（0分）、輕度（1分）、中度（2分）、嚴重（3分）。當總分等於或大於三分即可診斷為高山病，又依程度進一步分為輕度（3－5分）、中度（6－9分）、嚴重（10－12分）三種。

2. 高海拔腦水腫(High-altitude cerebral edema; HACE)

少數發生急性高山病的旅客，會惡化為高海拔腦水腫，也常常伴隨高海拔肺水腫出現。除了急性高山病的症狀，還會出現昏睡、嗜睡、困惑、意識改變、運動失調(步態不穩)等症狀。步態不穩是高海拔腦水腫的重要指標。發生高海拔腦水中，尤其是出現步態不穩症狀時，就必須立刻降低高度以及給予妥善治療，否則，24小時內就可能致死。

3. 高海拔肺水腫(High-altitude pulmonary edema; HAPE)

高海拔肺水腫(HAPE)可能單獨發生或與前兩個病症同時發生。其症狀包括運動能力變差、費力喘氣，隨著疾病惡化會出現呼吸困難、咳嗽帶血、虛弱。高海拔肺水腫的致死率比另外兩種高海拔疾病更高且惡化更快，甚至可能在六小時內致命，一旦發生高海拔肺水腫，就必須立刻降低高度，同時儘速給氧或藥物治療，以保全生命。

※高海拔疾病治療 [1,2,3]

早期警覺、早期診斷、早期治療，乃是成功治療的關鍵，當出現類似的症狀後，因儘速做出處置。

1. 離開高度環境：立刻降低高度，是最佳的治療方式。
2. 矯正產生症狀的低壓缺氧環境：包含給予氧氣，增加環境大氣壓力也就是應用稍後提到的 PHCs 攜帶型高壓艙。

3. 休息：減少氧氣消耗。

4. 藥物治療：服用 Acetazolamide（商品名：丹木斯，Diamox）、Dexamethasone（類固醇）、Nifedipine(冠達悅，一種鈣離子阻斷劑）等藥物。

※ 攜帶型高壓艙介紹及使用時機 Portable Hyperbaric Chambers (PHCs)[4]

如前頁所述，當發生高山症最理想的解決方法就是「下降高度」，然而當患者出現嚴重高山症（高海拔腦水腫或高海拔肺水腫）時，往往意識不清，或是呼吸困難，體力不支，無法自行行走，此時若因地形受限、路途遙遠，不易將患者送至低海拔地區，且因天候或夜晚等因素，直升機無法飛行執行救援任務時，將出現窮盡一切方法仍然無法讓患者下降高度的窘境，無法拯救命在旦夕的病人。這時若有 Portable Hyperbaric Chambers (PHCs) 攜帶型高壓艙，在高山現場就可以直接對嚴重高山症病患進行「加壓加氧」，改善其症狀。

攜帶型加壓袋 (PAC) 就是攜帶型高壓艙 (PHCs) 眾多產品之一，可用於治療嚴重高山症。其工作原理是利用腳踏幫浦增加壓力袋的壓力。在高海拔地區這個增加的壓力相等於降低海拔高度，提升患者血液中的含氧量，緩解高山症症狀。

世界山岳聯盟（UIAA）醫療委員會台灣代表／台灣野外地區緊急救護協會

副理事長王士豪醫師指出，攜帶型加壓袋(PAC)，每個重7公斤，不需電力，若遇到有嚴重高山症病患，民眾可以徒手操作，藉由腳踩加壓幫浦，10分鐘讓PAC內的壓力上升兩個PSI（pounds per sqaure inch，壓力單位），在PAC裡，就相當於下降了1,500公尺，改善高山症症狀，爭取病患下山的時間。

目前，台灣野外地區緊急救護協會已經在台灣各個高山山屋及據點設置攜帶型加壓袋(PAC)，也辦理一系列講座及訓練課程，讓民眾學習正確操作。如果民眾尚未學習，但在高山已經遇到嚴重高山症患者，現場也有說明海報，民眾可以參考海報上的操作步驟，來操作攜帶型加壓袋(PAC)。

PAC操作步驟

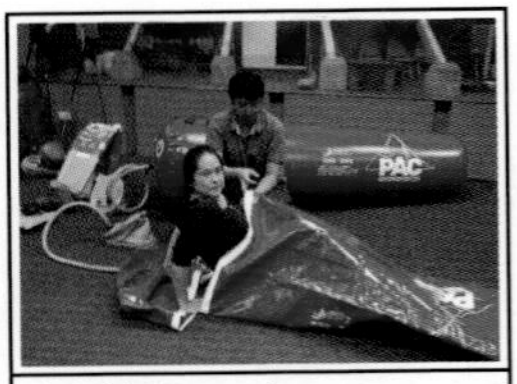
患者躺入PAC中

將拉鍊整個拉起，密封袋子

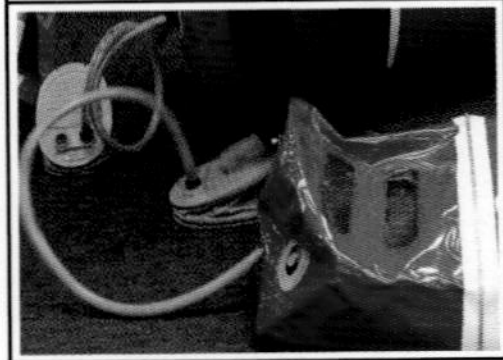
踩加壓幫浦

加壓完成，自動洩壓閥口的黃色小塑膠片會飄起

PAC頭端的示意圖。

參考資料

[1]Peter H. Hackett, David R. Shlim(2017), High-altitude illness. In: CDC Yellow Book 2018: Health Information for International Travel. New York; Oxford University Press

[2]Scott A Gallagher, MD, Peter Hackett, MD(2016), Patient education: High altitude illness (including mountain sickness) (Beyond the Basics) , Retrieved September 10, 2017, from Up to Date

[3]Hackett PH, Roach RC(2007), High-altitude medicine. In: Auerbach PS, editor. Wilderness medicine 5th ed. Philadelphia: Mosby Elsevier

[4]有關 Portable Hyperbaric Chambers (PHCs) 高壓艙的介紹，來自世界山岳聯盟（UIAA）醫療委員會台灣代表／台灣野外地區緊急救護協會副理事長 王士豪醫師 親述。

【軍陣醫學實習課程實錄】

航空生理與醫學／潛水醫學（第五天 106.5.26）

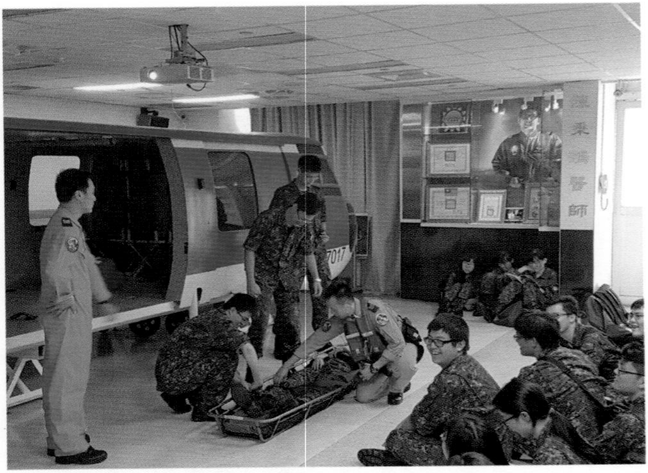

空中後送－由空軍救護隊教官於國防醫學院獨創之空中醫療救護模擬機艙訓練教室指導學生如何進行空中後送。

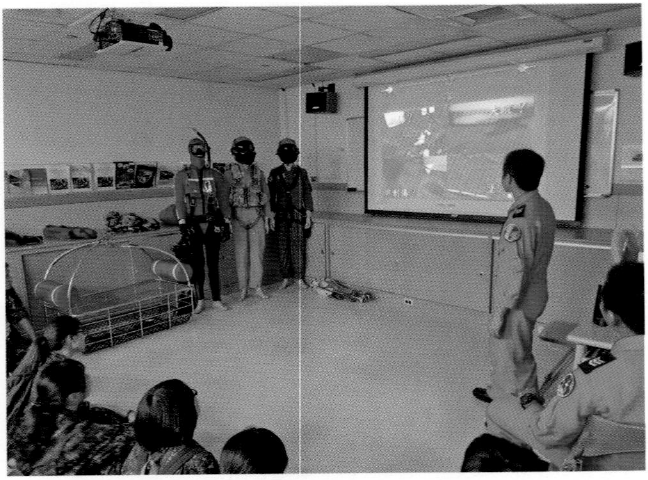

空中救護裝備介紹－空軍教護隊教官介紹目前空軍直升機空中救護各式裝備。

陳穎信

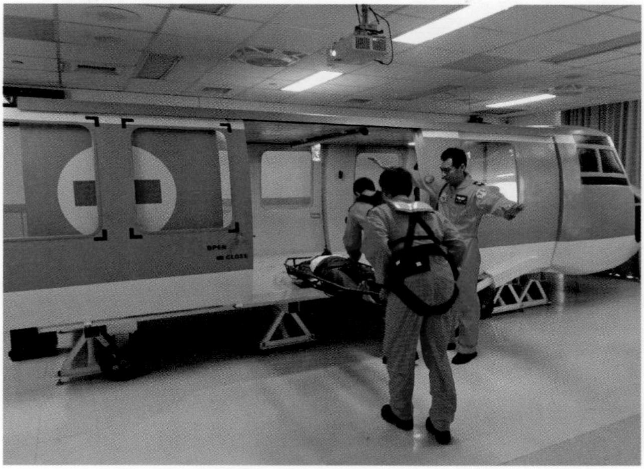

空中後送－以實際情境模擬演練，操作搬送傷病患以三點鐘方向進入直升機。

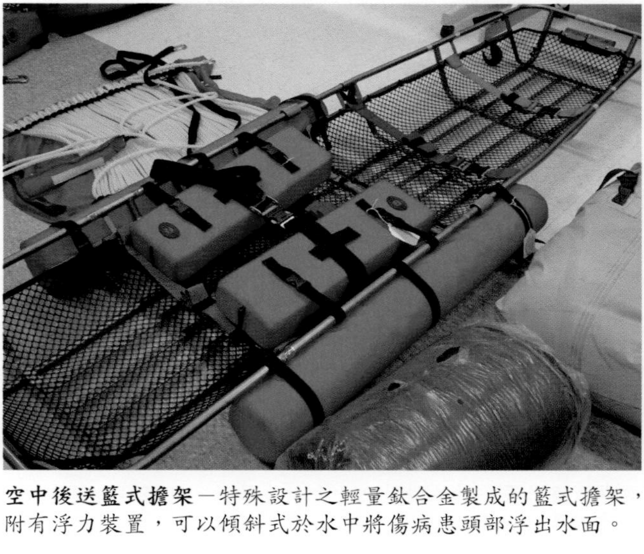

空中後送籃式擔架－特殊設計之輕量鈦合金製成的籃式擔架，附有浮力裝置，可以傾斜式於水中將傷病患頭部浮出水面。

空中救護—學生學習空軍救護隊空中救護，體認救援之翼的各項任務及重要性。

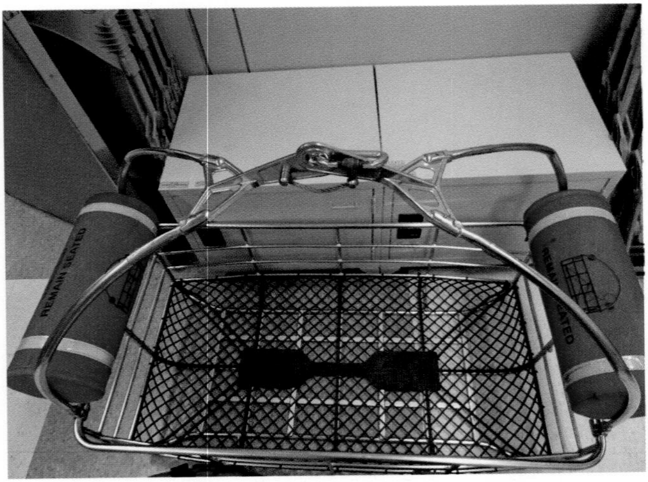

空中救護吊籃—特殊設計之空中救援吊籃，可將被救援者安全放置吊籃中。

6 chapter six

大顯身手

陳玟君

大顯身手

聽到騷亂聲的百合放下手邊的工作，探頭查看騷動的來源，發現檢傷官昏倒在地。

「醫生，妳才處理到一半吶！怎麼能離開呢？這個 OK 蹦都還沒貼，要是我傷口感染，得蜂窩性組織炎的話該怎麼辦？妳要幫我截肢嗎？我還有三個小孩……」一名膝蓋挫傷的傷患正拉著百合的手哭訴著。

百合快速地安慰傷患後便匆匆離開，顧不得她在後頭繼續嚷嚷。

到了現場的百合發現倒臥在地的檢傷官正虛弱地呻吟著，他瞇著眼掃視周圍的人們，像在向大家求助，但現場既沒有指揮官也沒有急救設備，大家拉拉檢傷官的手、拉拉他的腳，七嘴八舌地商量著卻得不出一個定論。

「先生，你還好嗎？」百合蹲下來詢問檢傷官。

檢傷官眨眨眼，無力地吐出幾個字：「頭好

痛……剛剛……咬……」百合的耳朵幾乎與檢傷官的嘴巴貼在一起，但現場環境太過吵雜，她只能感受到檢傷官溫熱的氣息吐在她臉上。

「不好意思，可以請大家降低音量嗎？」百合大聲說，試圖控制混亂的場面。「有人可以向我解釋發生了什麼事嗎？」大家窸窸窣窣地討論著。

一名膚色黝黑的搜救人員站出來說：「檢傷官被蛇咬到小腿後，往後跌撞到了頭，剛才我們怎麼叫他他都沒有反應，但現在好像恢復意識了。」他邊說邊舉起手中癱軟如泥的蛇。那條蛇約莫六十公分長，灰棕色的身體上有著深色斑塊連成的波浪，倒三角形的頭和如野貓般銳利的眼睛讓它看起來更為狡猾。

百合看了後倒吸一口氣。「這是龜殼花。」她說，「雖然方才牠攻擊時，不一定有釋放毒液，但龜殼花的毒性頗高，我們不能掉以輕心。請問這裡有毒蛇血清嗎？」百合本不期待在這種野外地方會有毒蛇血清，沒料到她才剛說完，就有另一名搜難人員掏出毒蛇血清與針頭遞與百合。

「啊？」

「怎麼了嗎？」看到百合一臉懵懵，搜救人員也愣了一下。百合搖搖頭，接過毒蛇血清。看來檢傷官的中毒是原先就設計好的，否則誰會隨身攜帶毒蛇血清呢？難不成他們的口袋設有冷藏庫？

百合替檢傷官行血清的靜脈注射後，再為他的頭部挫傷做簡易包紮。因檢傷官尚能回答百合的問題，她便指示一旁的搜難人員將指揮官送到黃區治療，並請另一名搜救隊員通知平錦兼指揮官：將由她充當臨時檢傷官。

不久後人群散去，大家回到各自的工作崗位。

相較於百合那兒的忙碌緊張，正在搬運傷患的詠星仍是一派悠哉。測驗結束後再過兩個禮拜，迎來的便是長達三周的暑假，詠星和景輝等人的泰國之行也將就此展開。詠星想起行程安排裡有一天自由活動的時間，或許他和景輝兩人可以前去芭達雅住一宿，清晨時再趕回曼谷和其他人會合？恰好隔天是比較輕鬆得古蹟行程，可以調養他們前一晚過度疲累的身心。想到這兒詠星不禁雀躍了起來，頓時充滿精力，手中這位小腿骨折的胖子傷患似乎變成一顆輕盈無比的大汽球，他踏著輕盈的腳步將這位滿面愁容又不停呻吟的傷患後送。

詠星和景輝來到緊急醫療站附近，卻不見檢傷分類官。

景輝大汗淋漓，汗水如傾洩般流過他圓潤而黝黑的面龐，「檢傷分類官死去哪了？」他喘著氣問。景輝體力不佳，看來屆時芭達雅的行程不能排得太緊湊。詠星心想。

「不知道耶。」詠星聳聳肩，「人有三急，會不會去廁所啦？」

景輝四處張望，「那我們先把他放在這吧！等檢傷官回來再抬進去。」沒等詠星回答，他便急著將傷患放在地上，原本緊繃的肌肉瞬間放鬆，他吐口氣，面帶微笑轉轉脖子、伸展筋骨。

「這是我人生中第一次這麼不喜歡胖子。」景輝邊說邊按摩他鮮嫩肥美的手臂。擔架上的傷患瞥向景輝，不安地扭動身子。

景輝與詠星躲到樹陰下開始自顧自地聊天，他們告訴自己並不是他們不認真做事，而是關鍵人物檢傷分類官不在，他們迫於無奈，不得不如此。

「噢！是誰把傷患扔在這裡？」詠星轉頭一看，發現百合正解開他們綁得慘不忍睹的夾板，為傷患的小腿重新包紮，同時左顧右盼找尋罪魁禍首。景輝與詠星不約而同看向對方，你推我、我推你地走出去。

「嗨！百合！」詠星說。

百合一看到他們便雙手抱胸，才準備說些什麼時，詠星立刻插嘴：「唉！說來真無奈。剛剛我們在大太陽下東奔西走，卻怎麼也找不到檢傷官。我們這位傷患又在那哭鬧，說什麼不想就醫，又說自己有季節性憂鬱症，曬日光浴可以讓他的病情好轉……我們也不知如何是好。」

百合一臉狐疑地看著他們。景輝立刻轉移話題，問：「百合妳怎麼在這？綠區的傷患都處裡完了嗎？」

「剛才檢傷官被蛇咬，現在送去黃區做治療，所以由我充當臨時檢傷官。綠區那邊我已經請其他 NPC 救護人員頂替我了。」百合說，「話說就算病人要求，你們也不能就這樣把他丟在一旁呀！要是這期間他的病情惡化該怎麼辦？還有就算找不到檢傷官，你們也能自行判斷吧？基礎的檢傷分類對你們來說應該不是問題吧？」詠星和景輝連連說是後，便依照百合的指示將傷患送至黃區。

「應該這樣就可以了。」嘉平替那名過重的患者打了一記止痛針後，又做了腿部的石膏固定，由於患者腿部太過粗大，嘉平用了不少石膏繃帶和襯墊。現在那名患者的腿比原本整整大上一倍。他把自己蜷成一球肥美扎實的大肉丸，警戒地眼神頻頻瞄向景輝。

這兩人肯定又做了什麼，嘉平無奈地想。這次的測驗可是關心到明年是否要接受複訓，為何當大家都在為此努力時，他們還能這樣嘻皮笑臉，彷彿一切都事不關己？

景輝拍拍嘉平的肩膀。「唉唉嘉平你知道嗎？剛才檢傷官被蛇咬了耶！」景輝降低音量說，好像這種已經過時的消息是什麼天大祕密似的。

「嗯嗯我知道，他現在正在那邊休息呢。」嘉平指向正躺在角落裡睡覺的患者。

「百合的應變能力真的很強呢！」詠星說。

嘉平一臉不解地看著他，「這關百合什麼事？」

「嗯？你沒聽說嗎？是百合幫檢傷官打蛇毒血清和做頭部包紮。」詠星說，「什麼赤尾青竹絲啦、百步蛇啦，牠們的模樣我早就忘得一乾二淨。她竟然還記得龜殼花是出血性毒蛇，這太違反常理了啦！」嘉平輕笑幾聲。

「那你知道百合現在是臨時檢傷官嗎？」詠星問，嘉平搖搖頭，於是詠星接著說：「剛才我們傷患的包紮做得不夠好，她還幫我們重新處理，三兩下就綁好了。不愧是小百合。我們的任務終於快告一段落了，嘉平，她這次這麼辛苦，回去後可別忘了好好慰勞人家呀！」詠星露出意味深長的笑容，景輝也在旁幫腔。

聽他這麼說，讓嘉平有些鬱悶。小百合？雖然知道詠星與百合關係一直都不錯，但聽見他這麼叫百合仍然讓他有點不自在。也許自己想太多了，但嘉平不禁注意到詠星總是開口閉口百合，閒來無事也去找百合聊天。不會是別有用心吧？

百合也是，都已經和他交往了，卻還是頻頻和其他男生聊天。說真的，百合這樣做好像沒有顧慮到嘉平的感受……

這只是件小事，嘉平告訴自己別太鑽牛角尖。

「嘉平，你在發什麼呆呀？」景輝拍拍嘉平的背，「讓我猜猜，你現在是不是不開心？」嘉平驚訝地望向他。難不成被發現了？原以為景輝是個魯鈍的傻瓜，沒料到竟意外地敏銳！嘉平心想。

看到嘉平的反應，景輝滿意地點點頭，接著說：「是有關百合的事吧？」嘉平靜默不語，但他的反應已經透漏的答案。

景輝握起嘉平的手說：「別擔心，我和你一樣。」這回嘉平更加吃驚，「和我一樣」是什麼意思？嘉平心想。

「思念是一種病呀！」景輝嘆口氣說。

思念？嘉平愣了一下，這才了解景輝不過是想念他的心上人了。

「真是的，你話也說清楚嘛！害我誤會。」嘉平雙手叉腰。

「誤會什麼？」

「嗯……沒什麼啦。」嘉平眼神閃躲。景輝原想繼續追問，但百合突然衝了進來。

「你們……沒事的人跟我過來……」百合氣喘吁吁地說，「有一名患者……

突然失去呼吸心跳了！」

當嘉平一行人抵達時，蕙婷正在為患者進行心肺復甦術。

患者是一名年約三十歲的男子，他的身材高壯，嘉平有印象他經手過他。起初他因腦震盪與全身多處挫傷被送到黃區，但不久後他因陷入昏迷而被轉送到紅區。根據蕙婷所言，患者的狀況起初都還算穩定，但幾分鐘前他開始劇烈胸痛，疑似心臟病發作，之後便無呼吸及意識。

「我們現在必須為患者行高級心臟救命術。上課有教，大家都還記得吧？」百合沒等大家回答就接著說：「嘉平，等一下由你接替蕙婷的位置，幫患者做CPR；面罩給氧和紀錄就交給……」

「我！」詠星舉手說。

「我想當電擊手。」景輝自告奮勇說。

「好，那蕙婷就負責藥物靜脈注射，然後等一下我會下達指令給每個人，這樣可以嗎？」百合說。大家點點頭後便去取各自負責的器材。

嘉平來到蕙婷的身邊問：「妳現在進行到第幾輪了？」看著汗珠流過蕙婷的眼角，嘉平回想起昨晚他們吵架的事。憤怒也好、哭泣也好，都好過對他無動於衷。從她謾罵他的那刻開始，他感覺他們兩人有機會再回到從前那樣。

「第四輪結束，準備進行第五輪。」蕙婷氣喘吁吁地說著，並退去一旁。

嘉平點點頭，站到蕙婷的位置，手臂打直、手掌交疊放在患者兩乳頭之間，當炙熱的手心觸碰到冰冷冷的胸膛上，嘉平頭皮一陣發麻。他大聲喊道：「第五次循環開始。一下、兩下、三下、四下……」這名瀕死之人的頭隨著口號而規律地晃動著，嘉平有種他下一秒就會睜眼的錯覺。

「三十！」嘉平結束完一輪的心臟按壓後，詠星拿起手中的氧氣球按了兩下。百合看著剛貼上去的心律監視儀說：「分析心律，這是VF。景輝，給予兩百焦耳不同步去顫電擊！」

「CLEAR！」景輝拿著充好電的去顫器喊道。「碰！」一聲，傷患彈了一下。

「蕙婷，給予Epinephrine 1 mg IVP。」

「知道了！」

大家在百合的指揮之下，一邊發揮著平日所學，一邊與彼此互相配合，雖然仍舊有些手忙腳亂，但仍謹慎地、專心地照護著這位傷患……

他們周而復始地循環，但患者依舊無反應，就在大家快要喪失希望時，百合開心地喊道：「患者恢復呼吸心跳了！」。這句話對嘉平而言無疑是種解脫，經過三輪循環他的氣力早已耗盡，他一屁股坐在地板上按摩手臂。

大家終於鬆了一口氣，他們看著規律起伏的心電圖，相視而笑。在這短短的十分鐘內，嘉平感覺彼此的距離更加靠近了。

詠星和景輝相互擊掌、調侃對方。百合走到景輝身邊，拍拍他的手臂說：「不錯嘛！你們兩個。原本以為你們會隨便做做，沒想到這麼認真。」

「什麼啊！百合妳平常竟然是這麼看我們的。」詠星做出拭去淚水的動作，「我們平日勤奮認真一絲不苟的模樣妳都沒看到嗎？」

百合呵呵笑地說：「有啦、有啦！只是今天比平常更認真。」

嘉平瞟了他們一眼，他看百合先過去跟他們嬉鬧，不禁有些失落。

「不開心嗎？」蕙婷問。

嘉平趕緊低下頭，他的表情肯定透露了什麼。蕙婷疑惑的看向他。

「沒有。只是覺得……」嘉平欲言又止，「沒什麼，只是有點累而已。」他淺淺一笑。

蕙婷狐疑地盯著嘉平看，不久後又轉過頭去。

這時後送指揮官走了過來，說明現在準備要後送最後一批病患了，直升機需搭載兩名人員，幫忙將患者後送到醫療所。現在救援行動已到尾聲，人員後送完後其餘人便能自行離開，前往醫療所。

詠星和景輝毛遂自薦說願意擔當起患者後送的重責大任，話說得冠冕堂皇，說白了只是想圖方便，省得走路回去吧！

他們抬著擔架進到直升機，待直升機順利起飛後，嘉平一行人也開始檢整裝備，準備返回醫療所。

【小知識】 **林賢鑫**

台灣常見毒蛇與毒蛇咬傷處置

※台灣六大常見毒蛇〔三〕

依據蛇毒種類又分神經性毒蛇、出血性毒蛇，以及混合性，出血性毒主要見於蝮蛇類之毒液中，包括百步蛇、龜殼花、赤尾青竹絲；神經毒主要見於眼鏡蛇科，包括眼鏡蛇及雨傘節等。鎖鏈蛇則是兩種毒素兼具的混合性毒蛇。

一、雨傘節：神經毒（眼鏡蛇科），神經毒素其毒性最強，易造成呼吸衰竭，死亡率最高。

1.特徵：黑寬白窄相間、頭圓而小毒牙約3-5mm、口內有一對大溝牙、二對小溝牙。

2.毒素為bungarotoxin，作用於神經肌肉接合處，阻斷神經傳導使得橫紋肌不收縮，最後導致呼吸麻痺。最初只覺得昏昏欲睡，傷口不痛，且不見腫脹瘀血，但會發生致命的呼吸衰竭。

3.有全身肌肉麻痺症狀、複視、視力模糊、眼瞼下垂、說話不清楚、流涎。

二、眼鏡蛇：神經毒(眼鏡蛇科)，易皮膚壞死，需打大量抗血清。

1.特徵：棕色帶白色細條紋、頸部白色帶狀斑，上有一對黑點、受驚嚇時上身仰起，頸部賁張，從背後看似眼鏡，會發出嘶嘶噴氣聲、口內溝牙約1-3mm。

2.主要毒素成份為細胞毒素(cytotoxin)，被咬後局部會有劇痛、腫脹、局部組織變黑、壞死，及橫紋肌溶解；另一毒素為毒蛋白cobrotoxin，作用於運動神經支配的橫紋肌，使其痙攣而麻痺。

3.全身性症狀可能有噁心、嘔吐、眼皮下垂，口齒不清及呼吸衰竭等症狀。

三、龜殼花：出血毒(蝮蛇科內的響尾蛇亞科)。

1.背部中央茶色斑塊、頭大成三角形。

2.被咬後會產生灼熱感，局部亦會瘀血、出血、腫脹部份有少量水泡或血泡。

3.少部份會有全身性出血傾向，血小板計數減少，PT、APTT(凝血酶原時間與活化部分凝血活酶時間)延長。

四、赤尾鮐(赤尾青竹絲)：出血毒(蝮蛇科內的響尾蛇亞科)，最常咬傷元凶。

1.鮮綠色背部、腹部黃綠色、尾部磚紅色、三角頭、三角頭口內有一對大管牙約2公分。

2.咬傷局部會瘀血、腫脹，少數有局部出血、水泡或血泡，咬傷率高，而致死率低。

3.少見全身性出血症狀或徵候。

五、百步蛇：出血毒(蝮蛇科內的響尾蛇亞科)，咬傷毒液注入最多，致死率高，台灣南部特產。

1.三角頭(狀似鱉頭、嘴尖向上翹)、背部深褐色倒三角形斑、巨大毒牙可自由伸縮達3–4公分，為台灣地區毒蛇體型最大者。

2.咬傷處局部迅速瘀血、腫脹、起水泡與多發性血泡。

3.臨床上可見明顯血小板減少，PT、APTT延長及全身性出血傾向，常會產生全身擴散性的血管內凝血病變(DIC)。

六、鎖鏈蛇：混合毒(蝮蛇科內的蝮蛇亞科)，易造成腎衰竭，東部特產。

1.體背有三縱列交錯的暗色或深褐色橢圓形斑紋、花紋粗，易與龜殼花混淆、混合毒性(台灣主要為出血性)。

2.全身性出血、溶血及急性腎衰竭。

3.鎖鏈蛇咬傷個案多集中在東南部山區，咬傷局部會瘀血、腫脹，少數有水泡、血泡、程度類似龜殼花。

4.全身擴散性血管內凝血病變(DIC)包括器官出血、皮下多處瘀血及紫斑。

5.全身性的症狀還有溶血、橫紋肌溶解、肺水腫，及早期即可見到的急性腎衰竭。

臺灣六大毒蛇（照片由中華民國搜救總隊提供）

雨傘節	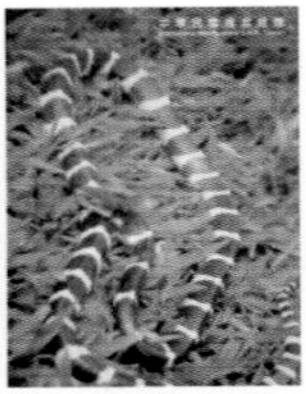
眼鏡蛇	
龜殼花	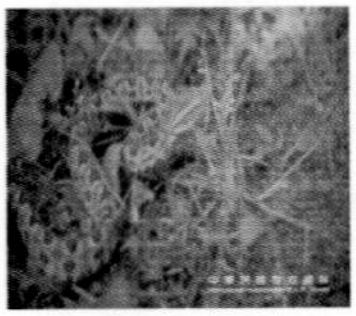
赤尾青竹絲	
百步蛇	
鎖鏈蛇	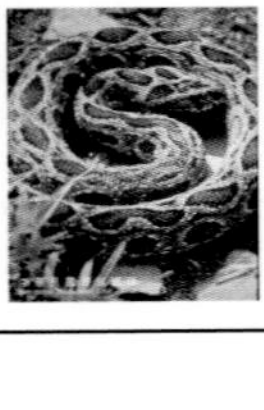

※蛇毒的作用

一、局部症狀：腫、痛、可依中毒嚴重度，看腫脹擴散速度。

二、全身症狀

1.凝血病變：流鼻血、血尿、全身性血管凝血病變。

2.神經症狀：眼瞼下垂、呼吸抑制、吞嚥困難、麻木感及肌肉無力。

3.若6-8小時無症狀，則無發生蛇毒中毒。

※毒蛇咬傷的現場處置 [2,3]

一、注意事項

1.在無法或尚未鑑定為有毒或無毒的情況下，一律以毒蛇咬傷的情況處理。

2. 認清蛇的形狀、顏色及特徵。
3. 根據統計，四肢被咬傷的機會超過96%，且會腫脹，須儘速移去手或腳上的束縛物，如戒指、手鐲等物品。
4. 患者宜保持鎮定，減少被咬處的移動。
5. 儘速以彈性繃帶包紮患處，包紮範圍越大越好，如沒有彈性繃帶時以絲襪、褲襪代替，再以木板或樹枝做成夾板固定患肢；切勿使用動脈止血帶。
6. 儘速送醫接受抗蛇毒血清治療。(台灣目前有4種抗蛇毒血清，【抗出血性血清】主要用來治療赤尾鮐或龜殼花咬傷，【抗神經性血清】主要用來治療眼鏡蛇或雨傘節咬傷，百步蛇咬傷時則使用專一性【抗百步蛇血清】，鎖鍊蛇咬傷則使用【抗鎖鍊蛇血清】)

二、蛇咬傷之禁忌

1. 切忌切開傷口或活(移)動患肢。
2. 切忌冰敷或飲用刺激性物質(如咖啡或酒)。
3. 切忌使用動脈止血帶。
4. 切勿用嘴巴嘗試吸出毒液，此法不僅無效而且可能會造成傷口感染。

※蛇咬傷救命口訣

衛生福利部疾病管制署提出的救命口訣「四要二不」

四要：要〈看，脫，包，送〉

1. 看：看清楚蛇的特徵，包含形狀，大小，顏色。
2. 脫：脫去戒指，手錶，手鐲。
3. 包：包紮傷口上緣。
4. 送：儘快送醫治療。

二不：〈不切，不酒〉

1. 不要切割傷口。
2. 不要喝酒。

參考資料

[1]行政院衛生福利部全國解毒劑儲備網。臺灣毒蛇咬傷緊急處置要點。民 106 年 9 月 5 日，取自 http://www.pcc-vghtpe.tw/antidote/snake04.htm

[2]洪東榮 (2012)。台灣常見毒蛇咬傷之緊急處理。台中榮民總醫院 臨床毒物科。民 106 年 9 月 1 日，取自 http://gi.vghtc.gov.tw/GipOpenWeb/wSite/public/Attachment/f1329810403616.pdf

[3]洪東榮(Hung, Dong-Zong). Taiwan's venomous snakebite: epidemiological, evolution and geographic differences. TRANSACTIONS OF THE ROYAL SOCIETY OF TROPICAL MEDICINE AND HYGIENE. 2004;98(2):96-101

【小知識】

陳郁欣

高級心臟救命術 (Advanced Cardiac Life Support)

1. 簡介：主要著重於呼吸窘迫及心律不整的緊急處置，在基本救命術(Basic life support, BLS)之外，也強調電擊的運用、CPR品質以及持續監測的重要性。

2. 應用時機：病患心跳停止、經急救後回復心跳的復甦後時期和任何危急病人或面臨重大臨床決策時

[註]CPR=Cardio-Pulmonary-Resuscitation，中文稱為心肺復甦術。

IHCA和OHCA的生存之鏈(GUIDELINE traditional Chinese) [1]。

1. 院內心跳停止(In-Hospital Cardiac Arrest，簡稱IHCA)。
2. 到院前心跳停止(Out-of-Hospital Cardiac Arrest，簡稱OHCA)。

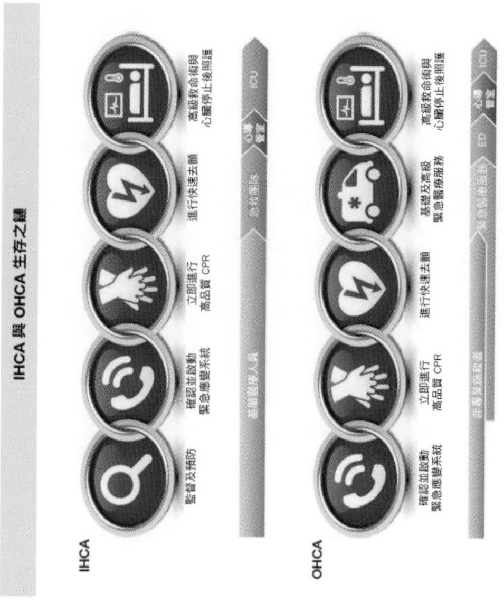

《摘自美國心臟協會 2015 年 AHA CPR 與 ECC 準則更新資訊重點提要》[3]

急救成功的關鍵：高品質 CPR & 盡快去顫電擊。

一、CPR 的步驟：叫、叫、C、A、B、D[4]

1. 叫：確認突發性心臟停止。

2. 叫：啟動緊急救護系統並取得去顫器。

3. C(Compression)：開始壓胸。

4. A(Airway)：暢通呼吸道：壓額提下巴，使頭部盡量後仰、頸部伸直，以保持呼吸道通暢。

5. B(Breathing)：吹氣：若傷患無呼吸，維持其頭部後仰，以拇、食指捏住傷患鼻孔，將口罩住其嘴吹兩口氣，每口 1 秒鐘。

6. D(Defibrillation)：盡早去顫。

二、BLS實施人員之高品質CPR要素摘要[3]

BLS 實施人員之高品質 CPR 要素摘要			
要素	成人與青少年	兒童 （1 歲至青春期）	嬰兒 （不滿 1 歲，新生兒除外）
現場安全無虞	確認環境不會危及施救者及患者的安全		
確認心臟停止	檢查有無反應 沒有呼吸或僅有喘息（亦即沒有正常呼吸） 在 10 秒內沒有明顯摸到脈搏 （可在 10 秒內同時檢查呼吸和脈搏）		
啟動緊急應變系統	若你單獨一人而且沒有攜帶手機，請先離開患者去啟動緊急應變系統，並取得 AED，再開始 CPR 否則應派人啟動緊急應變系統和拿取 AED， 並立即開始 CPR； 在拿到 AED 時盡快使用	有人目擊病患倒下 按照左欄的成人和青少年處置步驟進行 無人目擊病患倒下 給予 2 分鐘的 CPR 離開患者去啟動緊急應變系統並取得 AED 回到兒童或嬰兒身邊，重新開始 CPR； 在拿到 AED 時盡快使用	
沒有高級呼吸道裝置時的按壓通氣比率	1 或 2 名施救者 30：2	1 位施救者 30：2 2 名以上的施救者 15：2	
有高級呼吸道裝置時的按壓通氣比率	持續按壓，速率為 100-120 次 / 分鐘 每 6 秒吹氣 1 次（10 次呼吸 / 分鐘）		
按壓速率	100-120 次 / 分鐘		
按壓深度	至少 2 英寸（5 公分）*	至少胸部前後徑尺寸的三分之一 約 2 英吋（5 公分）	至少胸部前後徑尺寸的三分之一 約 1½ 英吋（4 公分）
手部放置位置	將雙手放在胸骨下半部	將雙手或單手 （年幼的兒童適用 放在胸骨下半部）	1 位施救者 將 2 根手指擺放在胸部正中央，略低於乳頭連線處 2 名以上的施救者 雙手拇指環繞手法置於胸部正中央，略低於乳頭連線處
胸部回彈	每次按壓後讓胸部完全回彈；每次按壓後切勿依靠在胸部上		
減少中斷	盡量讓胸部按壓的中斷時間少於 10 秒		

★按壓深度不應超過 2.4 英吋（6 公分）。
縮寫：AED (Automated External Defibrillator)；CPR (Cardiopulmonary Resuscitation)。

《摘自美國心臟協會 2015 年 AHA CPR 與 ECC 準則更新資訊重點提要》

1.例外：對於認定為窒息性心臟停止的病患(例如：溺水)，當務之急是提供約5個週期的胸部按壓與人工呼吸(大約2分鐘)，然後再啟動緊急應變系統。

三、高品質CPR[3]

1.用力壓：按壓5-6公分深。
2.快快壓：100-120下/分鐘。
3.胸回彈：胸部須完全回彈。
4.莫中斷：避免中斷胸部按壓超過10秒鐘。
5.吹一秒：每次吹氣一秒鐘，每6秒吹氣一次。
6.輪流壓：每兩分鐘換手胸部按壓。

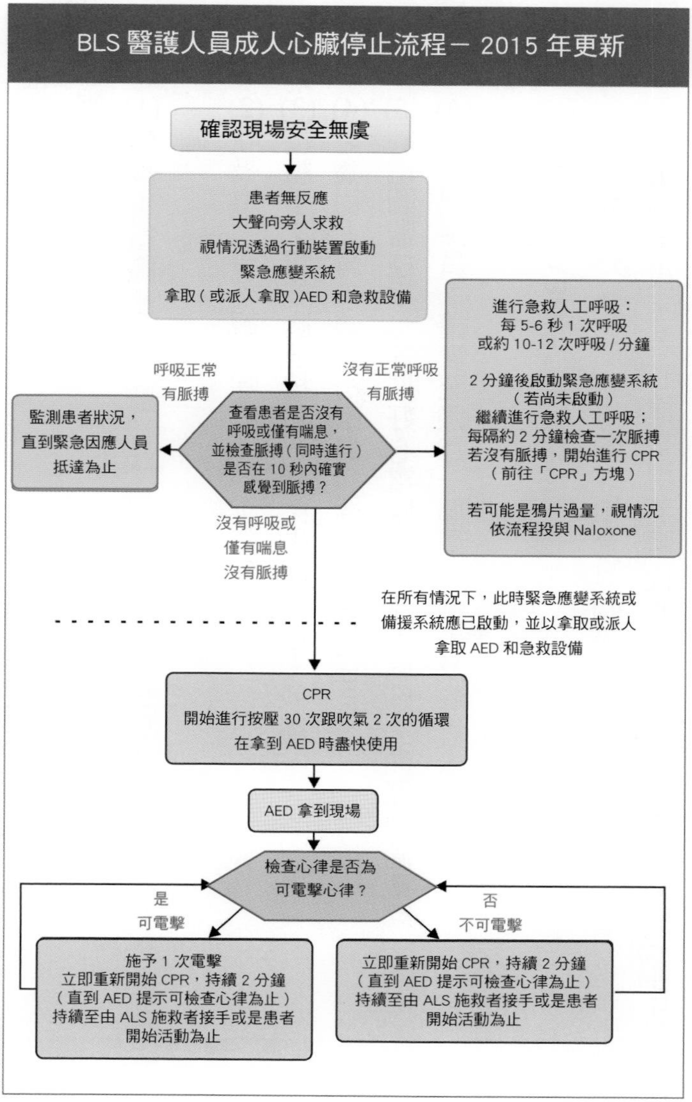

《摘自美國心臟協會 2015 年 AHA CPR 與 ECC 準則更新資訊重點提要》[3]

四、高級心臟救命術(ACLS)重視團隊合作，通常為六人一組，負責小組指揮、紀錄、給藥、CPR壓胸手、CPR給氣手、監控儀器、做摘要、聽取就醫前簡報。[2]

1. 團隊組成：

(1)隊長：組織小組，監控隊員個人表現，機動支援，確保流程順暢及正確。

(2)呼吸道人員：觀察呼吸、給予氧氣。

(3)按壓手：實施胸部按壓，避免中斷超過十秒鐘。

(4)IV藥物人員：適時給予IV、注射Epinephrine。

(5)心電圖監控手：安裝好心電圖監視器，備好去顫器準備電擊

(6)觀察記錄員：確實記錄每一循環的結果及病患表徵。

2. 流程：[4]

(1)Primary CABD

A.CPR二分鐘、貼心電圖導極查看心律。

B.兩分鐘後，若心律呈現無脈性心室頻脈pulseless VT(Ventricular Tachycardia) /心室顫動 VF(Ventricular Fibrillation)則：

a. 電擊(Shock 1次)：(Biphasic電擊器用150~200 J，如果不知道，則用200 J，Monophasic電擊器用360 J)。

b. CPR兩分鐘，持續CPR 5個循環。

c. 心跳檢查應在5個循環(或者約2分鐘)的心肺復甦後進行。

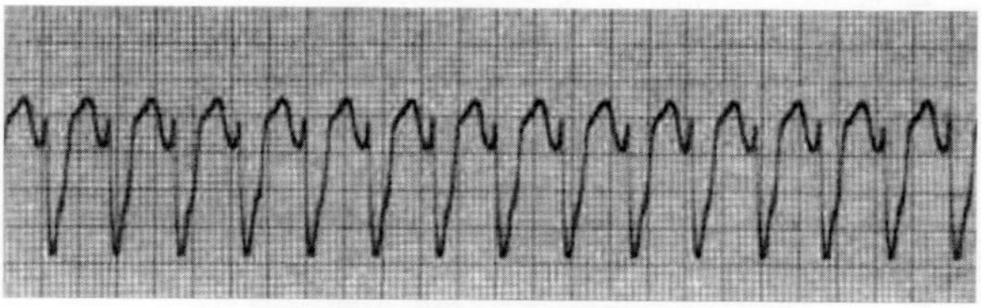

心室頻脈 VT: Ventricular tachycardia

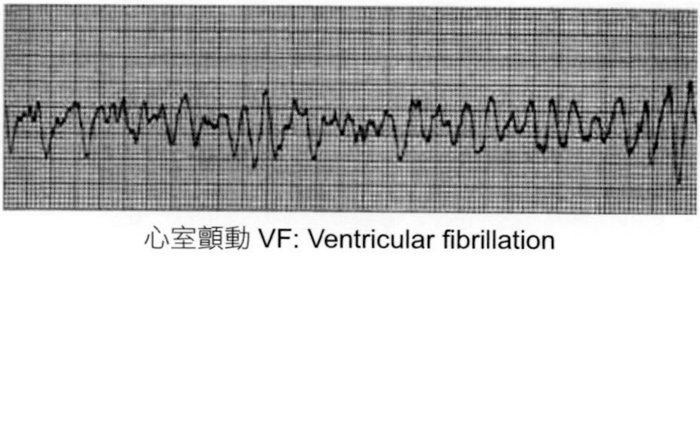

心室顫動 VF: Ventricular fibrillation

C. 兩分鐘後若為其他種類之心律則：

a. CPR 2分鐘(持續CPR 5個循環)。

D. 每2分鐘檢查心律，有恢復心律，再檢查脈搏。

(2) 再次評估(Secondary ABCD Survey)

A. 呼吸道(Airway)：氣管插管。

B. 呼吸(Breathing)：確認插管位置。

C. 循環(Circulation)：on IV、給藥、檢查換氣是否有效(偵測PETCO2)。

D. 鑑別診斷(Differential Diagnosis)：尋找可能病因並對症治療。

(3) 心臟停止後照護及評估

參考資料

[1] Link MS, Berkow LC, Kudenchuk PJ, Halperin HR, Hess EP, Moitra VK, Neumar RW, O' Neil BJ, Paxton JH, Silvers SM, White RD, Yannopoulos D, Donnino MW. Part 7: adult advanced cardiovascular life support: 2015 American Heart Association Guidelines Update for Cardiopulmonary Resuscitation and Emergency Cardiovascular Care. Circulation. 2015; 132(suppl 2):S444–S464.

[2] Advanced Cardiovascular Life Support. 2016 American Heart Association.

[3] 美國心臟協會2015年AHA CPR與ECC準則更新資訊重點提要。

[4] 胡勝川等．(2016)．ACLS精華，第五版，金名圖書有限公司。

【小知識】

陳郁欣

空中轉送

一、空中救護的基本原則[1]

1. 當地醫療資源依其設備及專長無法提供治療，且具時效與病情之迫切性，非經空中救護將立即影響傷病患生命安全。

2. 接受轉診或診治醫院，能及時提供傷病患確切的醫療。

3. 空中救護運送途中有足夠之設備及受過充分訓練之救護人員隨行救護。

二、分類[1]

1. AE(Air Evacuation)：空中傷患後送。

2. AMES(Air Medical Emergency Service)：空中緊急醫療照護。

三、機制

1. AE(Air evacuation)：空中傷患後送

(1)飛行器：大型定翼機為主，直升機為輔。

(2)航程：長程後送為主。

(3)單架次後送人數：多人。

(4)後送途中醫護作業：可執行。

2.AMES(Air Medical Emergency Service)：空中緊急醫療照護

(1)飛行器：直升機。

(2)航程：短程後送。

(3)單架次後送人數：較少(1-4人)。

(4)後送途中醫護作業：視情況而定

四、空中傷患後送機制之必要考量

1.飛行安全

(1)飛行和醫療組員安全。

(2)傷患安全。

2.財務負擔

(1)購置成本。

(2)維持成本。

3.運用效益

(1)醫療效益。

(2)營收效益。

五、空中救護之適應症[2]

1.創傷指數小於12，或年齡小於五歲，創傷指數小於9。
2.昏迷指數小於10或昏迷指數變動降低超過2分。
3.頭、頸、軀幹的穿刺或壓碎傷，導致生命象徵不穩定。
4.脊椎、脊髓嚴重或已導致肢體癱瘓的創傷。
5.完全性或未完全性的截肢傷（不含手指、腳趾截肢傷）。
6.二處以上（含二處）之長骨骨折或嚴重骨盆骨折。
7.二度、三度燒傷面積達百分之十，或顏面、會陰等部位燒傷。
8.溺水，並併發嚴重呼吸系統病症。
9.器官衰竭需積極性加護治療。
10.需立即積極治療（含侵入性治療）之低體溫症。
11.成人患者呼吸速率每分鐘大於三十或小於十次、心跳速率每分鐘大於一百五十或小於五十次。
12.心因性胸痛、主動脈剝離、動脈瘤滲漏、急性中風、抽搐不止。
13.高危險性產婦或新生兒。
14.其他非經空中救護，將影響緊急醫療救護時效。

六、運送分類[1]

1. P(priority)：優先運送，需於24小時內完成運送。

2. U(Urgent)：緊急運送，需立即完成運送者。

3. R(Routine)：常規運送，需於72小時內完成運送。

七、病患物品之處理，應注意下列事項：

1. 後送機上非常規性的藥物，應預先適量備妥以便病患機上服用。

2. 假如可以的話，放置病患個人用品和盥洗用具的小包裹，可隨身上機。

3. 貴重物品或財務應留給病患家屬保管，若無家屬，則由相關單位負責保管。

4. 是屬於國際間的後送作業，則須備妥護照、簽證、疫苗接種紀錄等相關文件。

八、後送前之心理反應

1. 對於空中後送作業，病患可能出現的心理反應：

(1) 極度焦慮：

A. 對於未來的醫療處置存有不確定感。

B. 對於需要離開家人或家園，感到憂慮。

C.對於可能面對的財務困境，感到憂心。

(2)恐懼感：

A.害怕搭飛機。

B.害怕面對陌生的治療、醫護人員和環境。

2.醫護人員的協助：

(1)給予心理上的安慰和鼓勵。

(2)情況許可時，應鼓勵一位病患家屬隨機陪伴。

(3)假如不可行，則可建議病患家屬先行前往後送目的地，迎接病患的抵達。

參考資料

[1]空中救護適應症。中華民國 86年7月21日行政院衛生署衛署醫字第86046580號公告。

[2]中華民國內政部空中勤務總隊全球資訊網http://www.nasc.gov.tw/.

【軍陣醫學實習課程實錄】

選兵醫學／野外醫學（第六天 106.5.31）

陳穎信

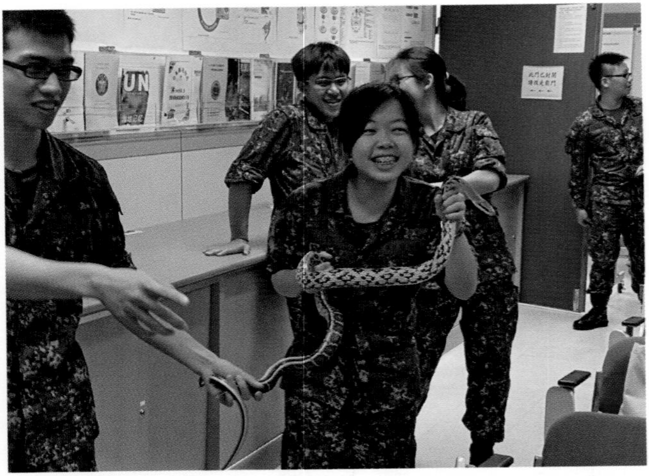

臺灣蛇類體驗－由中華民國搜救總隊提供的無毒蛇—黑眉錦蛇，讓學生對臺灣蛇類有進一步認識，近距離接觸增加學習興緻！

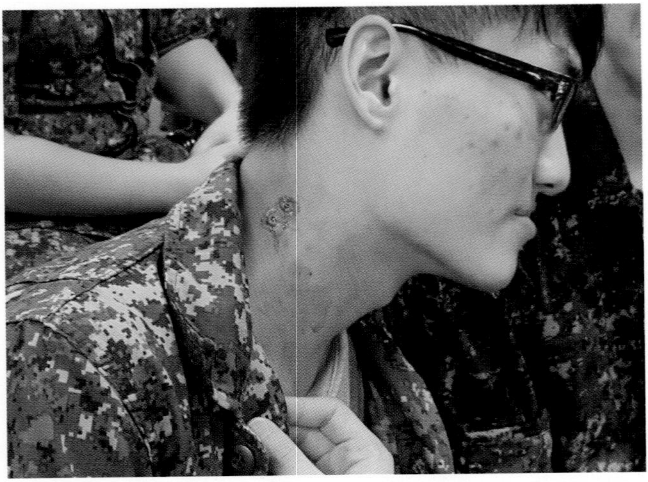

毒蛇咬傷模擬傷口－運用模擬傷口化妝技術，以逼真傷情增進教學成效。

野外醫學－由前美國科羅拉多大學高海拔醫學研究中心研究員王士豪老師講授高海拔疾病及研究。

攜帶型加壓袋操作－學生實際操作攜帶型加壓袋 (PAC)，增加對治療高海拔疾病的認識。

7 chapter seven

歸去來兮

陳玟君

歸去來兮

直升機體微微晃動，槳葉拍擊空氣，傳來高分貝的規律性的搏動噪聲。現在三名需後送的病患已無大礙，詠星及景輝兩人只需做生命徵象的監測與基本的照護工作。看著患者的蒼白臉色及劇烈起伏的胸腔，明知道他們只是虛擬角色，詠星還是不由得擔憂了起來。投入測驗的時間越久，詠星越感覺自己同他們是一樣的，對生活在這世界的人們而言，誰會說這是虛擬的呢？又有誰能保證我們所謂的真實世界不是虛擬出來的呢？還是說事實上他真的是一名正在執行勤務的軍醫，之前他認定的真實世界只是他的妄想呢？

「……星、詠星！」景輝在他面前揮動肥肥短短的手以引起他的注意，圓圓肉肉的臉露出擔憂之色。「兄弟，你在想什麼呢？叫你好久你都沒反應。」

「我在思考人生哲學與宇宙運行之道。」詠星一臉嚴肅地說。

「屁啦！我看你是在思春吧。」景輝笑說，「剛才一臉痴漢的模樣，口水都要流到地上了。」詠星笑笑幾聲，沒有繼續回答。

詠星想到剛才的急救現場，對比百合和蕙婷的認真與努力，一路走來只想著要偷閒的自己簡直堪稱人間第一廢物。他和蕙婷不太熟，先前他一直認為蕙婷是一位只會唸書卻沒主見的乖寶寶，但現在看來，說起責任感，她要不知比他強上幾百倍。

「唉，兄弟。」景輝說，「剛才的 ALS 我們都沒出到什麼力，這樣是不是不太好呀？」發現景輝竟然和他想著同一件事，詠星覺得有趣，不愧是當了六年的朋友。

「不是不好，是糟透了！」

「那該怎麼辦？我無顏見李青兆了。」景輝一臉歉疚。詠星不知道這和李青兆有什麼關係，但愛情經常是不講道理的。

詠星拍拍他的肩說：「事情過了就算了吧！測驗結束後我們再辦個慶功宴，好好補償其他人。」等後送回醫院，詠星發誓自己得和惠婷等人道謝，再過幾個小時測驗就會結束，這兩天一夜的活動讓他領悟了些什麼，雖然具體上說不出有什麼改變，但他相信重回現實生活的擁抱的自己必定會有所成長。

現在時間約莫下午三點半，嘉平、百合和蕙婷三人正準備啟程返回致德基地，陽光不算炙熱，但一整天跑跑跳跳下來，每個人都疲憊不堪，悶熱的長袖迷彩服和沉甸甸的裝備讓大家有氣無力。後送直升機的身影越變越小，越過山頭後只聽得見逐漸小聲的槳葉運轉聲，嘉平瞇眼看向天空，早知會如此疲倦他就該把那一對好吃懶做二人組拖下直升機，直接自己上飛機……嗯？他應該讓慧婷和百合上飛機……

百合看著蕙婷，露出淺淺一笑。「蕙婷妳剛才好厲害呀！我們明明就沒有靜脈注射的經驗，妳還能戳得這麼準確。」

蕙婷笑了笑，「沒這回事啦！因為這是虛擬世界，所以才會這麼容易就戳到靜脈。其實當下我也不知如何是好，拿到針就直接戳下去了。」

「哈哈真的假的？所以病患說不定是被那一針嚇醒的唷！」

「說不定唷！」蕙婷笑著說，「話說百合妳剛剛也很厲害呢！現場狀況那麼混亂，妳還能這麼鎮定地指揮大家，真的很不容易呢！」百合聽了很是得意，開始向蕙婷描述自己在指揮當下的內心想法。嘉平在旁邊聽著心中只覺得古怪，明明記得高級心臟救命術回到醫院之後才會進行的處置，怎麼在野外臨時搭建的醫療站也就這麼執行了起來……算了！一定又是因為這是什麼結訓測驗的關係吧！

她們倆一路上說說笑笑，彷彿已經認識多年的朋友。這景象看在嘉平眼裡是極其怪異的，現在蕙婷看起來頗和氣的，但她心裡在想什麼呢？她會不會還在吃醋呢？

百合突然轉頭，問：「嘉平你說對不對？」還沉浸在妄想中的嘉平一臉錯愕，不知道發生了什麼事，便胡亂地點頭答是。

百合聽了非常開心，繼續對蕙婷說：「情人節當天我親自下廚，做一頓韓式料理給嘉平，結果做完後才想起嘉平不吃辣，哈哈哈……」嘉平感覺有點尷尬。他抬頭查看蕙婷的表情，蕙婷默默聽百合講他們的戀愛史。蕙婷抿著嘴，擠出一絲微笑，嘉平猜想她現在心裡應該不太爽快，但百合沒察覺蕙婷的小表情，自顧自地說著。

嘉平回想起情人節當天的事，心情不禁鬱悶了起來，他不知道這件事到底有什麼好笑的，怎麼會連自己不吃辣這件事都忘了呢？他們在一起已經不是一天兩天的事了。他覺得這段感情裡，百合付出的不若自己多，幾乎每次都是他主動約百合的，而百合卻總是忙著開會，約會遲到不說，爽約更是司空見慣之事。嘉平無奈地嘆口氣，他知道百合身兼多職，因此也不忍責備。如今看著百合神采奕奕的笑臉，他卻有種難以言喻的疲憊感。

原本平緩的小路漸漸變成陡峭的下坡，相對依舊精神奕奕的百合，蕙婷是越來越駝背，說的話也越來越少，沉重的裝備壓在她瘦弱的肩膀上，讓嘉平看了有些於心不忍，嘉平拉起蕙婷的後背包，說：「我幫妳拿吧！」蕙婷橫了嘉平一眼，看起來有點猶豫。於是嘉平繼續說道：「我們後面還有很長一段路要走，妳要是現在倒下來可就糟了。這點東西我還有辦法負荷，如果我真的受不了再還給妳，好嗎？」蕙婷點點頭，道聲謝謝後便將背包交給嘉平。

百合用肩膀輕輕撞嘉平一下，笑著說：「嘉平，我的背包也交給你了！你累的時候再還我吧！」

嘉平支支吾吾不知如何是好，三個背包壓在肩膀上，抵達醫療所之前他的骨頭可能會先散掉。

「開玩笑的啦！就算你答應，我也捨不得。」百合說。這突如其來的甜言蜜語讓嘉平措手不及，他淡淡一笑，摸了摸百合的頭後便繼續前行。

三人有一搭沒一搭地閒聊著，走著走著突然沒路了，前面便是約莫五、六公尺高的懸崖。百合拿出地圖，地圖確確實實地指示他們往這方向走。嘉平狐疑地沿著懸崖查看，果真在樹叢後方發現一座垂降台。

垂降台旁放著三條暗紅色的尼龍垂降繩、三副香蕉黃的垂降專用耐磨手套、金屬八字環和防護盔等垂降器材。百合替嘉平和蕙婷打好八字結後，由嘉平先垂降下去，在下方守衛確保百合和蕙婷的安全。

他們曾上過垂降的訓練課程，但那時他們踩的是平整的水泥牆、上下方皆有專業人員戒備、底下亦有軟墊防護，此處懸崖雖說不高，但凹凸不平的土石峭壁依舊讓嘉平的手不由自主地顫抖，一旁滾落的小石子更是讓他心臟漏跳一拍。

嘉平下來後，百合和蕙婷在上方互相檢查繩索，確定安穩後百合便先下來。她就像好萊塢電影中著黑色緊身衣的間諜，身手矯捷地蹬了牆幾下，完美地著陸。她的動作行雲流水，好似垂降對她不過是家常便飯。相較之下蕙婷的狀況就沒那麼好了，早起、CPR、長時間的行走外加體能本就不佳讓此時此刻的她臉色慘白，看起來隨時都會暈過去。聽說系統會降低痛覺、疲勞並增加耐力與體能，但她怎麼看起來還是這麼虛弱呢？

垂降時身體與牆壁理論上應該呈直角，一手抓緊上方的繩子、一手鬆開下面的繩子以下降。此刻的蕙婷幾乎與牆壁平行，她緩緩地往下降，但突如其來的雙腳懸空讓她緊抓住繩子不肯放，她在半空中撐了許久，遲遲不敢下來。

百合在下方鼓勵蕙婷，但似乎起不了太大用處。「蕙婷，妳別擔心，就算雙手全放也不會摔下來的！」百合喊道。蕙婷瞥了百合一眼，投以短暫而無力的微笑，接著頻頻側頭察看腳下的情況，她才剛下降幾公分，立刻又慌張地抓住繩索。

「就算妳摔下來，我也一定會接住妳的！」嘉平喊道。不知道是不是這句話起了作用，或單純只是蕙婷抓到訣竅，自這之後蕙婷便順利垂降下來了。

說起蕙婷對嘉平的態度轉變，應該要從嘉平高中時交女朋友談起。那時他與前女友愛得濃情密意，宛如新婚燕爾的小夫妻，朝對夜對、如膠似漆。即便他注意到自己冷落了蕙婷，但首先他不想讓女友誤會他和蕙婷的關係，其次那時他的心只容得下一個人，根本無心思顧及蕙婷的感受。待他意識到蕙婷對他這種見色忘友之人心灰意冷時，已回天乏術，兩人的關係已不若從前了。

嘉平看了一眼正在喝水的蕙婷，不知那雙眼何時才能再次正視自己。他們三人在原地休息一陣子，吃了點乾糧，等蕙婷蒼白的臉色再次紅潤起來後，他們便繼續動身前往基地。

當嘉平一行人回到醫療所時，籠罩著建築物的詭異氛圍讓他們怔了一下，不知是否是夜幕即將降臨的緣故，醫療所看起來杳無聲息，宛如一棟廢墟。

他們推開玻璃大門，警覺地壓低身子前進。雖說測驗理論上已經結束，但說不準教官想測試他們的臨機應變能力或是出個加分題之類的。掛號櫃台操作到一半的機器發出嗶嗶的聲響，現場卻是空無一人。

突然有個人影出現在門診區入口，嘉平警戒地撲倒在地，定睛一看才發現那人原來是偉祥。一認出是他們三人，偉祥的眼睛瞬間雪亮。他後方的柏雍邁著沉重的步伐走出來，偉祥轉頭看柏雍一眼，柏雍面色凝重地搖頭，隨後偉祥又變回那隻畏首畏尾的小老鼠。

看到他們倆沒事，嘉平鬆了一口氣。他張望四周，問沛玲在哪。誰知他一說完，柏雍的臉色瞬間蒙上一層陰影。

「怎麼了？」嘉平慌張地問。柏雍低頭不發一語。

嘉平轉而問偉祥：「偉祥，發生什麼事了？」

偉祥一聽，立刻搖頭：「不關我的事！我怎麼知道她會死掉。」

「誰死掉？」嘉平皺起眉頭，有不好的預感。「沛玲呢？」

「就說不知道嘛！去問系統呀！」偉祥沒好氣地說。

「到底怎麼回事？死掉是什麼意思？」嘉平問。

「就是字面上的意思呀！你問柏雍……沛玲去世時只有他在場。」偉祥瞅了一眼還處於呆滯狀態的柏雍，但顯然他現在是不可溝通的。

蕙婷衝向偉祥問：「人好端端的怎麼會……」她停頓一下，像在思考該說哪個詞。

偉祥不安地扭動身子，咕噥著：「又不是我的錯。我醒來時她已經很嚴重啦，不是我不幫忙，可是我也幫不了什麼。真的不是我害的……」

嘉平無奈地嘆口氣，在釐清事情的原委前是無法探究責任歸屬的。況且責任的歸咎並非當前之急。

嘉平抓住偉祥的肩，逼他直視自己的眼睛，說：「偉祥，我們沒有要怪罪你的意思。可以請你把事情的原委告訴我們嗎？這樣大家才能一起幫助沛玲。」偉祥眼睛瞪得大大地看著他，一臉無辜，他嘴巴半開，準備要說些什麼。

此時原本不發一語的柏雍大叫：「不是他！是我的錯！沛玲會死是我的錯！」他緊握拳頭，嘴唇輕輕顫慄著，久藏在眼底的淚水瞬時間奪眶而出，斗大的淚珠溜過他本該有梨渦的面龐。

看到如此失態的柏雍，嘉平、蕙婷和百合三人都愣住了，面面相覷不知如何是好。最後在柏雍與偉祥不清不楚的解釋下，大致拼湊出事情的來龍去脈：

今天早上八點多沛玲終於清醒，柏雍喜出望外抱著她，又是哭、又是笑，原以為沛玲的身體狀況會就此好轉，但不久後她開始冒冷汗、心跳加速，並喃喃道傷口疼痛。柏雍趕緊按呼叫鈴，請護士前來幫忙，等了許久都不見有人來，於是他離開病房去求救，但找遍醫療所上下，卻不見人影，大家宛如人間蒸發地消失了。

他到藥局拿了幾顆普拿疼後便回病房，沒料到短短半小時內沛玲的狀況竟變得更加嚴重！她大腿的傷口裂開，流出汩汩血泊，將純白的床單染成猩紅色。此時的沛玲蒼白地如一張白紙，意識模糊的她痛苦地呻吟著。

柏雍餵她吃普拿疼後，便著急地拿止血帶替她止血，但仍無法阻止放肆的血液啃食沛玲的大腿。柏雍試著壓住股動脈，黏黏滑滑的血液在幾分鐘內就將他的手吞噬殆盡。束手無策的柏雍再次按呼叫鈴，仍無人回應。沛玲的囈語吵醒了一旁的偉祥，但他除了驚慌失措和平添焦慮外，基本上沒什麼用處。

隨著時間的流逝，沛玲的氣息越來越微弱，最終撒手人寰。柏雍抱著沛玲落下男兒淚，一旁手足無措的偉祥也不知如何是好，既提不出建設性的幫助，也說不出感人的安慰話，他便躡手躡腳地溜出病房。

回到病房後偉祥發現柏雍正發瘋似地替沛玲做CPR，一旁的生命監測儀發出尖銳惱人的噪音，詭異的情景讓偉祥縮在門外不敢進去。柏雍一看到偉祥，便神情恍惚地要他去找醫生，但空城般的醫療所哪還找得到人？

最終在這虛擬的世界，沛玲的死亡成為活生生的事實。

偉祥回想起剛才病房的燈都開不了，想來消失的醫護人員和沛玲的死去應該與這相關。他將這件事道與柏雍，兩人沉默不語，醫療所瞬間染上一股詭譎的氣氛。他們縮回原本的座位，互不交談，病房很小，悲傷和恐懼卻很大。他們期待著其他人能夠順利完成任務，讓沛玲死而復生，同時又害怕自己的等待是徒勞的，說不定其他隊友非死即傷，或已化做一縷輕煙消失地無影無蹤。

他們在沉默與哀傷中消磨時光，直到嘉平等人回來……

聽完後在場所有人皆感到毛骨悚然，這個看似單純的測驗已非他們能夠掌握。如今任務已經完成，時間也過下午五點，他們早該退出系統，現在卻一點動靜也沒。NPC莫名消失，沛玲也出乎意料地死去，彷彿這世界正逐漸崩解，而他們卻被遺忘在這。

夕陽慢慢下山，逐漸陰暗的房間更添大家的焦躁。即便聽完事情的來龍去脈，也完全無助於他們瞭解到底發生了什麼事。

「我們該怎麼辦？」偉祥戰戰兢兢地問。

沉默了一晌，蕙婷紅著眼提議先去看看沛玲，即便這無濟於事。百合則提說該先想辦法連絡詠星與景輝，經她這麼一說嘉平才發現原來他們不在場。

照理說直升機會比他們早抵達，要不是直升機還沒回來，就是他們又跑去哪鬼混了。這次嘉平寧可相信是後者。

柏雍和偉祥領著哭紅眼的蕙婷去醫務室看沛玲，百合則拉著嘉平一同去頂樓的塔臺室。他們離開門診區，穿過長長的走廊，一路上兩人不發一語，不安的陰影籠罩在他們的心頭。在走廊的盡頭有個電梯可以直通到塔臺室，於是他們便搭著電梯，前往塔臺室。

打開塔臺室的鐵門，映入眼簾的是偌大的玻璃窗和一排閒置的電腦控制螢幕，在窗外，幾架飛機停放在跑道外的空地，再遠一點，茂密的樹林被黑夜吞噬殆盡；更遠一點，依稀可見人家的燈火閃爍，和天上點點繁星遙相呼應，如有鏡像反射的錯覺，他們看著看著不自覺痴了，百合牽起嘉平的右手，嘉平也緊握百合冰冷的手。他們拿起無線電，似懂非懂地摸索、操作，事實上除了電源鈕之外，其餘按鍵他們一概不認得。人家說讓一隻猴子在打字機上隨機地按鍵，當按鍵時間達到無窮時，幾乎必然能夠打出莎士比亞的全套著作。同樣地，在他們勤奮不懈的隨意操弄下，終於接通詠星他們所在的直升機。

他們的興奮沒有持續太久，詠星和景輝慌亂的聲音伴隨尖銳刺耳的雜訊讓嘉平的心頓時涼了半截。百合呼叫他們的名字，但他們似乎沒意識到無線電已接通。

景輝的尖叫聲讓嘉平驚覺事態可能比他原先所想的還嚴重……

林賢鑫

【小知識】

垂降技巧介紹及應用

垂降，是利用繩子和下降器的摩擦力以安全地控制沿著繩子下降速度的技巧，是高樓逃生、高空工作和救援救難不可或缺的一部分。然而垂降有其一定的危險性，必須掌握下列幾項基本環節方能確保操作者的安全。[三]

垂降系統有四個基本環節：固定點、繩子、在繩子上製造摩擦力的垂降方法、以及垂降者，每個環節都很重要。在垂降之前務必檢查這四個環節是否接就定位，功能是否正常，並連結在一起形成一套垂降系統。

1. 垂降固定點：固定點可以說是垂降系統的核心，固定點的選定是一門大學問，無論是天然的樹木、岩石，或是人工的固定點，都必須足夠堅固，以承受垂降者的重量。垂降時，至少須架設兩個固定點，以防一點斷掉或脫落，尚有一固定點之保障。此外，常會使用拉力計及三角函數計算以確定繩索是否穩固及受力平均；為避免繩索被岩石等銳利物品磨損或刮斷，可使用保護套適時的保護繩子。

2. 繩子：第二個環節是繩子，長程垂降會使用雙繩，短程垂降則使用單繩(雙繩系統安全性比較高)，先使用漁人結、工程用蝴蝶結等繩結技巧連接繩子及固定點，而後用專業的動作進行拋繩防止繩打結或纏繞。此外，在設置垂降系統時，預先檢查繩子是否有損壞也是很重要的一點。

3. 垂降方法：垂降的第三個環節是垂降方法，可利用器械施加摩擦力於繩子上以控制下降速度。將主繩通過連結在座式吊帶的器械(如八字環、鉤環、下降器等)，操作者再抓住繩子以控制摩擦力的大小與下降速度，方能穩定的下降。

4. 垂降者：垂降者是垂降系統中最重要的環節之一，操作者對於垂降步驟的熟悉度、操作者的身心狀態、外在的天氣因素…等，都會影響垂降的安全性。

※基本的垂降器材

1. 主繩：依垂降的高度決定繩子長度。
2. 護索繩：長度依照主繩週邊可固定繩索的長度。
3. 確保繩：長度與主繩長度一樣或者是主繩的兩倍。
4. 護繩套(用於架設繩索時確保繩索不被刮傷)。

個人裝備：

1. 坐式安全吊帶(坐鞍)或用繩結自製坐鞍，注意自己腰圍尺吋選擇吊帶。
2. 防護盔。

3. D字環。
4. 8字環。
5. 滑降用手套。
6. 必要時亦可使用章魚頭、鯊魚頭、下降器…等器材輔助下降。

※垂降步驟簡述

1. 穿上坐鞍或用垂降繩製成的簡易吊帶及全套個人防護裝備。
2. 將主繩折成半套穿入8字環再套過尾端。
3. 將D字環扣在鞍座前方(垂降背面向下時)，另外再扣入八字環小圓的部份即可。
4. 利用雙八結、單八結、單結、平結、栓馬結(雙套結)等結型進行變化，將繩索綁在穩固的固定點上以確保安全。
5. 將確保繩扣在坐鞍的腰帶上。
6. 用器械垂降系統，將雙繩通過連結在座式吊帶的摩擦力器械(如八字環、下降器等)，此時，制動手(慣用手)需抓住繩子以控制摩擦力的大小與下降速降；在確認繩索以吊環都扣上後，以背面向下的姿勢，身體慢慢後傾，施加力量給固定點，而後手腳並用，雙腳頂著牆壁漸漸向下，雙手則各拉一上一下的繩索，以慣用手(下方手)進行抓放，亦即所謂的「制動」，當放鬆繩子時，人就會下降。

※搜救常用繩結打法及用途

在進行災難搜救時，無論是繩索垂降、河流或山谷橫渡…等，都需要用到繩結技術以進行固定，在此介紹幾項於搜救或野外求生時常用的繩結。[2,3]

1. 撐人結：它的用途非常廣泛，故有「結中之王」的稱號。此結是一個可靠而又容易結的圈結，且永不會滑脫和走樣，是一個良好的圈結，此結的用途以救人為主，常繫打自製吊帶，或做人身確保使用，但只適用於有知覺的傷者。

	・左手托住，右手反手往上繞一個 loop
	・由後往前穿回圈圈
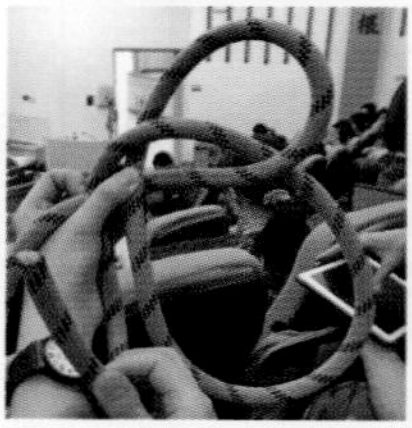	・再由前往後穿過主繩
	・右手抓繩尾＋圈圈，左手抓主繩。拉緊
	・由後往前穿回圈圈

2.蝴蝶結：此繩結可三方受力，繩環不會受力，容易解開；在繩中編出繩環以吊掛物品，或提供手拉、腳踩。

	‧左手做這個姿勢，由內往外掛上繩子
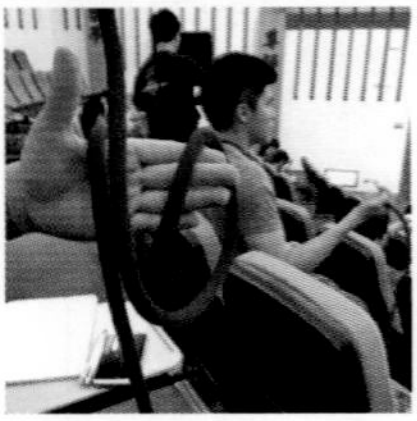	‧掛上三圈 ‧由左至右是1、3、2圈
	‧抓住第3圈跨到第一圈左邊
	‧從下面拉回右邊 ‧左手抽出來
	‧拉緊 ‧這個結可以從繩子中段打

3.接索結：適合用於連接兩條粗細及材質不同的繩索。它牢固、易打，是一個可靠的結。不過在大拉力下，接繩結易被夾擠，這是它唯一的缺點。較小繩索需纏繞2圈以上並加上半扣。

	‧先把粗繩折成U字
	‧細繩由下往上穿過圈圈，掛在左手食指 ‧繩尾放圈圈外
 	‧往內繞，穿過食指下方空間 ‧繞兩圈
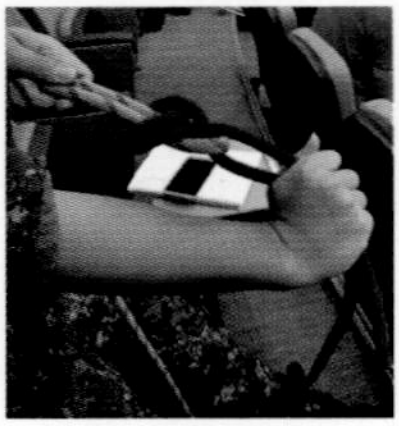	‧從下面拉回右邊 ‧左手抽出來

4.栓馬結(雙套結)：可以纏繞在柱狀物上結成，亦可先撚成兩個不同向繩圈套成，固定繩索在光滑物體表面不易滑掉。用途在綁緊柱狀物(例如架設垂降索時可綁在橋樑欄杆上)，為最常用之固定結之一。

・這是往右邊打的版本 ・繩子掛在手上	
・要往右打，所以把繩子先抓到左邊	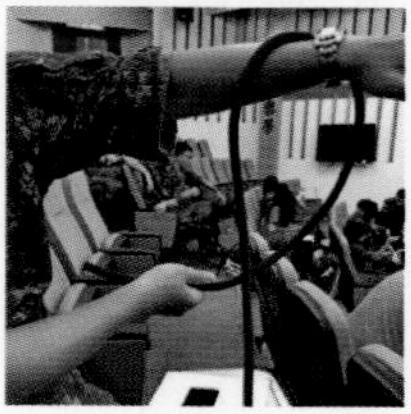
・往右掛到手上 ・形成一個大U	
・把繩尾抓過來穿過大U	
・拉緊，成功，其實拆開就是雙套結哦	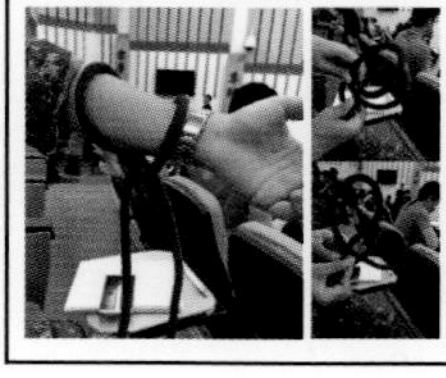

5.纏身結：在繩索前端，先打一個撐人結，之後，抓個小套圈，把繩索綁在腰際間，打成纏身結。於橫渡、架設、高空作業人員之確保使用，協助救援工作。纏身結前加鉤環，能牢固的綁住物體，不易鬆開，利於救災人員在河岸邊、山區陡坡搜救受困傷者。

• 先打一個撐人結 • 在肚臍繞一個 loop	 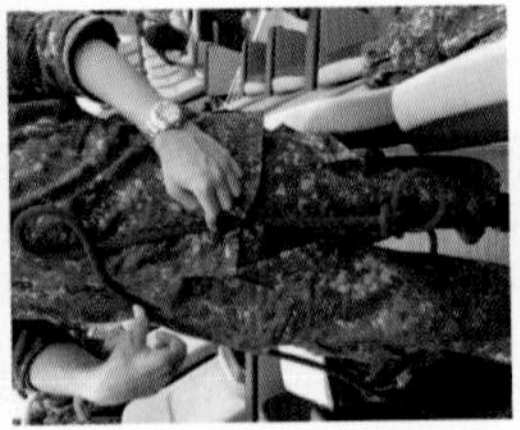
• 纏兩到三圈 • 順著方向，由上往下穿過 loop	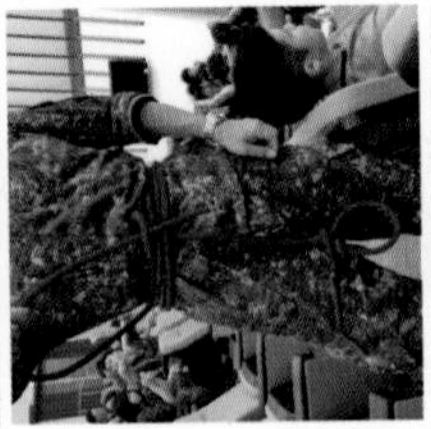
• 順著方向，往垂著的繩子下繞到另一邊 • 再往上繞過 loop	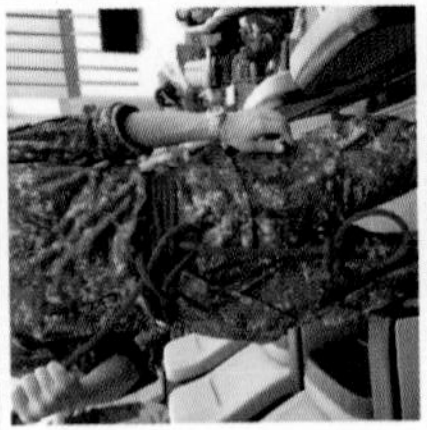
• 拉緊後兩個會是一樣的結！	

參考資料

[1]拔山企業。垂降技巧的應用。民106年9月10日，取自 http://www.alpinedirect.com.tw/Home.asp?Pager=BoardShow.asp&EDIT=83

[2]胡惠沛(民91)。河流救援技術概論。無出版

[3]台灣國際緊急救難隊 T.I.E.R。繩索簡介與救助繩結應用實務。民106年9月8日。取自http://blog.xuite.net/tier001/twblog/114018913-%E7%B9%A9%E7%B4%A2%E7%B0%A1%E4%BB%8B%E8%88%87%E6%95%91%E5%8A%A9%E7%B9%A9%E7%B5%90%E6%87%89%E7%94%A8%E5%AF%A6%E5%8B%99

【軍陣醫學實習課程實錄】
高雄總醫院岡山分院 航空生理訓練中心參訪（第七天 106.6.1）

陳穎信

低壓艙訓練室—實際參觀航空生理訓練中心的低壓艙訓練室，認識低壓訓練對飛行人員的重要性。

空間迷向機訓練室—航空生理訓練中心教官講授空間迷向機之原理及使用方式，針對訓練飛行員之飛行空間迷向感處置。

旋轉椅減敏治療室—航空生理訓練中心教官講授以旋轉椅進行減敏模式來治療動暈症。

航空生理訓練中心合影—參訪師生於航空生理訓練中心開心比讚，收獲滿滿。

8 chapter eight

急轉直下

陳瑄妘

急轉直下

「喂？喂？詠星！景輝！告訴我你們那邊的情況！」百合慌張地朝對話筒大喊。只是對話筒的另一端傳來的還是一樣是一大堆雜訊，依稀聽得到詠星與景輝的聲音摻雜在雜訊中。

「詠星？景輝？聽到就回答啊！」嘉平也不自覺地加入呼喊。現在基地發生異變，該不會連詠星和景輝那邊也……。嘉平感覺到心中涼颼颼的，除了緊張，還有恐懼。

面對著迴繞在塔臺室中，似乎永不停止的雜音，嘉平與百合兩人面面相覷。百合的馬尾已經有些鬆落，額頭上沾滿了汗水。睜大的眼睛看起來驚慌而無助。

「他們好像聽不到我們的聲音。」站在更加動搖的百合旁邊，嘉平發現自己講話的聲音竟然可以這麼冷靜。

百合沒有回答，默默地低下頭看著自己不停發抖的拳頭。

對講機中繼續傳來詠星與景輝斷斷續續的聲音。

「怎麼會這樣！我們在學校應該沒有彩排過飛機失事這個環節啊！」

「我們該怎麼辦……」

一聲爆炸聲傳來。

「反…反正也只是一個測驗而已。這是個虛擬世界，不會真的怎麼樣！」

「也…也對！一定不會怎麼樣的，而…而且，系統有設定減痛……」

「欸！景輝，如果這是在真實世界中，跟你死在一起好像也不錯…！」

「哈哈！…少肉麻了！別學我啊，詠星。」

對講機的另一頭兩人笑了起來。

「這個失事效果做得真好啊！什麼不理性的話都說出口了。」

「兄弟！加油！」

又是一個爆炸聲響之後，就再沒傳來兩人的聲音。只剩下雜音繼續著，不久後，連雜音也嘎然停止，嘉平與百合不知道呆站了多久，塔台室回歸一片平靜。

百合仍然站著不動，嘉平於是走過去安撫似地將手放上百合的肩。

「沒事的。」

百合點點頭，「他們……先退出遊戲了。」

兩個人都不想去思考他們可能再也見不到詠星與景輝，因為……這只是個虛擬測驗而已。

從塔台室走回去的路上，兩人一樣不發一語。出了明亮的電梯，迎接他們的是昏暗的長廊，一步一步走，黑暗的環境一點一點地擁抱他們，心中的不安也一點一點擴大開來。

按照日程表，做完下午的垂降任務就應該可以自動退出系統。沒想到他們竟然要繼續迎接第二個夜晚。嘉平在心中默默數著，現在已經有三個人在測驗中犧牲，剩下的是……百合、蕙婷、柏雍、偉祥和自己。在這樣的世界中，他們下一步該怎麼辦呢？

回到醫務室，下午還是一片漆黑的房間已經重新有了亮光。走進醫務室，馬上可以感覺到氣氛一片愁雲慘霧。

蕙婷、柏雍與偉祥都圍繞在病床旁邊。嘉平走近一看，沛玲安安靜靜地躺在床上。雖然是醫學院的學生，但是嘉平還沒有看過一個活生生的人死去。因此當他看到沛玲安穩地躺在床上，他也無法判斷這是不是一個死人應該有的樣子。她是那樣安靜地閉著雙眼，彷彿隨時有可能輕微一動、張開眼睛一樣。不知道是不是知道沛玲已經死亡，嘉平看著沛玲，覺得她的臉越看越慘白，白的不像一個活人會有的樣子。突然，嘉平想到聽人說，死去的人的身體會漸漸變硬，嘉平不自覺地伸出手，想摸一摸這具軀體是不是已經如傳言中一樣變硬了。

嘉平用指尖碰了碰沛玲的手，一股冰涼從指尖觸電般直傳腦髓。嘉平如夢初醒般全身狠狠顫抖了一下。

嘉平的手被柏雍握住，將它從沛玲手上移開。

柏雍低下頭，寬厚的肩在顫抖。「為什麼……為什麼會發生這種事……。」柏雍將手摀在臉上，眼淚從他的指間滿溢而出。「都是我的錯……如果一開始阿沛沒有幫我擋子彈的話就不會發生這種事了……。」

「我一直都知道我很沒用，在許多事情上都是阿沛幫著我。但我…我也是想著總有一天我要變得更強，總有一天我也可以保護阿沛。但是…但是，為什麼我這麼沒用？」柏雍開始不斷拍打自己的頭，十分用力地、拍出的聲響讓其他人都嚇了一跳。

「總想著有一天、有一天，一點都沒有進步不是嗎？這次也是，只有我很沒用地落單。阿沛、阿沛她……還特地跑回來，然後……」說完柏雍不禁痛哭失聲。

「總是想著有一天……再也沒有那一天了……！」

柏雍有著粗壯的外貌，聲音也並不纖細。男生特有的粗糙哭喊迴繞在醫務室中，破碎而難聽。

「不要哭了。」在延續的哭喊聲中，有人冷靜地說了。

柏雍還在嗚咽，百合又說了一次，「不要哭了！」這次用的是嚴厲的語氣。「這只是一場虛擬測驗！謝柏雍，你很危險，你已經把現實跟虛擬混淆了。」

柏雍仍然無法停止哭泣，半跪在病床邊，手握著床旁的欄杆，握著的手用力到浮出了猙獰的青筋。眼睛愣愣地張開著，像壞掉的水龍頭般不斷有眼淚滑落。

「流了……流了好多血……」剛剛一直不發一言的偉祥也像著了魔般地說道。「紅紅的、好多血，像特別濃稠的番茄汁那樣，一大堆一大堆流出來，止都止不住。」偉祥說著，定定地看著嘉平。「為什麼你們不早點回來？整個基地的人都不見了，只剩我們。」

被偉祥盯地有些毛骨悚然，嘉平默默地低下頭。

偉祥轉而看向百合，如果這只是虛擬世界的話，那我可以現在出去嗎？再不出去就來不及了。」

偉祥繼續說，「嘉平，我跟你說過了吧。這次的測驗真的很不一般，我感受到了不祥的預感。現在成真了……真的很不妙啊。」偉祥自顧自地發起抖來，牙齒格格打顫，「這整個世界都很不對。從來這裡的第一刻我就感受到了，為什麼你們都可以無動於衷呢？真的很不對啊，到處都透著一點古怪。現在你們看，系統整個失控了，其實可能都有一點……太晚了。我一開始就不想參加這個測驗的……」

房間裡五個人，一個人跪在地上哭、一個人又進入自己的世界中喃喃自語。嘉平心想，現在這個情形好像有點糟糕。

「夠了，你們一個兩個不要這麼嚇人！」蕙婷脫口說出。嘉平看蕙婷的眼睛有點泛紅，想必是看到自己的好友死去的樣子，心中也很不好受。

蕙婷看向嘉平，「你們去塔台室，有聯繫到詠星跟景輝嗎？」

嘉平腦中想起剛才在塔台是那迴繞不去的雜音與爆炸聲，有些躊躇。

「詠星跟景輝的飛機墜機了。」百合平靜地答道。

蕙婷睜大眼睛，「墜機？意思是……」

「對，我想…他們在這個世界中，應該也已經……犧牲了。」

「這……」蕙婷看起來十分吃驚。蕙婷環視醫務室裡的大家，「我們只剩……五個人。」

偉祥聽完後又開始抱著頭小聲碎碎唸，不久又抬頭望向嘉平，彷彿是在求助一般。偉祥與嘉平是室友，一直以來多慮又什麼都做不好的偉祥就總是習慣於倚靠嘉平。

「那這樣好了，我們使用那張退出卡吧！」嘉平提議道。

百合看著嘉平說道：「如果使用退出卡就相當於此次測驗不合格。」

嘉平不服氣地說：「可是我們應該早就已經完成測驗了，卻沒有自動退出，表示出了什麼問題了吧！這時候除了使用退出卡還能怎麼辦？」

「我知道你的意思。我的意思是能不能先冷靜地分析一下現在的狀況。說不定不能退出測驗是因為我們還有未完成的任務，或是這其實是現在在進行另一個測驗，」

「那現在我們該做什麼？還有什麼未完成的測驗？」嘉平截斷百合的話反問。

「這個我也不知道啊。所以才希望大家可以一起討論。說不定再等一下，就有指示了。」

「可是我認為現在的狀況很明顯是系統出現了問題。不管是下午基地的大停電、NPC 全都消失了、還是直升機的事，」嘉平觀察著百合的反應，「景輝和詠星也都犧牲了。」

「我知道，但是先不要那麼急。說不定這些只是測驗的設定，如果現在退出了的話，這次測驗就、」

「這次測驗就會不合格。」嘉平說：「……你就那麼害怕不合格嗎？」

看百合沒有回話，嘉平繼續說：「不就是明年大四國考前還要再重修一次嗎？那麼害怕嗎？」

「……李嘉平，」百合叫了一聲他的名字，「你為什麼要這麼激動？」

嘉平看向百合，發現百合的表情比自己想像的還要平靜。漂亮清明的眼睛冷靜地看著嘉平，於是萌生的一點反抗之心也像洩氣的皮球一般消了下去。

嘉平低下頭去。「抱歉……」

百合望向大家，說：「我並不是反對使用退出卡，我只是希望我們是想清楚了才用它，而不是因為一時恐懼就急著用它。」百合環視著每個人，「我知道現在大家都很不安，也有些害怕。但我希望大家可以冷靜下來想，我們所見所聞都不是真的，事實上我們還在學校的教室裡面。這裡的一切都危害不到我們、在這裡受到的傷害都不會帶出去。會帶出去的只有，」百合指了指自己的腦袋，「我們學習到的經驗。我不希望我們最後帶出去的只有因為害怕而選擇退出這件事。」

偉祥呆呆地看著百合。柏雍仍然跪在地上不說話，只是不知道什麼時候已經停止了哭泣。

太狡猾了。嘉平不禁在內心默默地想。搬出這樣一番大道理，不就讓人難以反駁了嗎？還能叫我們想什麼呢？

嘉平只好看向蕙婷。蕙婷卻微微笑著，那表情像是在嘲笑嘉平一樣。這不合時宜的笑容讓嘉平有些驚訝。

「我想聽聽大家的意見，」百合說，「蕙婷，你怎麼想？」

「我覺得現在已經超過了學校設定好該退出遊戲的時間，而且有很多現象都很可疑、似乎都說明著系統的運作並不對勁。學生感到懷疑、不安很正常。」蕙婷說，「因此我覺得就算現在我們使用退出卡，教官、老師也不能責怪我們。畢竟是學校系統的問題。」

百合點點頭，「你說得很對。我本來就沒有反對退出。我只是覺得我們應該討論清楚。」

「我覺得現在，比起不知道什麼時候會來的指示。可以先試試看退出卡。其實在系統失常的現在，退出卡能不能用都還不知道。」蕙婷說。

百合點頭，「偉祥，你呢？」

偉祥小聲說：「我想出去……。」

「柏雍呢？」全部人視線望向柏雍，柏雍卻仍然低著頭不發一語。百合皺了一下眉頭，有點擔心。

「嘉平你呢？」百合再次看向嘉平。嘉平故作輕鬆地笑道：「我們就試試看退出卡吧！」

百合點點頭，說：「好吧。我們已經有三個人想使用退出卡了，已經過了這裡的半數了。」

百合從隨身攜帶的小袋子中拿出了所謂的「退出卡」。那是一張正八邊形的卡片，當八人小隊半數以上的隊員把指印蓋在上面，系統就會強制將他們從測驗中退出。

幾個人移動到醫務室隔壁的小房間。那裡像一個小辦公室，有一個比較大的桌子和幾張椅子。百合把退出卡擺在桌子中央。大家一個一個抓住了卡片的一角。大家都抓住卡片後，八角的卡片還是空蕩蕩地空出三個位子，讓已經犧牲了三個人的失落感更加真實。

卡片開始發出了微弱的光芒，大家期望地看著那小小的光芒。一陣子後光芒漸漸消失，而大家卻仍站在醫務室中。

大家面面相覷，不死心地放下退出卡後，重新再試一次。但是卡片仍然只是閃爍了一點微光之後，就沒有了反應。試到第四次的時候，卡片則是連亮光都沒有了。

最後百合下了結論：「看來，退出卡失效了。」

嘉平默默地看著退出卡，想像著它下一刻就光芒乍現。不過奇蹟並沒有發生，卡片依然安靜寂寥地安放在桌上。

沉默了半晌，百合疲倦地說：「今天大家都先休息吧。現在只能祈禱再過不久學校就會發現異常，跟我們聯繫了。」

百合的想法總是這麼樂觀理性，反觀一旁悲觀主義者偉祥，已經嚇得像世界末日來了一般。

宣布解散後，五個人陸續走出房間。柏雍失魂落魄地又走進了隔壁的醫務室。等偉祥和蕙婷都走遠後，嘉平往房間內一看，百合仍站在大桌子旁，手上拿著退出卡默默出神。

經過這兩天的勞累，就算是優秀能幹的百合，臉上也不禁流露了疲憊的神情。尤其百合是小隊的隊長，肩上所背負的壓力更是比別人還要大。雖然百合這麼努力，小隊還是有三個隊員犧牲了。百合責任感很強，想必心裡也很不好受。

看到一向光鮮亮麗的百合流露出疲態，嘉平慢慢走過去、默默站在她身邊。百合緩緩拿出隨身的小袋子，小心地把退出卡放進袋子，再放進迷彩服的口袋裡。

看著百合這一連串的動作，再加上百合疲倦的神情，嘉平情不自禁地從後面抱住百合，想要安慰她。兩人身高差了快一個頭，嘉平低頭將臉埋在百合的肩窩。嘉平吸了一口氣，忽然意識到兩人已經很久沒有親近過了。

百合似乎有點驚訝，不過還是嘆了一口氣安撫似地輕拍嘉平。嘉平也隨著將百合抱得更緊了，微微側過頭輕輕親吻百合的耳朵。百合可能覺得癢，小聲笑著避開嘉平的親吻。於是兩人四眼相對，嘉平凝視著百合的眼睛，那對眼睛亮晶晶的，含著一點笑看著他。突然間，一股無以名狀、愛不釋手的心情湧入嘉平心頭。那個感覺是那樣的美好甜蜜、一瞬間一直籠罩在心中的陰霾好像被一掃而去，煩惱與苦悶都變得無所謂一樣。

兩個人含情脈脈的看著彼此，慢慢湊過頭去輕啄著彼此的嘴唇。嘉平感覺自己的心情很激動。抓起百合的手，五指滑入對方的指間，十指緊扣。顫顫說道：「百合……我……」

百合卻好像忽然想起了什麼，別開了與嘉平相望的視線，說：「嘉平，我現在沒這個心情……今天發生太多事，我有點睏了。」

剛剛浮現在心頭的激情像五彩的肥皂泡一樣一下子被戳破。嘉平發現自己仍然站在狹小昏暗的房間之中。

「啊……是嗎。」勉強將笑容留在臉上，嘉平說道。

「嗯，抱歉了。不要鬧彆扭啊！」百合笑道，「今天詠星、景輝他們都不在了，說實在打擊蠻大的……我先去看看寢室。」

說完百合有點疲憊地揉了揉自己的額頭，愣愣地望著虛空一會兒，便離開了房間。百合離開的背影看起來的確勞累又落寞。

對著這樣的百合，嘉平實在沒有辦法責怪她，畢竟她真的累了。只是心中仍然空空落落的。

如果說剛剛自己的心情像漂浮在空中，現在應該是狠狠摔到了地上。其實，兩個人的關係早不如一開始交往時甜蜜，隨著時間流逝，兩個人的感情漸漸有了裂隙。剛剛是兩人久違有了一點點親密，彷彿喚起了嘉平一點仍在熱戀時的甜蜜。但隨著百合無意的拒絕，嘉平感覺原本就已經傷痕累累不斷流血又結痂的心臟，像是再次被插了一刀，流出鮮紅的血來。

在這樣的情緒中，嘉平突然覺得，他似乎無法再跟百合在一起了。

比起責怪做事認真、一直都光明磊落的百合，不如責怪不滿足的自己。剛剛這件事也是，百合只是忙了一天，真的累了，沒空理會自己而已。

嘉平漸漸覺得這段感情在自己的患得患失中，一點一點地被扼殺了。

比起嚐到的甜蜜，不斷失望的痛苦將嘉平逼入了絕境。

嘉平默默地走出房間，往寢室走去。

仗著沒有人，一路上嘉平慢悠悠地走，走了一段路，卻發現偉祥和蕙婷在前方等著他。偉祥熱切地看向這邊，而蕙婷雙手盤著胸站在一旁。

「怎麼了？」嘉平疑惑地問。

「看你一直沒有跟上來，偉祥不想一個人走，硬要在這邊等你。」蕙婷說。

偉祥用力點頭：「你怎麼不趕快跟上來？不……不要拋下我一個人啊！」偉祥真的很緊張似的看著嘉平，好像一隻髒髒小小的、一點也不可愛，怕被拋棄的小狗。嘉平敷衍地回答：「好啦，我這不是來了嗎？」

「現⋯現在這裡很危險耶！」偉祥又說，迅速地走過來拉住嘉平的衣角，用行動告訴嘉平他現在完全不想要離開嘉平單獨行動。嘉平俐落地把偉祥的手拍掉，但是偉祥馬上又扯住嘉平衣角。

嘉平詫異地看著偉祥，偉祥留著長瀏海戴著厚厚的黑框眼鏡，看起來總讓人覺得不夠精神。此刻那雙黝黑的小眼睛卻正執拗地透過鏡框盯著嘉平。嘉平被看得有些無奈，但也只能任由偉祥拉著。

嘉平瞥向一旁的蕙婷，卻發現蕙婷一直在旁邊瞪著他。

「怎…怎麼啦？」

「沒什麼。」蕙婷撇過頭說，「你們怎麼這麼快就出來啦，還以為你們還要很久……」

想起剛剛跟百合的事，嘉平又覺得有些低落。不過仍然微笑說：「原來是妳阻止他跑回來找我。如果是偉祥的話，應該會直接回來找我吧！」

「放他回去找你的話，不是當電燈泡嗎？」蕙婷一副沒好氣的說。

看蕙婷彆扭的樣子，嘉平不知道為什麼覺得有些好笑，卻又感到一股熟悉感。嘉平忍不住調笑道：「哈哈，你現在是在吃醋嗎？」

「什麼？誰吃你的醋！少臭美了！」蕙婷不滿道。「天啊！我到底是哪根筋不對，對你這種人…這種人……」

嘉平笑道：「我這種人是不是特別好？」蕙婷索性轉過身去不理嘉平。

「咦？話說你這樣沒問題嗎？」嘉平疑惑，「你努力維持的氣質設定哪去了？」嘉平示意身旁的偉祥還在。偉祥只是呆呆地站在嘉平旁邊看著兩人。

「喔，他啊。沒關係吧。」蕙婷說。

不知道什麼時候開始，偉祥已經成為了可以讓蕙婷自由展現自己的對象了嗎？嘉平可是從小跟蕙婷在一起，才能夠掌握她彆扭的個性……。

嘉平看了看畏畏縮縮的偉祥，又看了看蕙婷。偉祥就是所謂的人際關係金字塔最下層的人類，嘉平瞬間推斷蕙婷應該只是並不把偉祥瞧在眼中，所以也不想特別偽裝自己了吧！

「哈哈……」嘉平笑出了聲。蕙婷疑惑地看向嘉平：「你現在是不是在想什麼很失禮的事情？」

嘉平悶著笑搖了搖頭，說：「沒有啊，只是覺得我們兩個果然還蠻像的。」都是個蠻可惡的人。嘉平在心中補充著。

「啊……是嗎……」蕙婷卻看起來有些開心的低下了頭。那個樣子又讓嘉平想要發笑了。

就在這時，遠方傳來一聲巨響，打斷了這和諧的談話。三個人同時愣了一下，便匆匆往聲響的源頭跑過去查看。跑著跑著，嘉平看見百合也從寢室的方向跑了過來，柏雍則在後面有氣無力的走著，嘉平轉頭看向基地中央廣場的方向，卻只聽見偌大的門後，一個沉重的腳步聲慢慢地逼近……

徐千婷

【小知識】

戰鬥精神醫學

一般士兵平均在作戰八十五天後精神崩潰，作戰一百四十天後軍中90%的士兵都會崩潰。

一、體徵

體徵：緊張，跳躍，冷汗，口乾，心悸，疲勞。

心理體徵：焦慮，煩躁，注意力，思考，說話，溝通，悲傷，不滿，易怒。

二、預防方式

1.減少生理壓力：作時間，休息，食物。

2.增強心理力量：團隊精神(同袍愛)，士氣。

三、戰鬥衰竭症治療與處理

1.生理支持：食物，休息，藥物。

2.心理支持：鼓勵，傾訴，痲醉分析術，危機處理。

3.環境治療：治療環境及醫師的態度。

4.去除次發性收穫(secondary gain)

病人藉該症狀而免除責任並獲得額外支持與關心並可操縱他人行為。

5.控制後送："Evacuation forward"

第一時間接觸敵人或對手的地方叫前線，儲備戰力，做補給支援的是後方，醫療面對患者有如第一線的戰場，如果無法完全處理，需要其他的支援時，就要將患者「往後線的支援醫院送」。

四、藥物治療

抗憂鬱藥物

1.Benzodiazepines

短期使用，可以緩解焦慮或睡眠障礙，但是對於其反覆再現之傷心回憶並無作用。

2.Anti-Adrenergic Agents

例如propranolol或prazosin則有小規模的研究指出可能對於其反覆再現之創傷性回憶有部分治療甚至預防的作用，但尚未達到完全之定論。

五、5R原則

1.正常化 (Reassurance of normalcy)。

2.休息 (Rest from extreme stress)。

3.生理需求裝補 (Replenishment of physiologic well-being)。

4.重建信心(Restoration of confidence by treating the person as a service member, not a "patient", by debriefing)。

5.返回任務(Return to duty)

搞笑兄弟生死不明，沛玲的屍體出現後，基地傳出了巨響與震動，大夥兒慌亂無助又絕望。在這種大壓力下，介紹這群軍醫可能會得到疾病—PTSD。

創傷後壓力症候群(Posttraumatic Stress Disorder)**，簡稱PTSD**

人在遭遇或對抗重大壓力，如生命遭到威脅、嚴重物理性傷害、身體或心靈上的脅迫後，其心理狀態產生失調之後遺症。主要症狀包括惡夢、性格大變、情感解離、麻木感（情感上的禁慾或疏離感）、失眠、逃避會引發創傷回憶的事物、易怒、過度警覺、失憶和易受驚嚇。

※PTSD最常見的三大核心症狀為（需持續一個月以上）

1.創傷侵入反應（intrusive reaction）

※創傷相關經驗反覆重回腦海，創傷後自發的整理與適應歷程

(1)苦惱的創傷相關畫面與想法，反覆進入腦海。

(2)重複的夢魘，內容與情緒或與事件有關。

(3)人們的感覺或行動，彷彿創傷重演。

(4)遭遇創傷提醒物時出現強烈心身反應。

2. 逃避/退縮反應（avoidance & withdrawal reactions）

※避免與應付創傷侵入反應的方式。

(1)避免勾起創傷的想法、情緒或身體感受。

(2)避免勾起創傷的活動、地點、提醒物、時間。

(3)避免勾起創傷的人物、談話、人際情境。

(4)情緒拘限甚至麻木。

(5)對以往喜愛的活動喪失樂趣。

(6)人際隔離疏遠，趨於社交退縮。

3. 生理激發反應（physical arousal reactions）

※身體宛如危險威脅仍在的生理變化

(1)對外界警戒防備。

(2)容易受驚嚇。

(3)惱怒不安/易爆發情緒。

(4)難以入睡或維持睡眠。

(5)無法集中注意力。

※PTSD 治療方法

1. 暴露治療（Exposure Therapy）

直接面對創傷記憶是成功治療 PTSD 的重要因素之一。1980 年代早期，研究者開始研究暴露治療在 PTSD 治療中的角色。Foa 與 Zozak(1986) 提出情緒處理的觀點，用以解釋暴露過程中所造成的焦慮消除效果，他們認為正確的訊息處理可以改變創傷記憶網路、修正刺激與反應的連結，以及經驗被重新賦予新的意義。

2. 延長暴露法（Prolonged Exposure, PE）

在暴露治療的研究中，近年來發現，對創傷倖存者所害怕的刺激或創傷事件記憶本身進行延伸暴露 (extended exposure)，是比較有效率的，因此被廣為使用 (Barlow, 2001)。這些暴露技術的主要做法，是要求當事人「身歷其境」地面對他所害怕的情境，想像自己身處於讓自己感到害怕的情境裡，或是回想自己特定的創傷事件，並且需在想像中維持一段的時間。

3. 認知處理治療（Cognitive Processing Therapy, CPT）

認知歷程治療（以下簡稱 CPT），是針對性侵害倖存者特有的 PTSD 症狀，發展出來的治療方法 (Resick, 1992; Resick & Schnicke, 1992, 1993)。CPT 以 Beck、Emory 與 Greenberg(1985) 所提出的以焦慮為基礎的認知治療為基礎，此治療技巧原本是使用於性侵及犯罪的受害者，後來結合認知重建的概念 (Resick & Schnicke, 1992) 應用到 PTSD 的治療上。

CPT 主要涵蓋五大主題，包括：安全、信任、力量、自尊、親密。其最大的特點在於，結合了暴露治療的基本概念，以及大部分認知治療中都有的認知元素，且此認知重建要挑戰的是個案在創傷後最想逃避的特定部分。

CPT 的主要目標為：

(1)處理情緒，而非恐懼；

(2)教導個案去分辨不適應的認知；

(3)將個案對於創傷的記憶分為不同階層，並發展新的基模取代它。

資料來源

[1]三軍總醫院精神醫學部社區精神科科主任 曾念生

[2] Childhood & Adolescent PTSD 作者

[3]台灣大學心理學系臨床組碩士班二年級 劉亭妤 論文

[4]台灣大學心理系學士班四年級 陳弘儒 論文

【軍陣醫學實習課程實錄】
國軍空勤人員求生訓練中心參訪（第七天 106.06.01）

陳穎信

求生訓練－國軍空勤人員求生訓練中心教官講授吊掛技能。

求生訓練－同學聚睛會神觀賞國軍空勤人員於模擬機艙墜海求生訓練過程，精彩難得一見。

求生訓練－國軍空勤人員求生訓練中心寬敞挑高的訓練池，下方黃色圓形球體是造浪器，可模擬海浪起伏。

求生訓練－模擬機艙墜海後實景，模擬機艙可上下移動吊掛運用，逼真生動。

求生訓練－由國軍空勤人員求生訓練中心教官示範跳傘吊掛垂降過程。

求生訓練－國軍空勤人員求生訓練可模擬夜間海上搜救過程，訓練在昏暗的海域進行求生訓練。

9 chapter nine

曙光乍現

陳玟君

曙光乍現

「喀嗒……」在那腳步聲緩緩接近的幾秒間，嘉平腦中閃過無數個念頭。

「喀嗒……」是誰？是詠星和景輝回來了吧？

「喀嗒……」啊！還是沛玲復活了？

「喀嗒……」不……難不成是敵軍？不會是學校要考驗他們的應變能力，設計敵軍攻擊醫療所的題目？他的槍在哪裡？完了！

「碰！」

一聲巨響使他們五人不約而同地震了一下，沉重的鐵拉門發出長而尖銳的吱呀聲，劃開了寂靜的夜，門緩緩地打了開來……

當門被拉開一個小縫隙，一個人影側身而入。那是一個身材高壯的男子，漆黑的夜色遮擋他的面孔與穿著，但僅憑著微弱的月光也能看出那雙眼是多麼地銳利且帶有殺氣。值得慶幸的是，他的雙手空無一物，如果五個人一同上前攻擊，要打敗他似乎也不無可能。

男子一步步地朝他們逼近，所有人都屏息凝神，偉祥往後退一步，縮到嘉平背後。嘉平感覺到自己的心臟正用力地敲擊著胸骨，胃也不安地絞痛著。如果那男人真的攻擊他們，嘉平的肌肉與感官都已經做好應戰的準備。

「啊啊終於抵達了。」

什麼？

那男人搔搔頭，喃喃自語道：「搞什麼？腳踏車沒事爆什麼胎……有什麼問題啊……嘖！」他自顧自地碎碎念，雖然他的舉止看起來不像是要對嘉平他們不軌，但他們還是不敢掉以輕心。

男人突然止住他聒噪的嘴巴，打量著嘉平一行人，嘉平的肩膀不由自主地微微拱起，他雙手握拳，眼神時不時瞄向那陌生男子的手，等會兒的打鬥戲碼已經在他腦海中排演過數十次。

「你們都不打聲招呼的嗎？」男人問。

嘉平一行人面面相覷，不知該做何反應。百合率先站出來。

「請問你是誰？」百合問，雖然她強做勇敢，但顫抖的聲音還是透露了她的恐懼。百合一直都是這樣勇敢，但對嘉平來說，現在的百合再怎麼好，都只會令他意興闌珊。同時他也為她的勇氣感到自慚，要不是她這麼出色、理性又正向，嘉平肯定也會好好振作，為團隊挺身而出。

男人噗哧一聲笑了出來，說：「不用這麼害怕，我又不會吃了你。」百合緊張地雙手抱胸，反射性地後退一步。現場似乎只有那男人沒注意到這劍拔弩張的氣氛。

只見男人指著他們身後的醫護所說：「你們確定要在這裡談嗎？不打算請我進去喝杯水嗎？」見嘉平他們毫無反應，男子口中喃喃道：「走啦、走啦……」他邊說邊穿過他們走向醫護所，其餘五人也不知如何是好，便保持一段距離地跟在他身後。

他們選在沛玲隔壁的病房，男人大喇喇地坐在病床上，嘉平他們則或站或坐地圍繞男人。

男人看起來三十多歲，他完全不同於嘉平原先所想的高壯凶狠，他有著斯文的臉龐，身材勻稱有致，一張嘴卻像機關槍般喋喋不休。他身著皺巴巴的白色T恤，上頭印著跳舞的河馬，外頭罩著寬大的藍灰色格子襯衫，寬管牛仔褲上有許多汙漬，膝蓋的地方也被磨得花白，讓他看起來沒什麼威脅性。復古型銀框眼鏡掛在他清癯的臉上看起來有些累贅，他的眉眼有些似曾相識，但嘉平一時想不出在哪看過。

「請問你究竟是誰？」蕙婷警戒地問。

男人雙手抱胸，癟嘴想了想，說：「嗯……該如何解釋比較好……你們應該都知道這套系統中有很多虛擬角色吧？我跟他們一樣是這套系統裡的角色，但最大差別是我有自由意志、有智慧、有學習能力。我可是在這系統草創時期就存活到現在了喔！可以說是對這個系統瞭若指掌呢！我的原型就是這套系統的設計者本人，所以嚴格來說我算是你們的學長。」

「學長？」蕙婷皺著眉頭問，「所以遊戲設計者也是國防醫學院畢業的？」

男人點點頭說：「怎麼？想不到吧？是不是覺得我們學校不會有我這種程式設計天才？你們也是箇中之人，怎麼會不明白這個道理呢？有多少人只是因為分數進的了醫學系就被父母押著來念？即便他們的興趣明顯是在其他領域。」嘉平靜默不語，想起他身邊那些熱愛土木、熱愛設計、熱愛文學，卻在醫學院裡為考試而努力背各種磚頭書的朋友們。

「所以學長你也是……」百合輕聲說，語氣中帶著一絲同情。

學長突然爆出一陣狂笑，表情輕蔑地說：「怎麼可能！妳覺得我是這種個性的人嗎？我啊，可是從小就立志從醫，我告訴你們，依照連續劇的劇情守則，每個偉大的醫生背後都有個心酸的故事，你們想聽我的故事嗎？」偉祥搖搖頭。

學長自顧自地說：「我出生時就罹患橫膈疝氣，肺只開了一邊，吃也吃不下、哭也哭不響。我阿母和阿嬤為此來來往往於大醫院和廟宇之間，終於在醫生精湛的醫術之下我迅速地康復了。我惦記著醫生的德澤，因此從我會站會走開始，就立志做一個堂堂正正的好醫生！而我也如願以償地做到了。所謂愛的鏈鎖就是如此傳遞下去的呀！至於程式設計嘛，那只是我的小小興趣之一。但能將興趣發展得這麼極致，單單因為我是天才罷了。」學長發表完慷慨激昂的奮鬥史後，驕傲地看著周圍的學弟妹們，期待他們眼中閃爍著崇拜與仰慕的光芒。

「請問你是人工智慧嗎？」百合問。

「當然。」學長挑了挑眉。

偉祥怯生生地舉手發問：「所以你是好人囉？」

學長又爆出一陣狂笑：「廢話！除非你們是壞人，那我就是來助紂為虐的。」

偉祥頭歪一邊，愣愣地看著他。

學長邊掏耳朵邊說：「這套系統是二十年前設計的，這幾年來它開開關關過好幾次，陸陸續續有新的角色被創造出來，也有外面的人被送進來測試。你們懂嗎？就是現實生活中的人。基本上我是不會現身也不會干預系統的運作，頂多就是與新來的 NPC 聊聊天，不過聊個三天後，就會發現他們的說話內容又陷入死胡同。五年前最後一次測試結束後，系統設計基本上都趨於完整，我也歸隱山林，安安分分地過生活。不過這次你們遭遇到的困境比較特別，因此我大發慈悲，就來這幫幫你們。」

柏雍紅腫的雙眼突然為之一亮，「幫我們？」他的聲音如蜘蛛絲般纖細而脆弱，好像隨時都會斷掉。「所以阿沛……沛玲她有救囉？學長你一定要幫幫她，她就在隔壁而已，我帶你去！」柏雍抓起學長的手，作勢要拉他去隔壁，但學長卻動也不動。

「等等，別那麼急嘛！真是的……」學長扳開柏雍的手，一臉嫌惡地說，彷彿他是一隻毛茸茸的黴菌聚合體。「我都還沒解釋完，就這樣毛毛躁躁的……你啊，別這樣要死不活的，那個女生又不是真的死了，你別一副她已經入土為安的模樣。振作點好嗎？」柏雍低下頭，靜默不語。嘉平心想，雖然學長說的不無道理，但他要是能體諒柏雍現在的心情，就不會說出如此殘酷的話了。

「學長你說我們的困境比較特別，這是什麼意思呢？所以系統真的出現錯誤囉？」蕙婷問。

學長露出滿意的笑容，看來這個問題切中他所要講的話。

「你們這麼想知道，我就說給你們聽聽吧！第一，你們是活生生的人類，而不是測試 NPC。你們要知道，這項系統是將人類的精神整個傳送到系統之中，因此要是在這系統中死了，遭到的衝擊不比在真實世界中死亡來的少。也因為如此，才會作弊般地強加你們各方面的能力，比如說減痛反應，這也就是為什麼你們的好隊友沛玲受槍擊時還能保持清醒；又或者是體能的提升、生理需求的降低等等……簡單來說就是將你們系統這個遊戲一般的世界中把血量調高，讓你們不會輕易死亡。」

「那阿沛怎麼……」柏雍激動地說，「死」這個字到了嘴邊，卻怎麼也說不出口。蕙婷輕撫柏雍的手以示安慰。蕙婷一直都這麼溫柔，從小開始，不管嘉平犯了多大的錯，蕙婷最終都會原諒他，嘉平在心裡想著。

學長搔搔頭。「這就是奇怪的地方了，你們的血量理應上已經調至最大，但我剛剛調查了一下，不知道為何今天下午開始你們的生理數值都無預警地變回正常值。耐痛、耐餓、抗疲勞、高免疫力全都消失了，就好像你們在這個世界裡不再是超人，而是普通人類。」變成這世界的普通人類是不是代表著他們將成為這裡的一份子，再也無法離開？想到這嘉平的臉一陣刷白，百合也神情嚴肅地蹙著眉，嘉平猜她想釐清這件謎團，然後再用振奮人心的話語安撫大家：一切都沒事的！但看吧，事情發展到這個田地，也由不得她只往好處看了。

學長繼續說：「另外，每天下午是我連結網路，到外面跟阿娜達談情說愛的寶貴時間。但我今天要跑去外頭蹓躂時，不知為何網路就是連不上。蜜糖甜心肯定正癡癡地等著我！你們剛才不也試著使用那張跳出卡嗎？它無法發揮功能肯定也跟這個相關。」

「所以你的意思是，我們跟外面的連繫被切斷了？請問你知道要多久系統才會恢復嗎？」百合問。

柏雍激動地站起來，絕望的雙眼密布著壓力下熬出的血絲。

「那阿沛呢？」柏雍幾近吼叫地說，「阿沛到底是死是活？她的身體逐漸冰冷，你快點告訴我她到底有沒有事！」

蕙婷輕輕抓住柏雍的手，溫柔地說：「柏雍，別這樣。」接著她轉向學長：「學長，我也很好奇。我們還有另外兩位同伴也生死未卜，他們現在……」

「學妹，別著急，學長這就說給妳聽。」學長打斷蕙婷的話，他面帶微笑，語氣像吹蒲公英種子般輕柔，「我也覺得奇怪，於是去查了一下。你們聽了可別太激動，你親愛的、可愛的阿沛還沒死。這個系統是以伺服器為單位一起傳送精神，因此只要任何一個人活著——我指的是在虛擬世界中，就不會有人真正受到傷害；但要是所有人都陣亡，那你們在現實的性命我就不敢擔保了。」一陣寒意向嘉平四肢蔓延，他沒料到自己現在與死亡竟只有一步之遙。

學長繼續解釋：「至於這件事的起因，我猜想是有人在外部或內部做惡意的系統竄改，導致整個系統操作異常，甚至讓外圍的技術人員無法及時進入系統中將你們送出去。」

「那我們……」顫抖著的偉祥開始拔自己的頭髮，恐懼而無助地瞟向學長，像是奮力抓住岸邊草枝的溺水之人。恐懼蔓延著整個房間，現場陷入一片死寂。

「好了！」學長突然大喊一聲，「剩下的我們待會兒再來討論，現在來想想更實際一點的問題吧！你們不會餓嗎？應該不會有飢餓免疫才是。」

因學長的提醒，嘉平這才意識到下午靠乾糧簡單果腹的肚子早已飢腸轆轆，在學長的分配下，嘉平、百合和蕙婷去醫療補給站，學長則領著失神的柏雍和畏縮的偉祥前去食堂找食物吃，並約好半小時後回來。

不知道他們三人同組是學長無意的玩笑，抑或是再單純不過的巧合，當三人整齊劃一的足音迴盪在沉默的空氣中，嘉平尷尬至極。

或許是不想淌他與百合的渾水，又或者是不想當電燈泡，蕙婷獨自走在前方。嘉平猜想蕙婷肯定也嗅到這股尷尬。

百合的指尖輕觸嘉平的手背，嘉平別過頭，假裝不經意地手插口袋。

他知道疲倦的百合現在最需要的是他的關懷與呵護，她像隻貓，勇敢獨立卻又渴望依偎，但現在的嘉平已經無力成為她的依靠……。他有自己的心結在，越和百合在一起，嘉平只會越加自我厭惡。

他厭惡自己的心胸狹窄、厭惡自己總想挑百合的毛病、厭惡每次生完悶氣後的罪惡感、更厭惡心口不一的話語……。更厭惡的是，這一切帶給他的無以復加的，對自己、對他人的失望感。他以前不是這樣的人，他理應是個優秀的男友，但為何現在一切都亂了套？

一份感情扭曲到這種地步，這還叫愛情嗎？

當百合挽著嘉平，他不由自主縮了一下，但還是任由她牽著。

「有了學長的幫助，我們明天一定可以很順利地完成任務。」百合自信地說。

「嗯。」嘉平漫不經心的回答，雖然他覺得百合太不切實際。

「上次我在車站附近看到一家滇緬料理。測驗結束後，大家可以一起去吃個飯。」

「不錯啊。」他覺得百合又自作主張。

「啊！我差點忘了你不吃辣。」

「……」他受夠百合像面鏡子，自己扭曲變形的心在她面前表露無遺。

為了轉移注意力，嘉平將視線定在前方的蕙婷身上。長廊的燈光在沉默中明滅閃爍，蕙婷嬌小的身軀看起來充滿著力量，她的長髮隨著走路的頻率左右搖擺著，嘉平想起小時候他會把蕙婷的頭髮一撮一撮地打死結，當蕙婷哇哇大哭時他便一溜煙地跑回家。想到這裡，嘉平不自覺地彎起嘴角。

「嘉平……」百合抬頭看他，她的眼眸有冬天海洋的憂鬱，他不知道倒映在她眼珠裡的自己是什麼模樣。他受夠了虛偽，卻仍在眼底刻上不真實的情意；他的心累了，卻仍勉強自己掛上微笑的面具。

走在一旁的百合看著嘉平望向蕙婷的目光，默默地嘆了一口氣，鬆開纏住嘉平的手。

嘉平一時間沒反應過來，不解地看向百合。想要說什麼話，話語卻哽在喉嚨，怎麼也說不出口。沒等他回應，百合就已放開他的手，加快腳步離開了。

經過一番搜尋，嘉平他們終於在醫療所的營站找到庫存的口糧和七包肉燥口味的泡麵，柏雍他們則找到一些鮪魚罐頭、雜糧麵包和飲料。食物意外地美味，無奈煩惱盤旋在心頭，除了學長外，沒人有辦法好好享受這頓晚餐。

百合默默地啃著麵包，看起來心不在焉。她特意坐在學長和柏雍之間，低頭避免與嘉平眼神接觸。

百合憂鬱的眼神仍盤旋在嘉平心頭，至今仍無法抹去。剛才那是什麼意思？難道他又做錯什麼？他回想自己方才的發言，他可不覺得有哪裡不妥。

「唉，幹嘛一直盯著人家看？你想跟女朋友獨處嗎？嘿嘿……」學長語帶戲謔地說，「真羨慕呀！有這麼美麗的女朋友，又有這麼可愛的青梅竹馬，享齊人之福吶！哪像我大學時一個女生也沒追到手，明明我的條件也不差呀……」學長欷歔地吸起泡麵。

這些無心之言讓嘉平尷尬地不知做何反應，蕙婷冷笑一聲，百合則繼續啃著麵包，不予理會。

「我大學時喜歡的女生也叫慧庭，不過字寫起來不一樣。早知道我會以這種形式活在程式裡，當初就該跟她告白，起碼現在感受到的是甜蜜的愛戀，而不是苦澀的思念。」學長喃喃自語，「謝柏雍，聽說你還沒跟羅沛玲告白。愛要及時呀！嘿嘿……」柏雍頓了頓，巴掌不到的麵包還吃不到一半，眼淚又滴了下來。

柏雍的悲傷淹沒整個房間，一口又一口的哀痛充塞他們的肺，令人窒息。

「學長，我們接下來該怎麼辦？」百合打破沉默。

「對對對，我忘了告訴你們。學校那邊也察覺到了異狀，他們也急迫地想要進入程式，解決這個異常狀態。但我認為要從外部破解這個程式，同時要讓你們毫髮無傷地重回原本的世界是很困難的，所以我打算帶你們自己去找這個程式的統領。想要出去，除了外頭控制之外，從裡面由統領強制送出也可以。你們的跳出卡不是被封鎖了嗎？我想說可以去找一下統領跟他談談看有什麼解決辦法。」

「統領？他是誰？」

「統領啊……他算是我在這個遊戲中的前輩吧！我已經算是這個系統中的原生住民了，但他在我被創造出來之前就已經存在很久很久了，他是這個世界的統治者，不……說是這個世界的神也不為過吧！哈哈！你們遇到他就知道啦！他掌管著這個虛擬世界的一草一木呢！揮揮手，就可以在這裡建造出一個完全不同的場景。別擔心他欺負你們，他可是我麻吉呢！」

偉祥侷促不安地搓手，不耐煩地問：「你這麼厲害、什麼都懂，怎麼你不直接問完再告訴我們就好，還要帶我們去找他？」

「我是很厲害沒錯，但我也是這個程式裡頭的人物啊！統領的位置每次程式啟動後都會改變，誰也不知道他這次會在哪個深山中或是海底或是哪裡的廢墟中。現在身涉險境的是你們，我勸你就別再說些自以為聰明的話，以為自己還是受學校保護的大少爺呀？你們就為自己的性命多關心點，這裡可沒有人來幫你們擦屁股，現在只有自己才能拯救自己。」被學長這麼一說，偉祥紅著臉支支吾吾。

學長嘆口氣道：「你們都經歷過入伍訓的洗禮，也接受過軍陣醫學的訓練，因此比其他人更有這方面的經驗。先前的種種難關你們不也都一一化解撐到現在？這證明你們是有能力的，對自己有信心點。偉祥，你別老是想著依賴別人，你比自己所想的還要勇敢。」偉祥愣愣地看著他，這呆頭呆腦的模樣似乎和「勇敢」沾不上邊。

學長看著牆上的時鐘，說：「時間不早了，明天我們要先下山，步行到小島──統領所在之處的線索通常都從那裡開始。還有，你們搞什麼？多吃一點吧！怎麼每個人都小鳥胃？誰半夜肚子叫得太大聲害我睡不著，就別怪我將你們揍成豬頭。」

大家露出久違的笑容，只有柏雍仍愁著一張臉。

他對沛玲至深至切的情感令嘉平動容，他不知道情感的羈絆竟能讓人如此無私。倘若今日百合為他而亡，嘉平不確定悲傷的利刃是否會同樣用力地刺進他滿目瘡痍的心。

慘澹的燈光在柏薙無神的眼底明滅閃爍，他的沉默讓嘉平深感不安，他現在唯一能做的只有陪伴和督促他好好照顧自己的身體，而心靈的傷痕只能讓它自行癒合。

在虛擬世界的的第二夜，大家懷著惴惴不安的心情潛入夢鄉，沒人注意到隔壁房的沛玲的軀體正慢慢化作一縷輕煙，消逝在那陰暗卻透點微光的病房。

【軍陣醫學實習課程實錄】
高雄總醫院左營分院潛水醫學部參訪（第七天 106.6.1）

陳穎信

潛水醫學—由高雄總醫院左營分院潛水醫學部李惠傑醫師講授潛水醫學及模擬潛深訓練室。

潛水醫學—高壓氧治療艙，於模擬潛深訓練室中設置，可第一時間進行減壓病等急症之高壓氧治療。

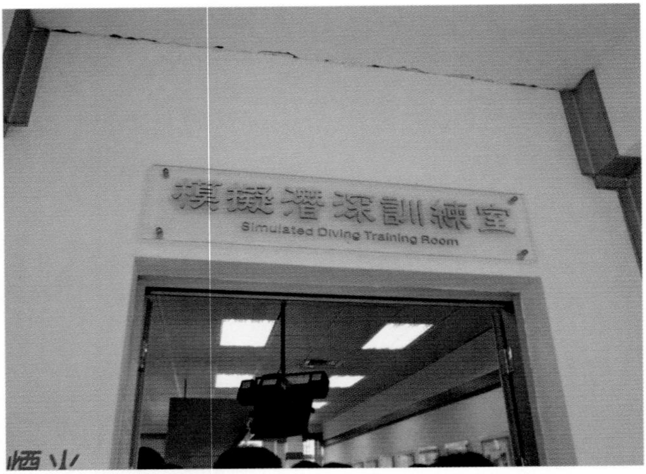

潛水醫學－模擬潛深訓練室，可模擬潛水訓練時之深度訓練，提供潛水人員對於高壓下適應與減壓訓練。

潛水醫學－潛深訓練池之潛水人員之訓練入口。

10 chapter ten

峰迴路轉

蘇郁萱

峰迴路轉

嘉平依稀記得十五歲時的天空也是這麼地藍，暖陽淺灼。那是基測放榜的日子，寫滿懵懂的年紀裡，他還能經常見到蕙婷慧黠的笑容。咯咯的笑聲傳來，她手中揮舞著的白色單子不斷變換著金色陽光反射的角度。他有點看不清蕙婷迎面走來的樣態，但現在回想起來，若那是個輕淺微細的雨天，或許會很像余光中筆下的那首小令吧。

「恭喜你！」蕙婷一邊說著一邊將右手的白色單子交給嘉平。

「也恭喜妳啦，跟我分開可不要太難過唷！」嘉平回道，原來兩人考上的分別是屬於首選的男女名校。

蕙婷笑著搖搖頭，似乎拿嘉平一時興起的玩笑沒有辦法。

「沒記錯的話，妳說過想成為一位醫師？」嘉平往旁邊挪，為蕙婷騰出一個空位。

「一年級時我媽不是因為車禍在醫院住了一個禮拜嗎？當時悉心照料她的醫師姊姊推薦我閱讀《當醫生遇見siki》這本書。作者在裡頭說道：『醫師是個奇特美妙的職業，既可享受助人的快樂，又能有理想的收入與社會地位。』追求知識殿堂於我而言並非難事。成長過程裡，我們從社會中得到那麼多幫助，我想成為一位醫師，這樣就能回饋給這溫暖的世界。」

「我也要成為一位醫師，但我只是想驗證：怪醫黑傑克裡那些方法到底行不行。」

「你喔！」

「或許我們會在大學裡再相遇也不一定。」

「那就拭目以待吧！」

虛擬系統裡的夜空和星星看起來是如此的真實，和嘉平平日在操場練跑時望見的，一模一樣。

說到練跑，嘉平就想到，初識時還像顆繫留的小型熱氣球般臃腫的柏雍，如今，竟然因沛玲的一句無心之言，就蛻變為校內首屈一指的肌肉猛男。

三年前，當剛考上大學的嘉平手足無措地搭著專車前往鳳山陸軍官校接受入伍訓時，本想著能和同校的柏雍被分配在同一班裡相互照應是非常幸運的。但少根筋的柏雍不只雷到嘉平，在講求團隊榮譽的訓練中，他們所屬的班更是因為柏雍而被排長乃至連長電到不行。

他倆正式成為兄弟，則得等到接近五百公尺障礙測驗的前天晚上說起。好不容易排到公用電話的嘉平這才發現自己忘了帶電話卡，眼看規定的盥洗時間就要結束了，被測驗和高壓的部隊管理式生活攪的鄰近崩潰邊緣的他，正絕望的走回他們所屬的樓層時，排到隔壁電話的柏雍二話不說，立馬把手心裡僅有的五元銅板塞給嘉平。只留下襯著「大家來入伍訓，總會想家人，我昨天打得比較久一點，沒關係啦！」的酒窩，就飛也似的離開隊伍了。

嘉平細想：那段日子被分配到打飯班，每天除去洗澡洗衣的時間後，手腳慢的柏雍怎麼可能有機會跟家人聯繫呢？嘉平會心一笑，感激地將銅板投入孔中。喀噹一聲，響起了兩人友誼的鏈結。

啊，至於沛玲和柏雍，這才是愛情的力量吧。在愛裡學習讓自己更好，不像百合感覺總是站在遙遠的彼岸，而自己則是無心也無力迎頭趕上。

思及至此，嘉平搖搖頭並嘆了口氣。直至熱氣輕輕地流竄至他夏夜裡留著汗的頸間，他才意識到自己不知何時進入了夢鄉，又悄無聲息的醒了過來。對面柏雍空蕩的床上散亂的被單和枕頭，好友輾轉反側、徹夜無眠的信號映入嘉平的眼簾。柏雍從測驗第一天開始就背負著沛玲因他受傷的自責，後來她的死亡更為他增添了百倍千倍的痛苦。柏雍重視朋友和心愛之人的個性從入伍訓時便深深的刻畫在嘉平的心頭，看到他如此痛苦，嘉平不禁想為這樣的他分擔些什麼。

停機坪的H字在暖橘色的燈光照耀下看起來有些孤寂，縱使上頭躺著交叉枕著手臂的柏雍。嘉平悄悄的小跑到柏雍身旁躺下，但地板實在是太硬了，看著安然橫躺的的柏雍，「練肌肉在這種時候也派的上用場啊。」嘉平小聲地咕噥。

可能是感受到身旁的視線吧！柏雍對著漆黑的天空緩緩地說：「沛玲是一個很特別的女孩，她總是很認真負責的去完成屬於她的任務，不怕麻煩、不怕辛苦，還會為團隊裡的每個成員著想，怕有人不敢表達自己的意見，怕有人覺得自己大材小用。她習慣看見別人的好，單純的相信著這是個善良的世界。」柏雍頓了頓，直到嘉平點了頭。

「我爸媽在我還很小的時候就離婚了，有時少了爸爸、有時少了媽媽的我一直覺得自己比不上其他人。我知道他們都對我很好，但我還是很想擁有一個完整的家。知道我的故事之後，和其他人不同，沛玲圓滾滾的眼眸投以我的並不是嫌惡或同情的眼光，而是一種理解。她樂觀開朗、她積極大方，不吝於分享自己因家境因素而來國醫就讀的事實。她說我們不能選擇家人，所以上天讓我們選擇朋友。我記得她伸出她的手，誠摯地邀請我當她的朋友。」柏雍再次頓了頓，這回不是為了確認身旁好友是否仔細聆聽，而是喉嚨裡醞釀的東西哽咽著他。

「她在測驗一開始就為了保護我而受傷，還比我冷靜地叫我為她上止血帶，安慰我們因為系統設定的關係，所以她並沒有覺得那麼痛。就連離開……她連離開前冒得冷汗我都還來不及為她擦，我還來不及聽她低語呢喃著什麼，她就走了！」柏雍握緊了拳頭，指甲嵌進了他厚實的掌心。

「哎！兄弟，」嘉平抓緊了柏雍訴說的空檔，「沛玲並不是真的離開，她只是比我們早從這詭異的遊戲解脫了。說不定她正在現實世界裡看著你為他灑盡淚水的模樣呢！」縱使學長今天的一番解釋讓他們無法知道系統的安全性，為了安慰兄弟他也沒空管那些疑惑了。

「那我也早點離開好了，這樣我才能確保阿沛安全無虞！」

「別做傻事！天知道這鬼系統會怎麼懲罰自我了結生命的人？我們已經失去了沛玲，詠星和景輝也不知所蹤，我們需要你，我們要一起奮鬥，努力回到正常的生活啊！」嘉平為了打斷柏雍自盡的念頭，難得激動地說。

在嘉平的吼聲迴盪時，新的一天的悄悄開始，東邊的雲絲裡緩緩浮現渾圓暖澄的旭日。

「我知道了，我會看著辦的。」空氣中、停機坪上、嘉平的耳裡，都只剩下這句話的迴旋，和柏雍與他對望的空洞視線。

大夥起床後，簡單地整裝就出發了。一群人沿著蜿蜒的小路往山下走，嘉平不時回頭確認柏雍的動向，兄弟清晨恍惚的言論猶在耳邊。路途中，偶爾的熙熙攘攘都維持不了很長的時間，大家或多或少都沉浸在難以言喻的弔詭的氣氛中。學長也一反昨日的輕浮模樣，一路上都板著臉，連碎念也不發。

雖說是下山，藍天也沒有前幾日那麼濃郁，但成天待在冷氣房裡的三年級醫學生們早已離入伍訓那段行軍到天荒地老的日子好一段時間了，突然走那麼長又顛簸的道路磨損著他們的心智。山上的黃土道路取代柏油，沿路是不到兩公尺寬的懸崖峭壁，甚至還有水漥和小溪。才過了不到一個上午的時間，大夥已經精疲力盡，與其繼續以慢動作的方式前進，他們決定先找個地方稍作休息。

好不容易找到合適的地方，柏雍獨自一人，打算找個地方解放下。難以睜開的雙眼、難以敞開的心扉、難以邁開的步伐，測驗以來逐漸耗損的精力，無時無刻折磨著柏雍日漸消瘦的身軀。嘉平從全身痠痛中回過神來時，柏雍早已離開大夥們一陣子了。攻五不克休息的草叢後方有一塊空地，嘉平隱約透過草叢的空隙看見了在斷崖旁若有所思的柏雍，正準備出聲提醒他時，數位迷彩的紋路突然消失在眼前。

「柏雍——！」

嘉平的驚呼，把大家從恍惚之中拉了回來，大夥們趕緊跟隨嘉平的腳步前往察看。陡峭的山壁像是黑魔女的陰謀般深不可測，膽小的偉祥不知哪來的勇氣探頭望了望。淵谷的底部雖然有茂密的闊葉森林，但大夥們都心知肚明：從那樣的高度墜落，狀況如此糟糕的柏雍想必已和沛玲一樣離開了。嘉平這才意識到身經百戰的百合臉色漸漸憔悴，向來沉穩的蕙婷也濕了眼眶，而不明所以的偉祥則開始揣測柏雍的意圖，毫無意義地闡釋著他自殺的可能。嘉平明白這不是事實，儘管他觀察到趕路時柏雍空洞的眼神，但也想起他的承諾，安慰自己兄弟只不過是因為一夜的失眠、長途的跋涉，才會在方便時不小心失足。

偉祥仍繼續自言自語：「完蛋了……一開始是沛玲，再來是景輝、詠星，今天則是柏雍。我們完蛋了，下一個死的一定是我，系統看我們不爽，要殺怎麼不一次殺乾淨！」一大夥們似乎再也忍不住幾天以來的無助，臉頰上的無助之雨滴滴答答地落了下來，直到滂沱。

既然情緒無法在一時完全收復，也怕停留只會觸景傷情，大家匆匆收拾好暫時卸下的行囊，繼續上路。一陣迂迴，下午的路途是比上午時平穩許多，但兩旁松林夾道，都是風聲。突然出現在眼前的不再是之前的涓涓細流，而是無法輕易跨過的濤濤江水，蕙婷感覺死亡好似正從四面八方虎視眈眈著他們。

「我到附近看看有沒有沒那麼湍急的地方。」發現了蕙婷的躊躇，百合自告奮勇地說。

「不行！我不能再讓你們任何一個人獨自行動了。」學長仔細評估著眼前的情勢。

「往上游那兒有幾顆大型的岩石，正好和江水一起排成奇形怪狀的道路。我們踩著那幾顆石頭渡河吧！撞擊激出的水花這麼高，石頭頂部就算沒有經年累月的沖刷也一定很滑，大家千萬要小心。」學長朝那幾粒大石子指了指。

一行人沿著學長所指著的石子越過溪流，一路上大家小心翼翼，但首先抵達對岸的嘉平卻發現走在倒數第二個的蕙婷好像有點不太對勁。

突然「撲通！」一聲，只見蕙婷的指尖逐漸淹沒在湍急的河水中。

蕙婷奮力地掙扎著，混濁的河水讓她分不清方向，她的肺快炸裂開來，心臟也重重地垂著她的胸腔。一連串回憶自她腦海閃過，阿沛受傷時的槍聲、詠星景輝失去連絡的絕望哀號、柏雍墜落時嘉平的大喊，彷彿開始演奏著交響曲，一節一節刺激著蕙婷敏感的神經。她的思緒逐漸變得渾沌，眼前的景象也變得模糊……

直到再次睜開眼睛，眼前是百合放大了好幾倍的臉，後面則是渾身濕透的學長以及偉祥和嘉平焦急的目光。意識到自己在鬼門關前走了一遭，斗大的淚珠自蕙婷冰冷的臉頰滑下。

「別再哭哭啼啼了，我知道你們壓力都很大，但不振作起來往前走，還要耗費大家的體力去救妳，看看妳剛剛發生了什麼事！」頂著一頭濕漉漉短髮的學長言詞赫厲道。

「我……」還沒緩過神來的蕙婷支支吾吾著。

「妳剛剛不小心掉進水裡，我都快嚇死了，還好學長奮不顧身地跳下水，讓先過河的嘉平趕緊找了根竹竿架在妳的腋下，一手環著妳和竹竿，另一手拚命游向岸。把妳救上來後，我為妳做了CPR，還好妳很快就醒過來了。」百合一臉驚魂未定的向蕙婷交代著事情經過。

「妳沒事吧？」嘉平擔憂地問，一邊做勢要將蕙婷扶起來，但尚未恢復的她只能繼續癱坐在地面上。

「我……我無法接受我們再失去任何人了！」偉祥突然顫抖著，用他從來沒有過的，全身力氣怒吼著。

生理的傷口還沒開始癒合，心上的那幾道疤卻也悄悄蔓延。

「你們明白成為醫師的根本嗎？」學長突然問道。「在貢獻自己之前得先保護好自己啊，不然你們哪來的力量戰鬥！看看你們，失去了同伴又怎樣？不是已經說清楚了只要你們小隊有人生還，大家在現實世界中都還是能再相聚的嗎？現在，一個人墜崖，一個人落水還差點失去呼吸心跳，難道連事情輕重都分不清嗎！讓挫折一直影響著們的表現，只因為一次的不順遂就絕望，你們這樣還配作國防醫學院的學生嗎？我可不記得我的母校會教出你們這種懦弱的孬種！」學長氣急敗壞地破口大罵。

雖然學長用詞太過嚴厲幾近羞辱，但說的的確是事實。只是一下子發生了這麼多事，大家根本就聽不進去。蕙婷還未從溺水的驚嚇清醒過來，百合漠然地望向遠方，而偉翔仍沉浸在失去夥伴的恐懼之中，嘉平則沉默不語，低頭思索著學長說的話語，與測驗系統出錯以來發生的事。

「我當初為我們第五小隊命名攻五不克，就是希望大家可以攻無不克，相互扶持、完成任務。」嘉平道，「如今，任務已經完成了，我們還有互相扶持這個宗旨啊！我們有小隊長百合，能幹又有領導能力，校內校外大大小小的事務都能看見她努力的身影；我們有認真負責的蕙婷，她總是不厭其煩地提醒著大家該做的作業，該顧慮的細節，善用她的細心帶著我們通過了許多考驗；我們有偉祥，他有不知何時會突然冒出來的勇氣，超擅長轉換氣氛。我們還有學長呀！在我們一頭霧水的時候出現領導我們，在我們喪失方向慌亂之時重新打醒我們，運用在部隊裡學到的本領幫助我們。」

「我們還有默默關心大家，但一樣不知何時會突然冒出來講這種振奮人心的話的李嘉平！」蕙婷用正一點一點恢復紅潤的臉龐望著這句話裡的主人翁。

嘉平對蕙婷挑了挑眉，然後輕輕哼起了蘇打綠的歌：

「我們都曾有過　風雨過後的沉重
形同陌路的口　但心卻還流通
當我們一起走過　這些傷痛的時候
包著碎裂的心　繼續下一個夢」

蕙婷和偉祥也加入了旋律。

「也知道　我們並不會退縮
狂奔的念頭　不曾停止溫柔
一直到　將來我們都成熟

就不再困惑　生命有多少過錯」

「我以為我們會唱『我們是三軍的先鋒，我們是反攻的尖兵。戰志高昂，意志堅定。攻無不克，戰無不勝。實行三民主義，完成國民革命。』」百合開著玩笑說，嘉平笑了笑。

「攻五不克！」百合大喊。

「攻五不克！」蕙婷、嘉平、偉祥齊聲應道。

「就是這樣，用首歌把大家的精神都集中起來，雖然歌喉比起學長當初差了那麼一點點。記住，只要你們其中一人活下來，全員都能活下。喏！再往前走十來分鐘，我們就能看見小島了！」學長突然作了個結論。但大家都明白其實是嘉平的那席話，剔除了他們曾經的迷惘，再次為自己的優點發揮的價值感到驕傲，也重燃了對未來的希望。

他們繼續著旅程，走過曲折交錯的峰迴路轉，抬頭回看山上瞬息萬變的天空與漸漸被阻擋的夕陽。在學長領軍撥開最後一片樹林後，攻五不克望見天海合頁吻成的虛線上，是一座青翠蓊鬱的小島。

【小知識】

徐千婷

溪流自救

一、河川、溪流、湖泊安全要點

1. 溪流水域深淺不一，水溫差別甚大，在坡度大的地區，急流及漩流，應特別注意安全。
2. 水底多為滑溜卵石，在水中行走，應注意免得滑倒。
3. 不要在水質不清或受污染的溪流中游泳。
4. 在水庫下游作水上活動要特別注意水庫洩洪資訊及時間，以免被困在沙洲或被水沖走。
5. 遇到大雷雨或地震發生時，應立即離水上岸，往安全處逃避。
6. 若看到上游山區烏雲密佈或聽到上游傳來隆隆聲響越來越大或看到溪水變色，水面忽然上昇，這是山洪爆發前兆，應立即離水前往高處逃。
7. 深潭、野塘、水埤等處，水質多不佳，深度不明，水底雜物多而屬泥沼地，若在該地區玩水，容易受傷或陷入泥沼無法自拔而喪命。
8. 若遇水暴漲，被困岩石上或在沙洲中，應保持冷靜，等待救援，或尋找一些可助浮且耐沖擊的東西，萬一被水沖走時，可將物品置於身體下方，以免身體直接被撞傷。

9. 若不幸被溪水沖走時，身體應仰姿保持腳在前頭在後，以免頭被撞傷；看到前方水面有高浪，即表示水底有巨石，應設法避開，以免撞傷，如遇轉彎處，應游向內彎緩流處，即可順勢上岸。

10. 許多溪流看起來平穩，水底下卻暗藏惡流，一但被捲入，就無法抽身。

二、水中自救與救生

一般在水中所發生之意外事件，通常由於兩個原因：

1. 驚恐慌張：人於身歷險境時．會因緊張而導致肌肉收縮、身體僵硬，而致活動力降低。

2. 體力耗竭：不斷之掙扎，將體力耗盡，減少生存的機會。發生溺水事件時，必須鎮定冷靜，了解自己所處環境，並利用本身浮力或身邊物來自救求生。水中自救之基本原則為『保持體力，以最少體力．而在水中維持最長時間』為達此要求，必須緩和呼吸頻率，放鬆肌肉，並減慢動作。水中求生之基本原則為『利用身上或身旁任何可增加浮力的物體．使身體浮在水上，以待救援。

※水中自救

水母漂：深吸氣之後，臉向下埋在水中，雙足與雙手向下自然伸直，與水面略成垂直，有如藍水母狀之漂浮。當換氣時，雙手向下壓水，雙足前後夾水，再抬頭，利用瞬間吸氣繼續成漂浮狀態；如此在水中便可以持續很長的時間。練習水母漂浮時，身體應盡量放鬆．使身體表面積與水之接觸面加大，以增加浮力；同時，應將雙眼張開，以消除恐懼。另外，頭在水中時，應自然緩慢吐氣．不可故意憋氣，以節省體力，而在水中維持較長時間。

※抽筋自解

抽筋又稱痙攣。當肌肉受到神經組織的刺激致引起肌肉收縮或血管受到刺激而逐漸關閉，使血液循環不良，造成抽筋的現象。

依據分析，抽筋的原因有下列幾種：

- 經過長時間的運動而引起肌肉疲勞，未予休息而繼續運動時。
- 驟增運動的負荷強度，或突然改變運動的方式而引起肌肉急劇收縮時。
- 運動姿勢不正確時。
- 水溫太低時。
- 準備運動不足時。

• 情緒過度緊張時。

抽筋的處理方法：

1. 手指抽筋：先用力握拳．然後迅速用力張開，並向後壓；如此反覆動作至復元為止。

2. 手掌抽筋：兩掌相合手指交叉，反轉掌心向外，用力伸張，或是用另一手貼置於抽筋的手掌上，用力壓，或是握住四指用力後彎，直至復原為止。

※不擅游泳者自救(教育部體育署提供)

「不會游泳也要學會的水中自救」4招式，以擁有自救能力：

1. 拍打水面：雙手水平舉起向下平拍水面，並大聲呼救，利用動作和聲音引起注意。

2. 運用漂浮物：運用現場可得的漂浮物，或是脫下身上的衣物從頭後向前拋，讓衣物充滿空氣形成浮具。

3. 水母漂：深吸一口氣，臉向下埋入水中，手與腳向下自然伸直，並將身體放鬆。

4. 仰漂：全身放鬆，吸滿氣後頭部慢慢後仰，換氣時用口快吐快吸。

※他救

1. 看到天黑快下雨或下雨，提醒同伴離開河床或溪谷。
2. 看到溺水者，保持冷靜，大聲呼救，請他人幫忙向外求援、尋找繩子或長樹木等現地可得的長狀物，或具有浮力之物品，將繩子、長狀物或具浮力物品拋向溺水者，使其可浮在水面上或將其拉回。若非專業救生員或有救生浮具，切勿下水，避免雙淹溺。
3. 看到受困者，保持冷靜，大聲呼救，請他人幫忙向外求援、尋找繩子或長樹木等現地可得的長狀物，或可稍微改變水流之物品，將受困者拉出或協助受困者自行脫困。
4. 見人滑倒，依創傷流程處理。

資料來源

[1]中華民國搜救總隊。
[2]水域安全網 http://home.hwes.tc.edu.tw/class_web/?tea=water&Msn=1。

【軍陣醫學實習課程實錄】
左營軍區故事館參訪（第七天 106.6.1）

陳穎信

合影—校外參訪之隨隊醫官、助教與行政人員於左營軍區故事館內合影。

作者—總教官陳穎信醫師於左營軍區故事館內之模擬國小教室內留影。

11 chapter eleven

成功在望

陳瑄妘

成功在望

一行人站在海岸邊遙遙看著那個小島，那裡就是他們的目的地。只是隔著那一片汪洋，不知道該怎麼登上那個小島。

學長呵呵笑了：「不要慌張，不會叫你們游過去的。」偉祥聽了學長的保證大大鬆了一口氣。

學長繼續說：「但我們現在也過不去。我們現在能做的事，只能等。」

於是五個人就在沙灘上坐一排，靜靜看著潮起潮落的浪花，等待著會不會突然有一艘船朝他們駛過來。嘉平盯著海平面盯到都累了，仍然沒有一點動靜，索性便開始神遊天外。一般來說，能在課程期間看到大海，本身就是一件很神奇的事吧。而且還是跟一群好友同學們。如果是普通的郊遊的話，大家應該早就瘋玩成一團了吧。

天空仍然很藍，大片的層積雲堆積在海平線，緩慢地移動。不知道乾等了多久，眾人早就鬆散了坐姿，學長直接躺了下來；偉祥則抱著膝側躺在沙灘上，眼睛仍緊緊盯著海面。嘉平觀察著百合，發現百合也很認真地看著海面，看到百合認真的側臉，嘉平卻覺得有些無趣。這時百合突然轉過頭來與嘉平對上了眼，表情看起來悶悶不樂。

嘉平尷尬地移開了視線看向另一邊，發現另一邊蕙婷正觀察著他們兩個。發現嘉平注意到她，蕙婷馬上就轉過頭去了。

於是嘉平又默默回頭看向海平面。

「什麼事都沒發生啊……。」嘉平悠悠地感嘆道。

「正在退潮……。」百合說道。

「對啊，正在退潮。等到退潮之後就有路可以直接走過去了。」學長理所當然地說，「不然你以為我們在這裡等什麼？」

嘉平被驚到說不出話，原來大家都知道在等什麼嗎？還好這時候偉祥突然坐了起來，恍然大悟地說：「原來是在等退潮！我還以為會有船。」

蕙婷用手摀住嘴巴在旁邊笑。李嘉平看著蕙婷在一邊笑，打從心底不相信蕙婷早就知道等待的目的。

經學長這麼一說，嘉平才發現的確海岸線已經在不知不覺中退了不少。

「趁還有一段時間要等，我先來跟你們說等一下島上要做的事好了。」學長說，「這個島啊，我們把它分為南北邊。北邊在幾十年前是用來作為病毒研究室，不過後來研究人員的一個意外，病毒散播了開來，為了防堵傳染病，島上也就荒廢了。雖然現在事隔已久，不過北邊可能還留有當時的病毒，所以進去北邊要穿防護衣。知道了嗎？」

大家點點頭。

「不過今天也不早了。等一下我們就先在小島南邊的基地休息，養足精神明天再去北邊找那個資料夾。」學長又說。

於是幾個人又在沙灘上等了又等，終於等到海岸線完全退卻，一條往島上的路展開在眼前。看來以前的人也都是等到退潮才走到島上的，可以看到海岸到島上之間有一條石子鋪的道路。

「要小心喔，這條路很久沒人走了，很滑小心不要跌倒。」學長提醒道。

嘉平小心翼翼地走著，發現道路上長滿了小小的蚵仔，旁邊的大石上也是滿滿的蚵仔，還會有海草纏在上面。

終於走到了小島上，幾個人的鞋子早就被浸濕了。第五小隊沿著小路繞道南方的小基地。這個基地小小舊舊的，就算系統沒出現問題，好像也早已沒有人駐守在這邊。

學長帶著一行人來到一個會議室，讓大家先坐好、休息一下，說完自己就先離開了會議室。才走一下下路，偉祥馬上就癱坐在椅子上，嘉平拍了一下他的頭，開玩笑道：「好沒出息！」

學長回來的時候，不知道從哪裡找來了幾個罐頭，放在會議桌上，說：「今天晚上就吃這些將就一下吧。有得吃就不錯了。」

蕙婷看著那幾罐包裝都快脫落的罐頭，懷疑地說：「這些東西放多久了？真的能吃嗎？」

「笨蛋！」學長罵了一聲，「罐頭放多久了都可以吃！如果你嫌棄可以不要吃，不過沒有其他東西可以讓你吃了。」

學長隨機在每人面前放一個罐頭。原本以為罐頭看起來都差不多，裡面內容物也一樣，沒想到拉開罐頭後，內容物大不一樣。

「哇！鰻魚耶！」偉祥喜孜孜地叫道，「好大一罐！我最喜歡鰻魚了！」說完就拿竹籤刺一大塊來吃。「還可以吃喔！」

嘉平轉頭看向蕙婷，蕙婷正皺著眉看著自己的罐頭，罐頭裡是一整罐的玉米。蕙婷拿著手中的竹籤發愁。注意到嘉平在一旁幸災樂禍地笑，蕙婷用竹籤叉起一小顆玉米放入嘴中，笑咪咪道：「我最喜歡玉米了！」

百合的罐頭看起來是綜合水果罐頭，已經默默優雅地吃了起來。將視線從百合身上移開，嘉平也打開自己的罐頭，罐頭裡裝著跟蕙婷一模一樣滿滿黃慘慘的小玉米。……不是肉啊……。嘉平端著一罐玉米，嘴角降了下來。一旁將一切看在眼裡的蕙婷終於忍不住爆笑出聲，一邊笑小手一邊大力拍打嘉平的肩。

嘉平被蕙婷拍得一顫一顫的，轉頭過去看著偉祥，正津津有味的吃著鰻魚。「偉祥~也分我吃一點吧！」嘉平拜託道。偉祥看著嘉平，爽快地點點頭，叉起一大塊鰻魚遞到嘉平嘴邊，並且喊道「啊~」。

嘉平很率直的張口將魚吃了下去，「謝啦!再一口！」

偉祥又遞了一口。蕙婷在一邊看著又大力打了一下嘉平。嘉平滿嘴油光朝蕙婷笑了笑。

學長這時又走進會議室，抱著更多罐頭，說：「好啦好啦，你們不要吵了，知道你們吃不飽，這裡還有。」

期間一直沒有說話的百合看著其他三個人的互動，臉上有些落寞。

等到眾人都吃飽後，學長不知道從哪裡找來了三副防護服。

學長嘆道：「我找來找去，只找到這三件B級防護衣，因為有一件要給病毒清銷工作使用，看來明天的任務只能交給你們其中兩個去做了。」

「學長，明天的任務是什麼？」百合問道。

「明天要請兩個人，去這個島的北邊進行任務。就像我之前說的，島的北邊受到了汙染，因此要穿防護衣進去。我們大致將北邊分成幾個區域，分別是綠區、黃區、紅區。明天我們其他人可以陪那兩個人到綠區去，不過剩下的就要那兩個人自己加油了。」

小島配置示意圖

「這次我們來這個島的主要目的，是要找尋一個文件夾，裡面應該有線索能夠知道大統領的去處。我記得那個文件夾便放在現在已經成為紅區的一棟建築物裡。那是一個銀色的文件夾，每次統領有要跟我們內部居民溝通的時候都會將訊息留在那個資料夾中。那兩個人的任務就是要找到資料夾，初步進行清消，然後帶出來給清消人員第二次清銷。」學長一股作氣解釋道。

「你們應該都記得清銷要怎麼做吧？」學長問。

除了百合之外，意外地偉祥也點點頭。

學長看了看四個人，於是說：「那你們自己討論一下明天是哪兩個人要去。我剛剛確認過了，這裡有供水，不過好像只有一間浴室。今天就先這樣，你們可以去盥洗休息了。」

等到學長走後，不顧還有兩個女生在場，偉祥首先說自己想先洗，於是剩下嘉平、蕙婷與百合三人。

嘉平雖然心裡覺得有點尷尬，不過還是起了話頭：「希望明天趕快找到那個資料夾，然後就可以從這個鬼地方出去了。」雖然嘉平是對其他兩個人說話，不過因為仍然有些不知道怎麼面對百合，頭明顯望向蕙婷那一邊。

不過蕙婷卻沒有馬上搭理嘉平，反倒是百合悠悠說道：「不知道其他人現在怎麼了？」

「嗯？」

「景輝、詠星、沛玲、柏雍，」百合一個一個唸道，「不知道他們現在是什麼感覺？還是沒有感覺呢？想起我們之前還好好的在學校上課的場景，就好像另外一個世界一樣。」

「放心吧，」嘉平安慰百合，「我們會達成任務把大家都救活的。」

「對啊，百合妳不要太擔心，」蕙婷說，「如果現在我們擔心他們而沉浸在悲傷中，然而明天就離開遊戲發現每個人都好好的。景輝和詠星一定會嘲笑我們想『死』他們了。」

嘉平笑了出來，不過看百合仍然有些憂鬱的樣子，於是又止住了笑。

「放心啦，而且我覺得我們這次的組員每個都很棒啊。」嘉平說，「都很可靠，一定也可以順利完成之後的任務的！尤其是妳，」嘉平將頭湊到百合前面：「百合妳最可靠啦！真的超棒的。不要太擔心，我們會齊心協力，明天一定可以見到所謂的『大統領』的。」

「說起來，」蕙婷說，「見到大統領後不知道要跟他說什麼？如果他明知道這個世界變這麼古怪還放任的話，真想揍他一頓，都是這個系統將我們困在這邊。」

嘉平用手肘推了推蕙婷，「喂！本性、本性，暴露了！」

「李嘉平你很煩耶，我想怎麼樣就怎麼樣啦！」

百合終於皺眉看向兩人：「我以前都不知道你們這麼熟。」

「啊……這個⋯」蕙婷不知道該如何回答。

「咦？」嘉平尷尬地摸了摸頭，「百合我沒跟妳說過嗎？」

百合大而漂亮的眼睛沉默地注視著嘉平，只讓他更心虛。

「我們從小就認識啊，蕙婷是我的鄰居。」

「我第一次聽你說。」

「喔……可能是因為我們感情不太好的關係吧。」嘉平哈哈笑著解釋道。

「是嗎？」百合點點頭，不過看起來沒什麼興趣的樣子。

這時偉祥洗完澡出來，便換蕙婷去盥洗。

偉祥洗完頭，過長的瀏海滴滴答答還滴著水，便走過來加入他們的對話。

「偉祥你好濕啊，可以坐過去一點嗎？」偉祥搬了一張椅子過來，緊貼嘉平正坐著的椅子。「感覺進入這個系統之後你更黏人了！」嘉平抱怨道。

這時，百合說道：「明天要派兩個人去做任務，你們都還記得對付生化感染還有清銷的步驟吧？」

「我、我、」偉祥馬上舉手，「我記得清銷的步驟！因為那堂課我沒有睡著，所以步驟我都還記得！」偉祥得意地說。

「真難得耶。」

「胡說！我一直都有在好好上課的！」難得可以有吹噓的地方，偉祥看起來很開心。

「難得偉祥這麼積極，不然明天就我們兩個去做任務吧？可以嗎？」百合問。

偉祥一瞬間顯得有點猶豫，不過最後還是點點頭，「我知道你們一直都在幫我，所以這次就換我了吧。」

偉祥一向膽小怕事，但是在逆境中偉祥能有這樣的決定，表示在這短短測驗時間內，他也有所成長了吧。「好，我們明天一起加油喔！」百合可能感覺到了偉祥的成長，很滿意地拍了拍偉祥濕濕的頭。

嘉平推了推百合，小聲問她：「妳還好吧？這樣會不會太累？」

百合堅定地搖頭。

這時，偉祥卻突然愁眉苦臉了起來：「等等，可是……」一想到明天要去廢棄的……感染區，不行，突然覺得好緊張……。」

嘉平拍拍偉祥的背安慰道：「加油，你可以的！況且還有百合呢！」

「啊……不行……我突然覺得我果然不太行……肚子好痛。」偉祥抱著肚子，臉皺成一團。

「不要緊張啦！你剛剛步驟都說得那麼熟了！」

「肚子超級痛……」偉祥摀著肚子呻吟。

看偉祥痛苦的樣子，看起來是真的痛，嘉平失笑：「過期的罐頭吃太多了啦！去！去廁所！」

於是偉祥便一溜煙地離開房間。

房間裡終於只剩嘉平與百合兩個人。明明應該是最親密的關係，嘉平卻覺得有些坐立難安。

兩人安靜的坐在椅子上，視線平行地望向另一端的白色牆壁。過了一陣子，百合開口道：「嘉平，你最近是不是在躲我？」

「……有嗎？」兩人之間難以言喻的氣氛終於被切了一道小口，嘉平覺得有些緊張。

「你跟蕙婷之間好像感情很好。」

「那……我剛才不是說是因為從小認識嗎？百合妳不也是，跟詠星感情很好嗎？」

「詠星已經不在了，你為什麼現在還要拿出來提？」百合看起來很無奈。

「他哪有不在，過幾天又可以在學校見到他了吧？」

百合轉過來面對嘉平，截斷剛才的話題：「嘉平，不要轉移話題。」

嘉平有點不確定是不是要在這個時機吐露一直以來的心聲，但還是赤裸裸地說出來：「我……不知道為什麼，我只是常常覺得有點失望，明明妳沒有做什麼事……也許就是『沒有做什麼事』，所以才讓我覺得有點失望吧，怎麼說……我先說明，這不是百合的錯。只是，我就是被一些小事弄得有點受傷。可能是我有佔有慾的關係吧，擅自失望。」

百合很冷靜地聽嘉平說，「我之前都沒有發覺。所以是因為我的關係嗎？」

嘉平為難地說：「嗯……但是我覺得我自己也有很大的關係，」

「好吧，我了解了。」百合點點頭表示理解。

但是嘉平覺得百合一點都還不理解，辯解道：「百合，妳聽我說，我還沒說完，這個要說的話要說很久……」

但是百合強硬地結束了這個話題：「我大概知道你的感覺了，所以剩下的話，等到測驗結束再說吧。」

嘉平知道百合這樣說，就是無意再繼續討論，於是也只好把滿腔的情感再吞回肚裡。看著百合美麗的側顏，卻只覺得冷硬而失落。

心臟好像又清脆地碎裂了。不，其實那片玻璃心早就碎了吧，現在連怎麼摸索著、拼回原來的樣子都不知道了。

隔天早上，大家整好裝，由學長開著箱型車，他們就往小島的北邊前進。一路上蔚藍的海岸就在眾人的左手邊，海岸線景色相當優美，但是道路緊鄰懸崖，一不小心就會掉進海中，令偉祥相當緊張。

到了一棟破舊小屋的門口前，學長停下車，指著遠方那棟建築物，跟大夥說：

「這裡還是綠區，到那棟建築物裡面就是紅區了，找到資料夾後就盡快清銷，然後趕快出來知道嗎？」

百合與偉祥先到屋裡換上連身防護服，背上空氣呼吸機並戴上面罩，全身包得緊緊的，不是很舒服，學長拿了一個清銷桶給百合，吩咐說：「畢竟裡面是被汙染的環境，找到資料夾後，先在建築物裡清銷，並將資料夾放進清消桶。我們會在這裡先準備好，拿出來後我們再進行第二次清銷。」

於是幾個人目送百合與偉祥逐步進入警戒區。看著百合與偉祥的背影，是那樣弱小、卻可靠。嘉平與蕙婷都祈求著兩個人能夠完成任務平安出來。

「好了，你們兩個也不要閒著，我們來準備一些清銷的工作。」學長對被留下的兩個人說道。

百合一手提著清銷桶，推開建築物陳舊的大門。咿呀一聲，門便被應聲推開。觸目所及是一條走廊，走廊兩側有許多房間。推開其中一間房間的門，房間裡面像是一間辦公室，辦公桌是都積了滿滿的灰塵。百合示意與偉祥分頭在辦公室裡尋找，檢查是否有學長所說的銀色資料夾。

兩個人在辦公室裡翻來找去，盡是翻到一些不明所以的資料，沒有一個符合學長的描述。於是只好又到下一間房間，下一間房間也是一個辦公室，看起來格局沒什麼不同。於是兩人一樣分頭尋找，但第二間房間也沒有找到任何有用的線索。

接下來連續幾間房間都是一樣的狀況。兩個人在建築物裡面穿梭，由於穿著防護服，防護服裡面非常的熱，所以兩個人都滿頭大汗，體力消耗得十分迅速。本來體力就不算好的偉祥，動作也漸漸遲緩了下來。

百合拍拍偉祥的肩，希望他堅持下去。兩個人已經翻找過所有辦公室，但都還是沒有看到所謂的銀色資料夾。這時候，百合注意到建築物的深處有一道長得特別不一樣得門，只有這一道門是一扇高大的鐵門。門上貼了一個黃色的標記，不過標記大部分已經斑駁脫落。

百合看不出來門的後面是什麼，感覺有點陰森恐怖。百合有些猶豫要不要進去，但是兩人已經在建築物裡面翻找了不知道久，都沒有收穫，現在無功而返，也很不甘心。於是百合下定決心，輕輕施力推動那道門。

想不到那道門絲紋不動，於是百合叫偉祥過來一起推。兩個人將全身的力量都倚到門上，門終於開了。百合這才發現那是一道比普通的門都還要更厚重的鐵門。踏進房間後，房間四周傳來咖搭咖搭的聲音，不斷來回響盪，十分古怪。

「趕快搜索，趕快出去！」百合對偉祥叫道。

偉祥猛力點點頭。聽到周遭不斷發出古怪的聲音，偉祥看起來有些腳軟，不過聽到百合的號令還是迅速的開始翻找房間。

百合打開一個放在櫃子上的小鐵箱，映入眼簾便是一個封皮是黯淡銀色的資料夾，資料夾比百合想像的還要大，但是百合還是莫名的確信這就是他們要尋找的東西。

「找……找到了！」百合欣喜地大喊。

兩個人趕快按著清銷步驟，打開清消桶，拿出清銷工具，進行清銷。穿著防護服，防護服裡好像蒸籠一般，讓人幾乎喘不過氣；全身汗如雨下，衣服都黏在身體上十分不舒服。但是他們還是逐步完成清銷工作了。

「趕快出去吧！」百合輕快地說道。兩人還是互看了一眼，露出今天第一個笑容。他們快步走到出口，推開了大門，看見了前方來時的小屋與遠處的大海，一股成就感升起環繞在心頭。走近小屋，發現正在門口閒晃的嘉平的身影，更讓百合安下心來。

「李嘉平！」百合揮動著手叫道。

嘉平看到百合與偉祥，臉上也露出了笑容。

【小知識】

林賢鑫

※化學防護衣分類(根據美國環保署EPA分類) [1]

本章節提及，當人員進入輻射災害、化學物質、生物戰劑汙染之區域時，除配備個人輻射示警器等偵測汙染源之器具外，亦須穿著於特定場所中所使用之防護衣物，保護人員免於危害汙染物質之傷害。美國環保署EPA目前將防護衣分為A、B、C、D四種類別。

A級防護標準

最有效的呼吸、皮膚及眼睛的保護裝備，氣密式的衣著，幾乎與外界完全隔絕，可說是絕對防護。

使用裝備

- 全面式面罩的正壓、自攜式呼吸器(氣瓶，SCBA)或其他可供給氣體的呼吸防護具，氧氣供應來自防護衣的內部。
- 防蒸氣、全身式(包括抗化學性)的套裝。
- 內部抗化學性手套。
- 足尖和腳底特殊處理的抗化學性的防護鞋。
- 雙向式的對講器(佩掛在抗化衣之內)。

•冷卻系統(非必要)。
•堅硬的帽子(穿在抗化衣內,非必要)。

選用時機

•已確定該種化學物質,且需要佩帶最好的皮膚,眼睛及呼吸系統之防護具去執行。
•測量蒸氣,氣體或微粒的濃度。
•對於及可能會濺出,浸泡或暴露在預期之外的蒸氣、氣體或材料的微粒,而有害於皮膚或可由表皮吸收的工作或操作。
•當危害物到達或懷疑可能會到達對皮膚造成傷害的程度,或是皮膚有可能會去接觸到危害。

B級防護標準(只能使用在排除懷疑氣體可能會造成皮膚高傷害或會經由表皮的吸收的時候)

最高等級的呼吸系統保護與較次等級的皮膚保護,也就是抗化衣只能提供對潑灑的防護,無法提供對蒸氣的防護。在辨識毒劑種類之前,進入現場最起碼必須著此級防護。

選用時機

- 此類型為已確定該種化學物質，除皮膚外需要佩帶最好的之防護具作保護，牽涉到氣體。
- 為特殊物質，在IDLH以上並不造成嚴重的皮膚傷害。
- 不會影響純化空氣的人工呼吸器。
- 氣體中氧氣含量保持在19.5%以下。
- 利用可直接讀出有機氣體的偵測儀器去查出不完全確定的氣體或蒸氣是否存在，如果懷疑氣體可能會造成皮膚高傷害或會經由表皮的吸收的時候，便不適用。

使用裝備

基本上與A級相同，有全面的呼吸防護具，唯衣物方面對於皮膚的保護能力較差。

C級防護標準：定義為使用空氣濾清罐（防毒面具）即可的防護等級

使用和B級防護相同的皮膚保護裝備，但呼吸防護系統較差(採用全罩式或半罩式的空氣過濾面罩air-purifying respirators)，使用於已確認且濃度可被偵測，可能隨空氣散播的毒化物。

選用時機

- 空氣污染，液體的噴濺或其他直接碰觸但不會對裸露的皮膚造成過度傷害的時候。
- 已經確定空氣污染的濃度，且測出污染程度只需濾毒罐即可去除污染物的時候。
- 符合所有空氣純化人工呼吸器的使用標準。

使用裝備

基本上與B級相同，使用次一等的呼吸防護具。

D級防護標準

不含任何呼吸器，一般的工作服，僅有些許的皮膚保護功能，不應在有危害呼吸或皮膚的情況下使用。

選用時機：

- 氣體不包含未知的危害物。
- 必須降低噴濺，浸泡或意料外的吸入及碰觸等潛在因素所造成之化學性傷害的程度。

使用裝備：

- 工作褲。
- 安全鞋。
- 安全玻璃或防化學噴濺的護目鏡。
- 硬帽。

想當然爾的，級數越接近A級的防護衣保護能力最強，然而相對的負荷較大（重量較重、密閉性強），對於人員的體力是一大考驗。因此，除了考量現場的毒性環境（如果不能確定毒性，則穿Level A）選防護衣，也會考量體力極限及中暑問題進行人員輪替。

倘若進入的區域有輻射暴露的危險性，除了穿著防護衣以外，進出人員會佩帶人員劑量計或輻射劑量警報器於防護衣內（避免遭污染），確實度量、記錄人員接受的幅射劑量，用以評估健康的影響。

生物性四種防護衣

生物性 **A** 級
（氣瓶式防護衣）

生物性 **A** 級
（呼吸器全罩式防護衣）

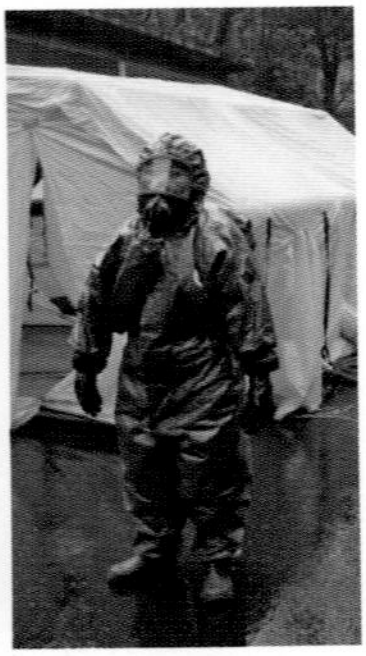

生物性 **B** 級
（呼吸器頭罩式防護衣）

生物性 **C** 級

參考資料

[1] United States Environmental Protection Agency. Personal Protective Equipment. Washington, DC: United States Environmental Protection Agency. Retrieved September 10, 2017, from the World Wide Web: https://www.epa.gov/emergency-response/personal-protective-equipment

[2] 認識個人防護。行政院環境保護署毒災防救管理資訊系統。民106年9月1日。取自 https://toxicdms.epa.gov.tw/PublicTell/Default.aspx?p=2

【軍陣醫學實習課程實錄】

左營海軍基地 艦艇潛艦參訪（第八天 106.6.2）

陳穎信

磐石艦前合影－全體師生於中華民國最大的軍艦－磐石艦前留下歷史鏡頭。

磐石艦內手術室－由磐石艦內醫官介紹艦內配置之手術室各項設備，有手術台、麻醉機、無影燈等，讓學生聽得津津有味。

海豹潛艦－同學們親自登上中華民國最具歷史悠久的現役潛艦，體認海軍之保衛國家歷史與重責大任。

海豹潛艦與拉法葉級巡防艦－同學們站上海豹潛艦上遠眺拉法葉級巡防艦。

12 chapter twelve

羈絆

陳玟君

羈絆

百合將清消桶遞予穿著防護衣的蕙婷進行清消，她和偉祥互相幫忙，脫去悶熱厚重的防護衣，他們像潛水上岸的泳者，大口地吸著新鮮甜美的空氣。不知是否是被熱到，被汗水澆淋的倦容找不到達成任務的雀躍，有的只是更多的憔悴與異常發紅的膚色。

學長接過清銷完畢的資料夾，上頭印著兩隻面對面的大象，站在金黃色的棕梠樹下。資料夾裡放著一張地圖。學長在歪歪扭扭的等高線間竄動，研究下個目標。突然，一陣驚呼聲打斷他的思緒。

早餐的鰻魚罐頭混合著胃酸與乾糧，以海鮮大雜燴的形式倒在地板上。百合手足無措地跪在地上，臉頰泛起紅暈，百合扶著額頭，搖搖晃晃地站起來。蕙婷趕緊取出水壺要讓百合飲用，但隨後偉祥也開始嘔吐。

「妳沒事吧？」嘉平遞水給百合，她顫抖的手接過水壺，當發燙的指尖輕觸嘉平的指頭，嘉平愣了一下。水都已經到唇邊，但一陣突如其來的噁心朝百合襲來。

「嘉平，我很不舒服。」百合虛弱地說。

「會不會是中暑？妳的體溫有點高。」嘉平擔憂說道。

一旁的偉祥抽搭搭地哭了起來，他淚眼汪汪地看著嘉平。「頭好痛……」

學長捲起偉祥的衣袖查看，他的手臂像斑駁的紅磚牆，佈滿一顆顆水泡與紅疹，看著令人怵目驚心。

「你們是在哪裡找到資料夾的？」學長難得露出嚴肅的神情。百合皺著眉頭，口中不知碎念著什麼。「是在一個厚重的鐵門後嗎？」百合點點頭。

聽她這麼一說，學長立刻放開偉祥，並命令嘉平立刻遠離百合跟偉祥，他指示穿著防護衣的蕙婷趕緊用清水幫百合和偉祥沖洗全身，並丟棄身上所有衣物。隨後自己也趕緊遠離。

學長扔一套全新的迷彩服給嘉平，「嘉平，你也趕緊去沖澡，剛才和他們距離這麼近，要是也被輻射汙染就糟了。現在這套衣服趕快脫下來，我幫你們拿去扔。」學長平穩地說道，但是語氣裡的嚴肅卻是藏不住。

嘉平和蕙婷面面相覷。想到方才百合和偉祥的症狀，嘉平有不好的預感。他猜想會不會是輻射中毒。

「發生什麼事了？他們怎麼了？」蕙婷問。

「他們是急性輻射中毒，鐵門後面有高劑量輻射線，門上應該會有標示呀！不知道那兩個白癡在幹嘛，眼睛這麼大是拿來裝飾的嗎？我已經叫他們去沖洗了，但依他們剛才的症狀來看，應該接受不少劑量的輻射線。小島南部有一間醫務所，裡面設有輻射隔離病房，你們等會馬上把他們送上車。」

嘉平點頭如搗蒜，看來事情比他所想的還嚴重。

「學長，那內衣褲……」

「也要換。」

「可是沒有換洗的……」

「囉嗦什麼！叫你換就換！」

「是……」

醫務所位在小島的最南端，外觀是一層樓的平房，看起來相當簡陋，很難想像裡面竟設有輻射隔離病房。學長停妥了車，嘉平他們攙扶著偉祥跟百合前往醫護所。進入大廳後，他們驚覺這裡沒有 NPC 護理人員駐守，因此他們必須要自己想辦法。

嘉平他們把偉祥和百合送上病床後，便到隔離病房外討論對策。

「我建議先給他們注射止痛藥就好，我剛才用儀器感測，他們的輻射暴露量高達八西弗，這裡醫療設施不足，根本無法為他們治療。」

學長的聲音低沉緩慢如撒旦的耳語，嘉平愣愣地望著學長，他感覺腦海中有千百隻飛舞的蚊蟲嗡嗡作響，蕙婷和學長的聲音聽起來好遙遠。他感到一陣暈眩，腦袋熱烘烘的，眼前的景物被暗黑侵蝕，變得汙穢不堪。霎那間，學長奸邪的面孔分崩離析，撒落一地的是嘉平破碎的心。

「你是要我們放棄他們嗎？」嘉平用盡全身的力氣才吐出的話語聽起來卻是那麼地乾癟無力。

學長嘆口氣，「不是放棄，只是我們現在能做的也只有這些了。」他說得很是無奈，但這一席話卻讓嘉平的怒火直竄嘴角。

「你什麼都還沒嘗試！這不叫放棄叫什麼？」他怒吼著。

蕙婷溫柔地握住嘉平，說：「我知道你看重百合和偉祥，誰都不願意就這麼放棄他們，但我們得認清現實，我們的能力不夠啊！」

「但是……」

「難道你有更好的方法嗎？」

嘉平禁聲不語。

一句能力不足就能推卸責任嗎？就能放棄嘗試嗎？他們堵死所有希望，又來問他有什麼辦法，真是太卑鄙了！當然，他也不是不瞭解他們所說的道理，只是百合與偉祥的生命曾經繽紛燦爛如春日綻放的鮮花，如今雖已凋萎，學長和蕙婷竟能毫無猶疑地將它們連根拔起，他們的狠心令嘉平一陣冷顫。

「我先幫他們打止痛藥，然後我們進行觀察。李嘉平，你好好冷靜思考，有任何更好的解決方案都可以提出，如果能減輕何百合和郭偉祥的痛苦，我們都會盡己所能去做。」他不過是隻初出茅廬的小羊，知識掌握在學長手中，他能有什麼解決方案呢？學長現今的理性在嘉平看來是多麼的噁心。他的血肉畢竟是由電腦程式構成的，他早該認清這點，不是嗎？

學長拍拍嘉平肩膀後便拖著腳步離開，蕙婷隨後也離開，冰冷慘白的牆面映著嘉平的影子，空蕩死寂的長廊裡他與影子面對著鉛門後仍在沉睡的百合。

嘉平和蕙婷坐在護理站，盯著監視影像。短短兩小時內，百合昔日的光鮮亮麗已不復見，躺在床上的是一腐爛流膿的肉塊。灼紅的皮膚透著如火吻過後不正常的光亮，並散布著紅疹；潰瘍處流出乳酪般濃稠的白色汁液，幾處壞死的肌膚變得灰白如曬乾後的青苔。病榻上的百合看起來毫無生息，若非一旁的生命監測儀，嘉平還會真以為那裡是太平間。

與百合初識時情景仍歷歷在目，那是開學前的周末，嘉平提早兩天來搬寢室。豔陽依舊炙熱，湛藍的天空配著幾朵稀疏的白雲，盛夏的風是熱的，吹得大汗淋漓的嘉平頭昏腦脹，手裡沉甸甸的紙箱搖搖晃晃。他想著，山林裡沁涼的小溪、混著小碎冰的芒果汁、巧克力薄荷口味冰淇淋⋯⋯

「你沒事吧？」清脆的聲音將嘉平拉回現實。他轉頭一望，不由得倒吸一口氣。

女孩穿著白色碎花背心和七分牛仔褲，入伍訓後短髮與雪白的膚色配上她炯炯有神的眼睛，讓她發散著熱帶島嶼女人特有的活力與光采。她的神色有些擔憂，知道這女孩為他憂心，嘉平有種說不出的喜悅。

「還好嗎？」女孩又問了一次。

「啊！嗯⋯⋯」嘉平回神道：「可能中暑了，頭有點暈。」

「你汗流了整身，看起來不像中暑，有可能是熱衰竭。你趕快去補充水分吧！現在日頭正大，要是真的中暑可就糟了。」女孩邊說邊遞給他一瓶運動飲料，「這瓶送你，我剛剛才買的，還沒開封過。」嘉平放下手中的紙箱，注視著女孩清澈的眼眸，他無法思索她話裡的意涵，只是反射性地接過飲料。

她淺淺一笑，要他保重，之後便轉身離開。

嘉平獃望著女孩的背影，他忽然想到自己忘跟她道謝。燠熱難受的夏日，蟬聲此起彼落，嘉平的心也躁動不已。

後來，他知道她名叫何百合、知道她愛吃堅果配青木瓜絲、知道她笑的時候右邊眉毛稍微抬得比較高、知道她細白綿軟的小手容易出汗、知道她的堅強與外向有時是裝的，而藏著那背後的是一顆纖細柔軟的心……

嘉平不明白他對百合的純純愛戀何時演變成至今這種模樣，他甚至懷疑當初那份情感根本不是愛戀而是迷戀。然而這份情感是確確實實存在的，他的心曾經只為她而鼓動，那時她也是他眼底唯一的身影。近來他一直對百合感到莫名不滿，如今看著奄奄一息的百合，嘉平覺得自己愚蠢萬分，這一刻對她的種種不滿都化為灰燼，現在他只想將她摟在懷中，讓他的吻像鳥群停在她肩上。

監視影像裡，百合半開的眼打量著病房，她的手在空中無力地揮舞，當她看到自己滿是潰瘍與膿包的手，她怔住了，似乎困惑著自己的纖纖玉手怎麼被人調換了。

「叩叩！」

「誰？」

「是我，嘉平。我可以進去嗎？」百合靜默不語，他猜想百合正猶豫著是否該讓他看到自己這副模樣，不久後嘉平擅自開門進入。

看到身著輻射防護衣的嘉平，百合一臉困惑。當嘉平步步向她逼近時，百合試圖用被單遮掩潰爛的肌膚。

「嘉平，你怎麼穿著防護衣？」

「這是為了更接近妳呀！」

「嘉平，你的眼眶為什麼這麼紅？」

「這是被為妳滴落的血淚給染紅的呀！」

「嘉平，你說話為何如此肉麻？」

「這是為了讓妳知道我是在乎著妳！」

百合呆愣地看著他。

嘉平向百合解釋他們現在的處境，當他解釋完，他等待著百合依偎在他懷中哭泣，而他會輕撫她的背，告訴她一切都沒事的。沒料到百合露出慣有的笑容說：

「那你們趕緊出發吧！我和偉祥沒事的。」

啊？都已經病成這樣，怎麼會沒事呢？耐痛度和免疫力都變成正常值了啊！照理說她不可能會這麼平靜才是。

百合再次向他強調：「你們留在這也於事無補，趕緊去完成任務吧！」

「不痛嗎？」

「我們不會有事的。」百合笑著說。

「不痛嗎？」

「你們趕快找到統領就可以拯救大家了。」

「何百合，」嘉平再次發問，「妳不痛嗎？」

百合愣愣地注視著他，臉上的笑容漸漸垮了下來，淚水浸透她的眼，緊抿的雙唇輕輕顫抖。

「你幹嘛一直問？怎麼可能不痛！都痛進骨子裡了！」百合哭喊著，一邊拭去不停滑落的淚水，「但這有什麼用？如果死亡是無法避免的，我們也只能接受它不是嗎？現在我們的存在只會拖累任務的完成，嘉平，你就別管我們了。」

「怎麼能不管！」

「你……你什麼也做不了啊……」她悠悠地托出這句話，這是一句殘忍的話，至少對百合而言。

「我的確做不了什麼，但讓我陪陪妳也好。」嘉平搖搖頭，淚水如洩堤般滿溢而出。

百合低頭抿著嘴，若有所思。

「我不需要你陪。」百合發出游絲般的耳語。

「我不需要你陪，嘉平。」這次她的聲音更大也更堅決，「該是時機了，我們的感情早就有了裂隙，在它潰堤之前，就此止住吧！」

嘉平握著百合的手，問：「為什麼？」梗在他喉嚨裡的是悲痛、是乞求，他暗自抱怨過百合的種種，但他從未想過這麼快了結讓他倆的緣分，更何況是由百合親口提出。

「你要了解，我是在乎你的，但就算不是今天，我們的感情也遲早要走到盡頭。能和你成為情侶，你不知道我覺得自己是多麼的幸運，但我明白你總在勉強自己配合著我，嘉平，感情是勉強不來的。」百合的聲音是如此溫柔而甜美，他怎麼現今才又意識到？「你能為我做的最後一件事是趕緊達成任務，你做得到嗎？」

嘉平哭喪著臉，紅通通的鼻子掛著兩條鼻水，他用力地點頭，同時又要避免鼻水被甩出來。她一直都知道，知道他笑容背後的卑鄙思想；她和他一樣，不是無法去愛，只是倦了。他抱住百合，心中滿是不捨，她的溫婉繾綣將不再屬於他、她眼底的愛意也不再為他流露。縱然關係結束了，但感情真的可以說斷就斷嗎？

百合放開他，催促嘉平離去。

鉛門闔上前，嘉平瞟百合最後一眼，那時她的笑容是如此地祥和。

嘉平才準備告訴蕙婷自己已經下定決心要去完成任務，沒想到蕙婷先說：「決定好了就趕快出發吧！」嘉平大吃一驚，眼神飄向一旁的監視銀幕。

「我沒有偷聽你們說話，你進到病房後我就把銀幕關掉了。」聽她這麼一說，嘉平才鬆了口氣。

「擤擤鼻涕吧！鼻水都要拖到地板了。」蕙婷遞給他一張衛生紙。

「我們去找學長吧！」嘉平的聲音帶有很重的鼻音。

「嗯。」蕙婷點頭，「嘉平，你啊，不要覺得學長狠心。」

「我知道。他是NPC，本就沒有情感，我早該認知這點。」

蕙婷嘆口氣，雙手抱胸說：「當你睡得不省人事時，是學長早起為我們準備午餐；百合和偉祥輻射感染爆發當下，是學長留在原地為他們進行緊急處置，你要知道，那時他根本沒穿防護衣。如果學長是沒有情感的NPC，他為什麼要做這些事？」

嘉平紅腫的眼飄向它處，他支支吾吾，不知如何回答。此時此刻，他才意識到自己什麼也沒付出，竟認為自己有資格對別人品頭論足？只因別人沒表現得和自己一樣傷痛，就認為他沒血沒淚？嘉平低下頭，他因羞愧而脹紅著臉。

「對不起，是我太幼稚了。」他說。

「你知道就好。」

「我就是這樣，百合才離開我的吧！」嘉平露出苦笑，好不容易止住的淚水在他眼眶打轉。

「是呀！你總是這樣。嚴以待人又總在錯誤的時機心軟；容易隨波逐流又經常為著自以為是的正義不知道在堅持什麼；不肯完全敞開心扉卻又害怕自己被丟下；總是口是心非又愛裝得一副老好人樣。」蕙婷劈哩啪啦說得嘉平慚愧地低下頭，他才剛經歷來自百合的傷痛，為何蕙婷要對他這麼嚴苛呢？雖然他本就不期望蕙婷會安慰他，但聽到她這麼不加修飾地直指他的缺點，還是頗傷人的。「但是，」她接續說，「百合就是喜歡這樣的你。」

「妳怎麼知道她這麼自虐？」前面說了一拖拉庫的缺點，最後才補上一句安慰話未免也太遲了。

蕙婷挑了挑眉，「我怎麼會不知道？」

嘉平眨眨眼，她說這話什麼意思？他的沉默讓護理站染上尷尬的氣氛，蕙婷也侷促著。

「我們去找學長吧！」蕙婷打斷他的思緒，沒等嘉平回答她便快步離開了。他看不見蕙婷的表情，但她燥紅的耳朵他是看得鐵錚錚的。

他們在後方的辦公室找到學長。辦公桌上擺著銀色資料夾、一張標著座標的小紙條和地圖，地圖有一處用紅筆畫了記號。學長正打著盹，當手裡搖搖欲墜的紅筆撞擊地面時，他驚醒過來。

他睡眼迷離地望著嘉平，問：「怎麼了？」

「學長，抱歉，剛才我的口氣太差了。」嘉平道，「我剛剛跟百合談過了，我想繼續出任務。」

學長露出狡黠的微笑，「沒什麼，你的反應就是臨床病人家屬會有的反應，而且你要溫和多了，回個兩三句就惦惦了，哈哈……真沒用。」嘉平淺淺一笑。

不久後他們前往小碼頭，開船出發。

黃昏之際，紫灰的軟雲壓在海平面上，半掩的夕陽將天空燒成橘紅色，上方藍灰色的天襯著亮橘色的雲朵，他們是一葉疲憊的扁舟，搖搖晃地漂泊在灑滿細碎殘陽的海面。看著這副景色，嘉平感到熱淚盈眶，現在的百合和偉祥或許也像夕陽般逐漸被這個世界吞沒吧！他驕傲地當了三年的醫學生，但在死亡面前他竟是如此地無能為力。

海風輕拂著他們的面龐，嚐起來有點苦澀。船隻不知航行了多久，他們就這麼靜靜地望著海面，沉重的心情稍稍恢復。

「你們肚子餓了吧？這些麵包拿去。我早上在醫療補給站找到幾瓶海鮮酸辣醬，配著吃應該還不錯，不然這些乾巴巴的麵包嚐起來太乏味了。」學長邊說邊拿出一罐玻璃瓶，裡頭有點透明的紅色醬汁讓嘉平看得胃絞痛了起來。

學長幾乎用掉了半瓶酸辣醬，嘉平搞不清楚他是在吃麵包配酸辣醬，還是喝酸辣醬配麵包。

「學長，你知道為何這個世界會有這麼多場景嗎？除了我們的測驗內容外還有小島、海面、山林……它們究竟為何存在？」蕙婷問。

「在我最初有意識時，這個『世界』的規模還很小，只有樹人基地跟這個島嶼，其他東西是設計者後來慢慢加進來的，每個區域都有各自的關卡。你們被丟進來之前，系統測試只著重在原先測驗的區域，但現在事情演變成這樣，整個世界都快要被你們給走遍了呢！」

「那學長你究竟是為何而存在的呢？測試者讓你擁有自由意識究竟是為了什麼？」嘉平問。

學長苦笑著，「你問了一個我也不知道的問題呢！」

天色越來越暗，殘陽幾乎被大海吞噬，天上的星子也逐漸多了起來。在這個沒有光害、沒有汙染的世界，壯闊的銀河如牛奶般傾灑在偌大的深藍畫布上。仰望星空的嘉平瞭解這是虛擬影像，但還是不禁為眼前這副美景感到震撼，這一刻是多麼地神聖且充滿靈性。在滿天星子的簇擁下，他感到前所未有的孤寂。

「李嘉平你哭什麼哭呀！我現在要教你們如何在晚上航行，你眼淚擦一擦，等一下看不清楚可別怪我沒提醒你。」嘉平拭去不知何時落下的淚水。

「太陽下山後我們就沒辦法目視航行，必須要靠天空的北極星來辨認北方，不過要怎麼找到北極星呢？我們要先找到北斗七星，你們看那七顆排列成斗狀的星星就是了，沿著斗口的兩顆星連線並朝開口方向延長約五倍，就是北極星了喔。」嘉平和蕙婷的手在空中比劃著，延線處有數個明滅閃爍的星子，嘉平眉頭輕鎖，只覺困難至極。

「話說你們幹嘛總是這副癡呆的表情看這天空，沒看過是不是？」學長誇大模仿他們發呆的表情，嘉平敢發誓他看起來絕對不是那副蠢樣。

「確實是沒看過。」嘉平說。

「嗯？為什麼？」

「現實世界裡的光害很嚴重，平常只看得到寥寥幾顆星星。如果要觀星的話，通常要到高山上或是東部才行。」

嘉平繼續抬頭望著佈滿星斗的廣闊蒼穹，每一顆閃爍的星子都有著數以千萬計的行星，被夾在無涯的夜空與大海之間的嘉平，此時此刻他深深感受到自己的渺小。人的生命如塵埃般輕盈，又如蜉蝣般短暫。也許當時忌妒、悲傷、憤怒是那樣地強烈，但相信事過境遷、驀然回首，吟釀出的會是另一種陳年老酒的滋味。豐富了生命的厚度與底蘊。

與百合再一起的這兩年有喜也有悲，但不論哪種，對他而言這些都是無可抹滅的珍貴回憶。

船隻悠悠地盪著，滿載的愁緒隨著波浪的晃蕩溶入深沉的海洋。

到了地圖標示的位置，隱隱約約可以看見附近有個鐘形的浮標上下浮動。學長拿起手電筒探照，發現浮標上有著和銀色資料夾上一樣的標誌。

「看來下一個提示應該就在這下面，我潛下去看看。」學長邊說邊換上潛水衣。

「不會有事嗎？現在天色很暗，要不明天再潛下去？」蕙婷擔心地說。

「別擔心，我在海軍服役的時候有受過訓練，那時我的成績可是頂呱呱。」

學長戴上氧氣瓶和繩轆，交代何時要將他拉上來後就轉身跳入漆黑的大海，不見蹤影。

【小知識】

輻射傷害醫療處置

陳郁欣

輻射的種類

一、輻射有五種基本類型[1]

1. α粒子：由兩個質子和兩個中子組成的帶電粒子，通常由重原子核例如鈾、鈽和鐳所釋放出來。穿透性低，無法散播到遠處(在空氣中行進數公分，在一些低密度介質中只有數公釐)。放射性同位素放出α粒子無法穿透皮膚，故不會傷及底下的組織，但仍會對皮膚造成傷害；若是吸入或攝入而造成體內污染，就會難以去除輻射汙染。

2. β粒子：從同位素例如氚(tritium)和鍶(Sr)-90之原子核發射出的電子。β粒子能在組織內穿透短距離(幾毫米)，及在空氣中傳播達數公尺距離。若大量會釋出β粒子的放射性物質沉積在皮膚，會損傷皮膚基底層，通常被稱為輻射灼傷。

3. γ射線：一種可從放射性同位素釋放出的非粒子性電磁輻射(波長比紫外線更短)，並能夠產生電子游離。生物體外曝露γ輻射醫療上可用於影像檢查及腫瘤治療，但過量或非計畫性輻射暴露，如輻射鋼筋或放射腫瘤治療，仍可能會導致體內器官損壞，而造成個體損傷。因此，γ射線的體外照射醫療上是特別被注意的問題。密度高的材料如鉛，則可以被用來屏蔽γ射線。

4. X射線：來源與γ射線不同，發生在原子核外，性質則與γ射線相同。

5. 中子：不帶電的粒子，會在核分裂及一些非破壞性檢測的過程中放射出來，中子是唯一有能力讓受曝露物體轉變為放射性物質的輻射(中子活化)。

輻射暴露與輻射汙染

一、輻射暴露：當一個人接受游離輻射照射，即稱為受到「曝露」。在輻射曝露的情況下，沒有物質轉移。也就是說，受體外輻射曝露的病人身上並不會殘留放射性物質，對輻射處理小組或醫療人員而言不會有輻射危害的問題。

二、輻射汙染：當一個人被偵測出體表/體內帶有高於背景值的放射活度，即被認為受到輻射物質「污染」。

三、控制汙染擴散的方法：適當使用防護衣保護輻射偵檢除汙工作人員、管制污染區的出入、以口罩預防放射性物質擴散到空氣中，及適當的人員輻射吸收劑量監控都是常見的作法。其他方法則包含：使用負壓、避免可能會造成顆粒懸浮的動作、覆蓋或進行除汙等等。

單位

輻射量	專用單位	定義	國際單位	兩者關係	附註
放射度 (Activity)	居里 (Ci)	$3.7*10^{10}$d/s 一克鐳每秒的蛻變數	巴克(Bq)	1 Ci =$3.7*10^{10}$Bq (1Bq=1 dps)	放射源強度的單位
吸收劑量	雷得 (rab)	100erg/g	戈雷(Gy)	100 rad = 1 Gy	物質吸收的輻射能
等效劑量	侖目 (rem)	rad*Q	西弗(Sv)	100 rem = 1 Sv	表示人體受傷害的程度

表一
(來源：[1])

一、放射活度：

放射活度是量化放射性物質「強度線性」的概念。活度降低到初始值的一半所需的時間稱為半衰期 (half-time)，半衰期無法經由外部力量改變。

二、輻射曝露 (exposure)：

定義為輻射在單位重量空氣所產生的電子游離量，美國的單位為侖琴 (R)，而國際單位 (SI) 則是庫侖/公斤。這個曝露單位是「空氣中輻射造成的電子游離量」，能量還未進到組織中。

三、吸收劑量：

測量有多少能量進入到一個特定的身體組織，在輻射醫療相關的急性效應中，普遍認為最適合的單位是戈雷。

四、等效劑量：

可說是「一單位的某種類型的輻射產生了某個程度的傷害，而另一種類型的輻射要產生同等程度的傷害需要多少劑量」之間的換算常數。西弗 (Sv) 這個單位是由戈雷 (Gy) 乘上 WR 或 QF 所產生的，西弗對應於美國的單位為侖目 (rem)。X 射線或 γ 射線的輻射加權因數 (WR) 是 1，因此以 γ 射線為例 100 rad x 1 =100 rem，或 1 Gy x 1 =1 Sv。職業劑量限制值是以侖目或西弗作為單位，主要用於風險限制與確保輻射工作人員劑量遠低於

	侖目 (rem)	毫西弗 (mSv)
非職業限制		
全身（體內 + 體外）	0.1	1
眼球水晶體	1.5	15
皮膚	5	50
職業限制		
全身（體內 + 體外）	2	20*
任何個人器官	n/a	n/a
眼球水晶體	2	20★
皮膚	50	500★
四肢	50	500★
胎兒劑量（宣告懷孕－剩餘孕期）	0.1	1★

＊我國的標準為每連續五年週期不得超過 100 毫西弗，且單一年內不得超過 50 毫西弗。

★與我國標準相同。

表二
（來源：[1]）

引發急性效應之閾值。

個人防護

一、個人防護ALARA(As Low As Reasonably Achievable：合理抑低）是人類關於游離輻射防護的基本理念：一個人應該避免不必要且無利益的輻射曝露風險。時間、距離和屏蔽是最重要的考量。

二、輻射污染的傷患一般不會對醫護人員造成輻射曝露的危險，防護衣的目的簡單地來說就是用來隔離個人皮膚或衣物上的放射性物質。醫療人員應進行污染監測。如果需要，在治療傷患及幫傷患除污後，醫療人員本身也需要除污。標準規格的微粒防護口罩（呼吸面罩）可以對大部分放射性物質的攝入和吸入提供良好的防護，而手術用口罩則無法用於呼吸防護。

急性輻射症候群

一、急性輻射症候群(Acute Radiation Syndrome：ARS) 是一種患者在24小時內暴露於大劑量的游離輻射下導致的症候群，症狀可持續多達數個月，起因於全身或身體的一個主要部份，在很短的時間內，自體外曝露接受到大於1戈雷的輻射劑量(高劑量率)。在這種情況下，全身可被視為從膝蓋以上到手肘。劑量重建、嘔吐時間、淋巴球和嗜中性白血球變化曲線、臨床病史出現的徵兆、症狀之時序，和一些生化標誌，皆可用於早期劑量的估算。在考量輻射曝露或輻射除污之前，需優先注意內科腸胃及神經症狀和需外科切除壞死組織及肢體之緊急醫療狀況。

二、急性輻射症候群是一種急性疾病，發作時間可從數小時到數週。病情通常遵循以下模式：前驅症候/症狀→潛伏期→明顯的疾病表現期→康復或死亡。

三、ARS是人體遭受輻射照射所產生的相關症狀，包括亞臨床期(症狀不明顯；小於1戈雷)和三種次症候群。臨床症狀和全身或重要部分的身體輻射曝露及劑量有關，因此在一定的範圍內的相關症狀，可以推估身體輻射曝露劑量。

1. 各種輻射劑量閾值相關聯的一般閾值。
2. 由於骨髓再生不良導致的淋巴球減少、嗜中性球減少症、也許還包含全血細胞減少症，可能導致敗血症、出血和受損的傷口癒合不良。

表三：輻射效應(來源：[1])

劑量（戈雷）	劑量		症候群	效應
	12及以上		神經血管症候群	多器官功能衰竭 可能死亡
	11			
	10			考慮幹細胞移植
	9			
	8			
	7			給予支持治療時的 $LD_{50/60}$
	6	> 骨髓抑制	腸胃道症候群	
	5			未給予支持治療時的 $LD_{50/60}$
	4			
	3			
	2		造血症候群	無治療下的 100% 存活率
	1			
	0			

3. 一次全身體外照射急性傷害效應症狀[2]

一次劑量西佛 (1Sv=1000mSv)	一般症狀說明
小於 0.10	無可察覺症狀，但延遲輻射病的產生仍可能發生。
0.10-0.25	能引起血液中淋巴球的染色體變異。
0.25-1.00	可能發生短期的血球變化（淋巴球、白血球↓），有時有眼結膜炎的發生，但不致產生身體機能的影響。
1.00-2.00	有疲倦、噁心、嘔吐現象、血球變化（淋巴及白血球↓）後恢復緩慢。
2.00-4.00	24 小時內會有噁心、嘔吐、數周內有掉髮、食慾不振、虛弱、腹瀉及全身不適等症狀，可能死亡。
4.00-6.00	與前者相似，僅症狀顯示得較快在 2-6 週內死亡率為 50%。
6.00 以上	若無適當醫療，死亡率為 100%。

四、症候群簡介

1. 造血症候群

造血症候群的閾值一般被認為大於1戈雷，但通常直到超過2戈雷，臨床上才可能出現和造血相關的明顯疾病表現。典型的臨床表現通常會發生在事件後幾週，這是因為有絲分裂活躍的造血母細胞在全身曝露大於2－3戈雷的輻射後就無法分裂。在2－3戈雷的劑量範圍內，淋巴細胞減少，接著其他血液組成成分縮減，因而容易出血和感染，從而導致發病率和死亡率的增加。急性輻射性疾病複合傷害，在出現身體有創傷時，存在著輻射劑量和創傷間的相互加成關係。有燒傷或有傷口的急性輻射症候群傷患，因為造血功能抑制，往往會有傷口癒合不良、出血和感染的情形。

2. 腸胃道症候群

(1)1 Gy即有症狀。

(2)腸黏膜上皮細胞受損；腸壁潰瘍、壞死、穿孔。

(3)腹瀉、血便。

(4)脫水、電解質不平衡、營養不良。

(5)腸炎、細菌感染、腹膜炎、敗血症。

3. 心血管和中樞神經系統症候群

(1)大於2 Gy即有症狀。

(2)大劑量(6Gy)可直接造成神經元傷害(24－72小時內因休克死亡)。

(3)症狀：

A. 嘔吐、嗜睡、意識不清、步態不穩、抽搐。

B. 低血壓(治療效果不佳)。

C. 淋巴球數目接近零。

輻傷意外的醫療處置

一、輻傷病人處理步驟[2]

1. 詢問並記錄曝露病史。

2. 詢問並記錄臨床症狀。

3. 理學檢查。

4. 實驗室檢查。

5. 如何判定核污染

(1)體外汙染偵檢(初步輻射偵檢器掃描)。

(2)體內汙染偵檢。

(3)輻射劑量與嘔吐之關係。

6. 除污

(1)體外除汙。

(2)體內除汙。

(3)傷口除汙。

7. 醫務監護

二、傷病患處理流程圖

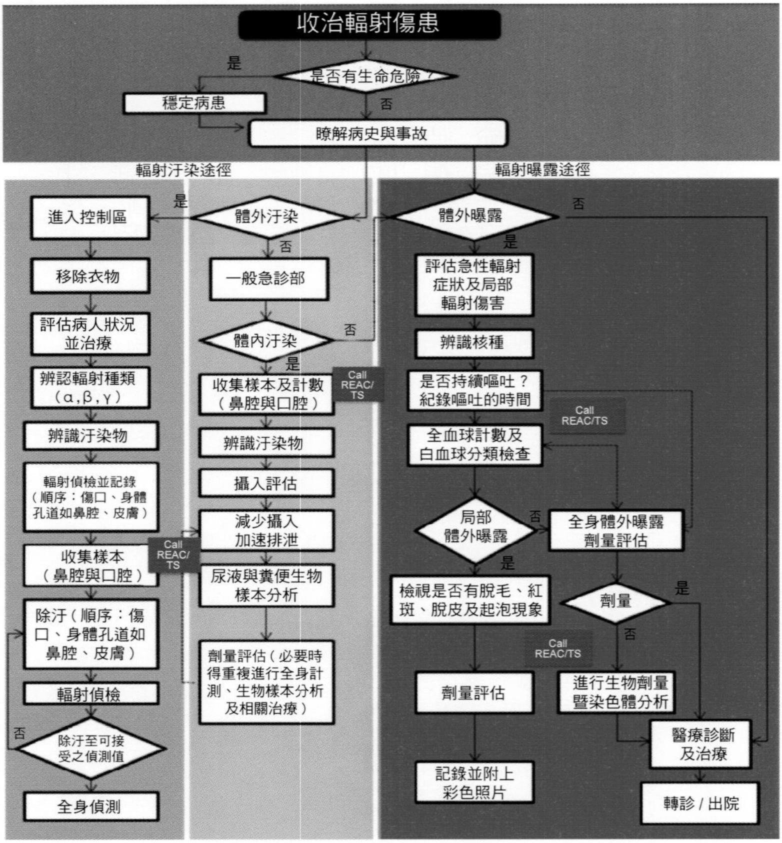

圖一
(來源：[1])

參考資料

[1]衛生福利部臺北區緊急醫療應變中心(譯)(民104)。輻射傷害醫療處置(原作者：美國能源部國家核子保安總署DOE/NNSA輻射緊急事件支援及訓練中心REAC/TS)。新北市：行政院原子能委員會。

[2]三軍總醫院核子醫學部邱創新醫師上課講義

【軍陣醫學實習課程實錄】海軍水下作業大隊參訪（第八天 106.6.2）

陳穎信

海軍蛙人跳水－由海軍水下作業大隊隊員們示範著全副潛水裝跳水動作。

潛水訓練池－穿著潛水裝之海軍水下作業大隊隊員自潛水訓練池上升登岸。

潛水裝備介紹－海軍水下作業大隊教官講授潛水裝備。

水中潛水訓練－潛水人員於潛水訓練池中進行搜救示範。

水中潛水救援－模擬墜機機艙於水中進行潛水搜救。

合影－校長司徒惠康將軍（左二），陳穎信總教官（右一）與兩位臺大醫學系學生潛水訓練池前合影。

13 chapter thirteen

背水一戰

陳瑄妘

背水一戰

看著學長潛下去的地方，掀起的漣漪也漸漸消失，海面回復一片平靜。茫茫一片大海，只剩嘉平與蕙婷兩人孤零零的在小船上。不只這片大海，事實上這整個世界也只有嘉平與蕙婷兩人，就算學長擁有完全獨立的思考、心靈，終究也只是虛擬世界裡的數據。

幸好經過這次測驗，蕙婷與嘉平之間的氣氛好了許多，幾乎可以找回小時候感情很好每天玩在一起時的感覺了。現在就算只有兩人待在一起，也不會覺得尷尬了。

嘉平微笑起來，找蕙婷搭話：「希望這是最後一個線索了！不要又找到一個地圖叫我們去其他地方。」

「是啊，」蕙婷也說：「為了找線索去了好多地方。要不是這次系統失常，也不會知道這個系統中還有這麼多地方可以去。不禁讓我懷疑這個系統中是不是真的包含一個世界，如果花更多時間的話，會不會發現這個世界其實很廣闊，有城市、還有村莊……」

「說不定喔，畢竟學長都說他在這裡生活了嘛。」

「不過我想應該沒有這麼厲害吧，」蕙婷嘆道，「再怎麼樣逼真，這個世界畢竟還是人創造出來的。不知道那個創造人和不知道這個世界變成這樣……」

「如果見到他一定要問問他……。」嘉平贊同。

兩人閒聊了一會兒，學長卻一直沒有發出將他拉起來的訊號。伸入水中的繩子依然平靜地順著海面輕輕晃盪。蕙婷不禁開始有點擔心，「學長沒問題嗎？」

「再等一下。」嘉平冷靜地說。

兩人有些緊張的盯著繩子，突然學長的繩子抽動了一下。兩個人馬上合力拉回繩子。他們原本打算往後倒，靠重量將學長拉起來，不料繩子卻比想像中輕，兩人一下子就跌坐在船板上。兩人趕緊將繩子拉上來，卻看到繩子上只綁了一個塑膠袋，裡面有一顆銀色半透明的球。

「這是……」蕙婷遲疑。

「應該就是我們要找的線索吧！」

「那學長呢？」蕙婷慌忙地趴到船沿查看水面，卻沒有看到學長的身影。

天空已經暗了下來，嘉平趕緊打開船上的探照燈。黑壓壓的海面上唯有小船的光芒微不足道的想要驅趕披天蓋地而來的黑暗。

兩人將繩子上的塑膠袋拿下來之後，又將繩子放回海中。除此之外，他們別無他法。只能乾等著，希望學長能夠在下一個瞬間冒出頭來。

這時候，水面開始發生干擾晃動，學長的頭露了出來。

「學長！」蕙婷開心地叫道。

「等等，後面好像有什麼東西在追他。」嘉平說。海洋一片漆黑，看得不是很清楚，但是學長十分慌亂地往這邊游過來，好像在躲避著什麼。游到一半，學長還拿出小刀，似乎是在跟水中的生物奮戰。

嘉平與蕙婷趕緊啟動馬達，將船朝學長的位置開過去。接近學長後，兩人奮力將在混亂狀態中的學長拉上小船。在混亂中嘉平一晃眼看到了水中的謎之生物，說是魚，卻也不像。比普通的魚還要大上好幾倍，找不出牠的頭在哪裡。全身滑溜溜的，還有好幾個大疤痕，應該是被學長劃出來的。

嘉平也來不及更仔細的看清楚那個生物，蕙婷便發動馬達全速駛離了那個地方。全力行駛了一陣子之後，嘉平卻發現學長的樣子有些不對勁。學長躺在甲板上不停的咳嗽，嘉平拍打呼喚學長，他都只是作出掙扎的樣子，表情好像很痛苦。

「怎麼會這樣？」蕙婷慌張道。

嘉平雖然也很緊張，但是還是冷靜地想了想，說道：「說不定學長得了潛水夫病。」

「潛水夫病？啊……」

「把學長拉上來的時候，我就發現他的氧氣瓶掉了。有可能是被那個生物攻擊的時候，氧氣瓶不小心掉了吧。吸不到氧氣，學長慌張之下，可能就直接浮上水面了。在沒有注意到減壓的情況下直接浮出水面，很有可能會造成潛水夫病。」嘉平分析道。

蕙婷點點頭，覺得很有道理。「只是現在該怎麼辦？」

「應該讓學長吸氧氣，最好是可以做高壓氧治療，只是不知道島上有沒有設備……。」

「不管了，先到島上再說！」

一路上兩人不再說話，只是盯著小船前進的方向，希望小島能夠更快出現在視線當中。

終於將船開到島上，兩人合力抬起學長，搬動的過程學長似乎清醒了一點，小聲告訴他們小島基地裡高壓氧治療艙的位置。兩人照著學長的指示，將學長搬到一個房間，房間裡有一個巨大的橢圓形艙。因為之前上課有上過，兩人知道這就是治療減壓病、也就是潛水夫病的加壓艙。加壓艙能夠在加壓的環境下，提供純氧，是治療減壓病的最好方法。

兩人將學長安放進治療艙，蕙婷研究了一下操縱臺，便啟動治療艙的開關。嘉平吁了一口氣，說：「接下來就是等待了。療程大概要三四十分鐘，希望學長的病情並不嚴重，能夠順利恢復。」

稍微放鬆下來了之後，嘉平又面帶難色地看向蕙婷：「蕙婷……你能夠在這裡顧著學長嗎？我……去探望一下百合和偉祥。」

蕙婷也跟著露出難受的表情，點點頭。

嘉平來到輻射治療的病房區，換上防護服，便要進去今天早上才去過的百合的隔離室。過了這麼久，嘉平很難想像百合已經變成什麼樣子，很有可能已經死去。一想到可能看到的慘狀，不禁讓他有些卻步。不過也不可能放著百合不管，於是鼓起勇氣推門進去。

沒想到隔離室裡面一個人也沒有，連血肉都沒有留下。嘉平雖然覺得很震驚，不過也稍稍鬆了一口氣。整個隔離室空蕩蕩的，就像從來沒有人待過一樣，連血跡都沒有。

嘉平又走到另一邊偉祥的隔離室，也是一樣空無一人。雖然不明白為什麼，不過嘉平推斷應該是因為兩人已經死亡一陣子，所以系統消去他們的數據了吧。這個推斷更提醒嘉平這只是一個虛擬的世界，他們必須要回到現實世界。

回到高壓氧治療室，發現蕙婷不在，治療艙也已經空了。嘉平一瞬間有些驚慌，不過馬上便發現隔壁的小病房亮著燈。

走進房間裡，學長正面色平靜的躺在病床上，蕙婷跟他說，現在學長身體已經穩定了下來，只是可能還需要再休息。

兩個人走出病房，嘉平也跟蕙婷說了他所見到的。並拿出學長拼命拿回來的銀色小球，「這是最後的希望了。現在學長這樣子，我們也不能太倚靠他了。現在……真的只剩我們兩個人了。」嘉平說。

蕙婷也嚴肅的點點頭，等待嘉平打開那顆銀色的球。球裡面只有一張紙條，寫著最終的地點。

「把學長留在這裡沒有關係嗎？」蕙婷有些擔心的問。

隔天清晨，兩個人站在小島基地上的停車場，這裡停了許多車子，不知道能不能發動，不過依照以往的經驗，這個世界的設備大多是可以用的。

「學長非常了解這個世界，況且他現在應該沒有生命危險，只是一時醒不來，一定沒問題的。」嘉平一邊研究著車子，一邊說。

「有了！順利發動了！」汽車發出轟隆隆的聲音，引擎轉動了起來。

太陽已經漸漸昇起，海岸也開始退潮。海洋一步步的後退，顯現出道路來。

蕙婷有些痴痴地望著海平線漸漸上昇的太陽，周圍的天空被染出一片紅紫微黃。原本深不見底的一片漆黑已能分辨出海與天空。「原來這個世界的日出也這麼漂亮……。」蕙婷感嘆道。

「走吧。我們出去之後可以所有人一起看真正的日出呢。」嘉平說。

「是嗎……」蕙婷瞟了一眼身旁的嘉平，「不過我覺得在這裡……跟你兩個人看也不錯呢。」

嘉平會意，不知該怎麼回應。

蕙婷低頭笑了起來，小聲說：「我想我大概永遠也不會忘記這次的經歷。」

嘉平抬頭望向日出的海平線與多彩的天空，說：「我也是。」

雖然嘉平跟蕙婷之間發生過不少事情、也產生過不少爭執，但最後，沒想到站在嘉平身邊的仍是她。一晃眼十幾年過去，兩小無猜也轉變成了積年的孽緣，雖然未曾開花結果，卻是一直都在。

也許有一天真的有別樣的發展，以後的事情又有誰會知道呢？

等到海水完全退去後，嘉平便開動車子駛出小島。嘉平上大學後拿到駕照，居然能在這個時候用到，令他慶幸無比。

蕙婷坐在副駕駛座，研究著地圖給嘉平指路。蕙婷指著山腳旁邊的一條道路，說：「走這裡應該就可以繞開山脈到達我們要去的地方。」

嘉平點點頭。接下來是長時間的車程，窗外的自然風景不停的變換，但幸好道路並不複雜。

車程久到嘉平都開始擔心汽油夠不夠用的時候，他們的目的地終於映入眼簾。——沒想到他們的最終目的，居然是一開始在這個世界醒來後第一個熟知的地方。

隨著車子駛進，他們逐漸可以看到第一天飛來直升機的停機坪，而那時沛玲已然中了槍傷。

沒想到他們最終又回到了樹人基地。

嘉平與蕙婷走進建築物，他們看到了沛玲中彈的大中庭，繼續走下去，是他們剛甦醒時第一次走出房間的走廊。整個基地沒有人氣，每個房間的燈也都是暗的。只是走廊上卻亮了一排的燈，彷彿像是要引領他們去某個地方。

兩人沿著燈的指引往建築物深處走去，最終被引領到了走廊的盡頭。那裡是一道厚重的鐵門。兩人打開了鐵門，赫然發現這個房間裡密密麻麻充滿了監視器螢幕，螢幕裡映照出他們的樣子，還有在其他伺服器其他同學們的樣子。

房間裡，一個人影坐在高大的旋轉椅上被周圍的監視螢幕圍繞著，背對著他們。

嘉平小心翼翼地步入房間，質問道：「你就是大統領嗎？你知道現在系統已經失常了嗎？」

「我們遇到一位遊戲裡的居民，他說來到這裡，你會幫助我們回到外面，讓我們跟同伴們重逢復活。」蕙婷也懷抱著希望地說。

「最後只剩兩個人到這邊來啊。」坐在椅子上的人說，聲音聽起來年輕有中氣，只是那個聲音似乎在哪裡聽到過……。

原本背對著他們的人影轉過身來，微微笑著。

嘉平與蕙婷卻不可思議地看著那張熟悉的臉，驚呼：「學長？」

「學長！你不是還在小島上休息嗎？怎麼……在這裡。」蕙婷不確定地問道。

那人勾起了嘴角，笑道：「學長？喔……。我很生氣你們把我丟下，於是便自己先來目的地啦？」

「對不起……」蕙婷有些抱歉地說，「那……學長你找到大統領了嗎？」

學長又笑說：「這裡一直都只有我一個人啊？啊……對了，為了獎勵你們能夠來到這裡，我來給你們看一些好玩的影片吧……。」說著愉悅地敲擊大控制台的鍵盤，螢幕上顯示出了一幕幕片段。首先是沛玲因為失去醫療器材輔助而失血過多的畫面、景輝詠星飛機失控被迫跳機、柏雍跌下懸崖、最後是百合與偉祥承受輻射傷害痛苦的畫面。

嘉平看著那一幕幕的畫面，氣紅了眼：「原來一切……都是你搞的鬼！」

「學長……怎麼會這樣……」蕙婷驚恐的向後退了一步。

嘉平反而猛地向前撲向學長，出拳便往學長的腹部打去。沒想到學長卻輕巧地避過，還以迅雷不及掩耳的速度繞到嘉平身後，一記肘擊打在嘉平後背，嘉平一個踉蹌撲倒在地。學長毫不留情的將嘉平踩在地上，冷笑道：「技術未免也太差了。這樣還想來制止我？」

「放開我！」嘉平在地上不斷掙扎，但學長只是加重了腳下的力道。嘉平感覺內臟都要被擠壓出來了，呼吸變得急促。蕙婷被學長的氣勢震懾住，竟是站在一旁一動也不敢動。

學長狂笑道：「過了幾十年，果然你們這些軍醫還是一點長進都沒有！就是你們，害我父母……他們……」

「你認錯人了！我們什麼也沒做！」嘉平掙扎地叫道。

蕙婷顫顫地解釋道：「我們還不是軍醫，我們只是學生……。」

「有什麼不一樣？你們這群廢物！難道過幾年後，就會變得像樣點了嗎？還不是苟且的苟且、偷懶的偷懶。所學不扎實，你知道有多少人被你們這樣隨便的態度害得痛苦一生嗎？」學長失控地吼道：「你知不知道，我從小就沒了父母，都是因為當時的軍醫無能，沒辦法救回他們。往後的日子裡，我無時無刻不記著這個仇恨，我一定要復仇……」

學長露出一絲瘋狂的微笑：「所以，我設計了這個系統。要來考驗你們，如果你們無法通過這個系統的測驗，就代表你們所學不精，全都該死！」

蕙婷反駁道：「我們按照線索一步步找到這裡了！難道不算完成測驗嗎？」

「哼，沒這麼便宜你們！」學長從口袋中抽出了一把小刀，蹲下來將小刀貼在嘉平的臉頰上，說：「我要讓你們也嚐嚐，不斷反覆折磨著我的傷、我的痛！」一用力，刀片在嘉平臉上劃出了一道血痕。

嘉平感覺臉上一陣刺痛，心下一片冰涼。他知道這個人已經陷入瘋狂，自己又被壓制住、逃不出他的掌握。一想到很可能再也出不了這個系統，其他莫名其妙死去的同伴們也再也回不來了，一滴懊悔的眼淚便從眼角滑出。

這時，一個聲音從門口響起：「給我住手，你這個蠢貨。」

眾人詫異的往門口望去，卻見另外一個學長臉色陰沉的站在門邊。

「學長？」蕙婷失聲驚呼，又望向壓制住嘉平的人，「有兩個學長？」但是仔細一看，兩人卻又有些不同。壓制住嘉平的「學長」看起來明顯年輕許多。

那人看向門邊的學長，笑著說：「你還是來啦！虧我還派魚兒去攻擊你。你這個殘次品。」

學長啐了一聲，罵道：「現在小孩怎麼都這麼不禮貌。敬老尊賢懂不懂？……放過那邊那個孩子。」

「殘次品……你還敢說？我一直不懂，你明明跟我一樣是『我』設計出來的，卻一點都不想報父母之仇嗎？你不知道我有多痛苦，只要我稍微空閒一下，就會想起父母再也回不來的恐懼，偏偏這個空間時間又這麼多，我……」『學長』痛苦的皺起了臉：「剛好，趁這次我也把你一起收拾了！」

說著便舉起小刀刺向學長，學長卻也不是這麼好對付的，微晃身形避過了攻擊。「雖然我們都是設計者以自己為藍本設計出來的，但是，我跟你不同。他在三十三歲的時候設計出了我。那時候他早就已經看開，沒了怨恨。你可知他現在在外面的世界事業成功、生兒育女，過著平凡而快樂的生活？」學長說道，「而你是他二十三歲時設計出來的產物，當時他年輕、仍然放不開，你繼承了他當時不穩定的心智，又在這個像永恆一般的世界裡不斷鑽牛角尖當時所受的痛苦，所以才會變成這樣扭曲。」

「哼，」『學長』依然揮舞著刀子向另一個學長撲去，「難道當年那些軍醫犯的過錯便不再追究嗎？那我所受的痛苦又該怎麼辦？」

學長這次制止了他，使出下部隊後學習到的格鬥術抓住了對方的手腕，小刀匡噹一聲掉落在地上。「你一直覺得當時的醫師有錯，卻不知道以當時的醫療設備而言，那樣的傷勢根本就回天乏術。」小學長還要掙扎，卻被學長將手反扭到後背，壓制在地上。「你一直停留在二十三歲，如果繼續學習下去的話，就會知道那樣的傷勢就算到現在也很難醫治。你一直無法擺脫怨恨的心情，留在傷心的原地、再也沒有踏出任何一步。你說，不知上進的是誰！」學長吼道。

小學長被吼得顫了一下，低下頭去，咬牙切齒的說：「我不想被你說。你不孝！原來長大之後連爸爸媽媽的冤枉都可以忘記了嗎？那好，就算大家都忘了……還有我記得！」

「你還不懂！」學長打了一下他的頭，「明明都是我，你怎麼這麼笨！」學長又說：「我們不是忘了，那個傷痛現在也在我的心裡！但是我也清楚，這個傷痛會永遠、永遠存在，不會消失。不會因為做出任何報復而消失。你有著這麼聰明的腦袋，與其做復仇這樣沒有任何效率的事情，不如把精力拿去培養年輕人。培養更多優秀的學生，讓發生在我們身上的遺憾不再發生在別人身上。」

小學長仍然在扭動，但是抵抗已經漸漸微弱，剛剛爆發過後，再聽了學長一番話，不由地痛哭出來：「你不會知道我有多麼痛苦！我每天都被自責與無力苛責著，每天、每天都無法過得輕鬆。我曾想過逃離這個痛苦而自殺，但是因為我是這個系統的重要數據，馬上數據又重新構築起來，死而復生。死亡，一點都不可怕，對我來講更可怕的是，這痛苦不會結束，會一直、一直繼續下去。」

「我懂、我懂，」學長的語氣也放緩了下來，將那顫抖著的年輕身軀輕輕抱住，「因為，你就是曾經的我啊。」

「我不想承認我長大以後會成為你這樣的大叔……。」

「這臭嘴巴……唉，跟我一樣嗎……」學長苦笑。

稍稍讓小學長的情緒安穩了一點後，學長抬頭看向嘉平與蕙婷，說：「你看，兩個小孩子都嚇壞了。他們是這麼多伺服器當中唯一通過了一連串考驗來到這裡的，其實有人能夠來到這裡找到你，你也很高興，對不對？」

小學長只不滿的呿了一聲：「虧我還對他們有一點期待，簡直弱得不能看。」

嘉平已經坐了起來，愣愣地看著那兩個大小學長。

學長露出滿意的笑容，說道：「他們已經做得不錯了。大量傷患、高級救命術、甚至連垂降、輻射醫學等等都學得很好。只在課堂上聽過課，能應用成這樣已經很不錯了。不只蕙婷跟嘉平，其他小隊員也都表現得很好。果然不愧你們『攻五不克』的小隊名。」

聽到讚揚，嘉平與蕙婷不禁露出了一點笑容。

「只是，果然還是不行啊，我年輕時，」說著拍拍身邊的小學長，「可是比你們厲害多了！」

小學長哼的一聲轉過頭。

「不要太得意！」學長又說：「測驗結束後也要多加精進，你要知道你們的責任重大，為了不要再製造出更多折磨人心的悲傷。記住，」學長露出一個狡黠的笑容，「就算你們出去之後我們也會在這裡監督你們的，只要你們仍然使用數位產品的一天！我就能窺探你們的一舉一動。」

嘉平與蕙婷戰戰兢兢、點頭如搗蒜，表示：「我們一定會努力的！」

學長笑了，「好了不嚇你們了。」鬆開了對小學長的壓制，學長拍拍小學長，說：「你也把他們困在這裡夠久了，該把他們放回去了吧。」

小學長拍拍灰塵站了起來，一邊搓揉著手腕，一邊不太情願地說：「好吧。我承認你們能夠來到這裡，算你們合格了。快走吧！不想看到你們。」說著便轉身在大控制台上的鍵盤做一連串的操作，最後指著一顆按鈕，說：「按下這個按鈕你們就可以回到原來的世界啦。」

「那那些在遊戲裡犧牲的同伴呢？」嘉平急著問。

小學長不耐地說：「遊戲規則是有人通過就算所有人通過了。你們出去就可以見到他們了。」

「那個……訂下這個規則，其實你也不忍心將我們都困死在這個系統對不對？」蕙婷鼓起勇氣說道：「我相信學長只是面惡心善。」

聽到這句話，小學長明顯的做出了嫌惡的表情，「不要自作多情好嗎……，不管了，那我按啦。」

一按下按鈕，周圍霎時發出光芒，再過不久他們就要被傳送出去了。

學長說道：「還真有點捨不得呢。這幾個孩子都很優秀。你們出去了之後也要加油啊！可以在網路上找臉書跟我聯絡喔！」

蕙婷看起來也有些捨不得，一副快哭的表情說：「學長，我們一定會想你的！

謝謝你短暫時間的照顧……我們真的學到很多！」

臉書……？嘉平突然想到：「學長！我們還沒請問你叫什麼名字！」

這時候周圍的光芒已經強烈到幾乎看不清楚周遭的景物，只看學長勾起嘴角，說道：「咦？我沒有告訴過你們嗎？」

「我、叫作尹鑫啊。」

說完，視線中只剩白光，再也看不到學長的身影，兩人也暫時失去了意識。

【小知識】

減壓病

徐千婷

一、減壓病簡介

1. 減壓病又稱潛水夫病(Divers' disease, the bends, or caisson disease)：溶解在體內的惰性氣體因環境壓力驟減而進入過飽和狀態，至終形成氣泡，造成組織傷害，即為減壓病。

2. 病因

- 潛水員急速上浮，或在長時間或深潛後沒有進行減壓停留。
- 未有加壓設施的飛機升空時。
- 飛機因蒙皮受損或機械故障導致座艙增壓失效時。
- 潛水員於潛水後馬上搭乘飛機。縱然飛機有進行加壓，但座艙壓力若未能維持在海平面的壓力時亦會出現。
- 工程人員從加壓後排除地下水的沉箱或坑道出來時。
- 太空人進行太空漫步，或艙外活動時，而太空衣內的壓力較艙內壓力低時。

這些狀況都會使溶在身體組織內的氣體（主要是氮氣）溶出，在體內形成氣泡致病的。

3. 致病原理

這些狀況都會使溶在身體組織內的氣體（主要是氮氣）溶出，在體內形成氣泡致病的。根據亨利定律，當一種在液體上的氣體的壓力下降時，該氣體溶於液體的量亦會下降。示範這個定律的例子就時當開啟軟性飲料的樽或罐時，氣體會從中出來，在液體中亦有氣泡。這些二氧化碳的排出是因在容器內的壓力下降至大氣壓力。同樣地，氮氣是一種溶解於人體組織及體液內的氣體。當身體暴露於壓力下降的環境時，氮氣會被釋放到離開身體的氣體中。若氮氣被逼離體液的速度太快時，氣泡會在身體內形成，造成減壓病的症狀，如皮膚發癢及皮疹、關節痛、感覺器衰弱、麻痺及死亡。

4. 症狀

(1)第一型減壓病(DCS I)：

關節痛就佔有當中的60-70%，而肩膀是最普遍感到痛楚的地方。

局部關節疼痛(bends)、皮膚癢、肌筋膜疼痛。

(2)第二型減壓病(DCS II)：

神經症狀就佔有10-15%，最普遍的有頭痛及視覺障礙。

窒息、癱瘓、休克、死亡。

減壓病的症狀

種類	氣泡位置	症狀
關節痛	通常是大關節（手肘、肩膀、臀部、手腕、膝蓋、腳跟）	・局部深層痛楚，程度由輕微至嚴重。有時是隱隱作痛，但很小是刺痛。 ・關節主動或被動的活動加劇疼痛。 ・將關節彎曲至舒適位置可舒緩痛楚。 ・若是由上升造成，疼痛可以即時或幾小時後才出現。
神經	腦部	・混亂或失憶 ・頭痛 ・視覺出現暗點、隧道視覺、複視或視覺模糊 ・不能解釋的虛脫或行為失常 ・主要因內耳炎而引起的癲癇、頭昏眼花、眩暈、反胃、嘔吐及人事不省
	脊髓	・在下胸或背部不正常的感覺如灼燙、刺痛及發痲 ・症狀由腳掌向上伸延，可能會有上升的虛弱或癱瘓 ・下腹或胸痛
	周圍神經	・失禁 ・不正常的感覺如痲痺、灼燙、刺痛及發痲（感覺錯亂） ・肌肉虛弱或顫抖
窒息	肺部	・胸口（胸骨以下）灼痛 ・呼吸加劇痛楚 ・呼吸困難 ・持續的乾咳
皮膚病變	皮膚	・在耳朵、面部、頸部、手臂及上身的發癢 ・感覺像細小昆蟲在皮膚上爬行 ・在肩膀、上胸及下腹有大理石色皮及發癢 ・皮膚腫脹及凹陷性水腫

5.注意事項及預防

- 在飛行上升超過5,500米而沒有加壓機艙，減壓病必然是一種危害。
- 熟悉減壓病的症狀，並監察所有乘客的狀況。
- 在飛行的24小時內，避免不需要的體能消耗。
- 縱然機艙是有進行加壓，減壓病仍會在機艙壓力突減的情況下出現。

- 在經過急速減壓的飛行後，最少24小時內不要再飛行。同時間須保持對減壓病症狀出現的警惕。若出現延後的症狀，立即尋求治療。
- 在起飛期間才呼吸100%純氧，而非進行預先呼吸氧氣，並不能阻止減壓病。
- 不要忽略任何已消失的症狀。這可能代表已患上減壓病，須儘快尋找醫生評估。
- 若有任何顯示患上減壓病，不要在未清楚狀況下再次飛行。
- 潛水及飛行之間要預留最少24小時。
- 留意高壓艙的位置，以備緊急時使用。

二、治療

高壓氧一開始發展於治療潛水人員的減壓病(俗稱潛水夫病)，利用高壓將血液中不應出現的有害氮氣氣泡重新溶解，再利用吸入純氧將氮氣從肺部中替代出來。而近幾十年來的研究發現，高壓氧對其他許多疾病也有治療效果；因為一般身體組織需要氧氣才能充分運作，像是腦部、心臟、肝臟、肌肉等等…但是在疾病的狀態下，組織會有缺氧的情形，這

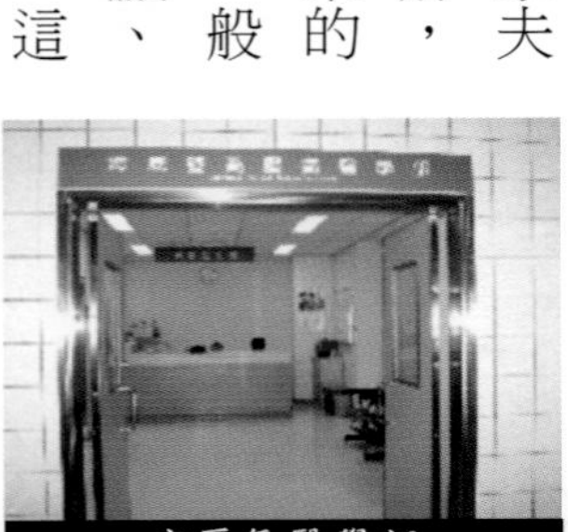
高壓氧醫學部

時候高壓氧的功能就發揮了應用物理學的原理，當大氣壓力與氧氣濃度增加的時候，氧氣溶解在血液中的含量會增加，因此提升了血液運送氧氣的能力，而血液中高含量的氧氣可以克服組織缺氧的情況。應用此原理，高壓氧治療的臨床應用不斷增加，慢慢發展到現在。

以三軍總醫院高壓氧醫學部為例，介紹減壓病之治療。

1. 經皮組織氧分壓測定儀

利用非侵入性的方法，將局部的皮膚加溫，使微血管擴張後，測量皮下組織血中含氧量及血液灌流情形。根據皮下組織血氧濃度，可以了解病患四肢末稍血液循環的好壞，及評估病患接受高壓氧治療後的效果。

2. 高壓氧治療艙(單人艙)

以純氧加壓到所需治療的深度。治療途中病患不需帶面罩，而直接呼吸壓力艙內的高壓氧氣。每次只可治療一名病患，故稱之。此外，另可外接呼吸器與血壓監視器。

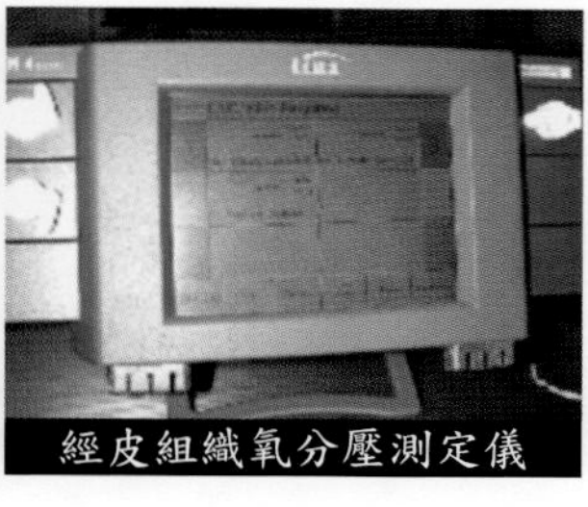

經皮組織氧分壓測定儀

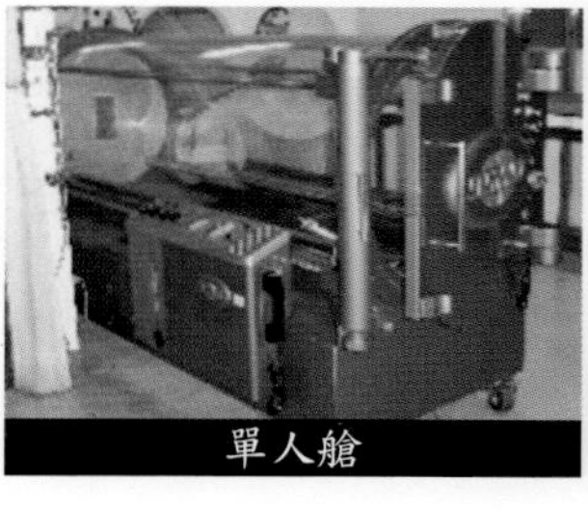

單人艙

3.高壓氧治療艙(多人艙)

以空氣開始加壓到所需治療的深度後，病患開始經由壓力艙內的面罩來呼吸高壓氧氣。每次治療人數超過一個人，故稱之。

多人艙

資料來源

[1]三軍總醫院內湖院區海底暨高壓氧醫學部
[2]維基百科Wikipedia-https://zh.wikipedia.org/wiki/%E6%B8%9B%E5%A3%93%E7%97%87

【小知識】

徐千婷

搏擊

1.初級：白色腰帶

散打搏擊學員至各訓練站(拳館、單位、社團等…)報名登錄後獲得初級運動員及會員資格。

2.八級：黃色腰帶

↓實戰姿勢↓前進、後退走步移位↓前抬腿↓跳繩(緩跳)↓基本護身倒法

(1)臥姿、坐姿

實戰姿勢

3. 七級：黃色腰帶

→手綁帶纏拳→左衝拳(正常位即左手在前，左撇子反之，以後不再贅述)並配合步伐前進、後退走步移位→直線步伐前進後退躍步移位→前抬腿(最低需抬至頭部)→前踢(中端)→下端切腿→跳繩(緩跳、快跳)→基本護身倒法(2)蹲姿、立姿

手綁帶纏拳

左沖拳

前踢

4.六級：綠色腰帶

↓前進、後退+橫線左右躍步移位↓左衝拳並配合同步伐單擊↓右衝拳分解動作↓左右側擋↓閃腰拉桿(後仰)↓左撥、右擋加拉桿↓側抬腿↓前踢(上、中、下)↓戳腳(斧刃腿)↓跳繩測速 (3)應用倒法：被推、前撲、後倒，前滾翻三次、後滾翻三次

戳腳（斧刃腿）

左側擋

5.五級：綠色腰帶

↓右衝拳↓步伐左右跳步+曲線移位↓左衝拳配合步伐簡易連擊↓右衝拳↓定點防禦實戰來拳反應測試↓側抬腿(需過胸部高度)↓側踹基本動作分解↓前蹬腿↓下端抬腿禦踢↓基本摔法：前迴轉倒法，抱雙腿過胸

右衝拳

前登腿

側抬腿

定點防禦實戰來拳反應測試

抱雙腿過胸

6.四級：藍色腰帶

↓步伐自由移位↓左衝拳與步伐配合快速即變化連擊↓連貫1、2左右衝拳連擊（手靶餵擊）↓不定點防禦實戰來拳反應測試↓側踹腿↓鞭腿(中端)↓勾踢腿↓中端抬腿防禦↓被抱雙腿大馬步抗摔、大弓步抗摔、抱雙腿正抛、後抛、側抛

不定點防禦實戰來拳反應測試

被抱雙腿大馬步抗摔

7.三級：藍色腰帶

↓1、2左右衝拳連貫打法：(1)空拳(2)砂袋↓左貫拳↓右抄拳↓側踹(阻擊)↓側踹(追擊)、鞭腿(上端)上端抬腿禦踢↓摔法↓抱腰過背、抱雙腿前頂、涮壓、抓三角、被抱雙腿切脖順向反摔↓拳法反應對練

8. 二級：咖啡色腰帶

↓左右衝拳左貫拳，右抄拳配(1)空拳(2)砂袋(3)手靶↓左抄拳↓右貫拳↓拳法實戰↓手肘擺擊↓基本膝撞(上衝撞)↓側踹腿變化攻擊↓中端擺踢↓撞胸前切(又稱斜打)↓抱頭摔(夾頸過背)↓穿臂過背(又稱單臂過肩)↓弓步插肩過背↓摔法對抗↓拳法實戰

夾頸過背

9. 一級：咖啡色腰帶

→長短拳路配合步伐：(1)空拳(2)砂袋(3)手靶→手肘平擊→膝撞(衝撞)→手托撞膝→擋肘推頂→前踢、前蹬側踹三種直線腿法交叉運用→轉身後擺腿→轉身後側踹→抱摔之反制及反反制變化→抱腿摔手勢：曲線性來腿、直線性來腿，抱腿別腿→散打實戰

抱腿別腿 1

抱腿別腿 2

曲線性來腿手勢

直線性來腿手勢

資料來源

[1]中華武術散打搏擊協會。

【軍陣醫學實習課程實錄】

陸軍航空特戰指揮部 歸仁基地直升機參訪（第八天 106.6.2）

陳穎信

CH-47SD 運輸直升機前合影－在難得一見的 CH-47SD 前，我們的陣容多雄壯，留下歷史鏡頭。

CH-47SD 運輸直升機介紹－學生在陸軍航特部教官解說 CH-47SD 運輸直升機下，驚嘆連連！

CH-47SD 運輸直升機艙內介紹－陸軍航特部教官仔細解說 CH-47SD 運輸直升機艙內各項裝置。

CH-47SD 運輸直升機艙內介紹－實際體驗坐進直升機艙內，感受空中運輸的臨場氛圍。

14 chapter thirteen

尾聲

陳玟君

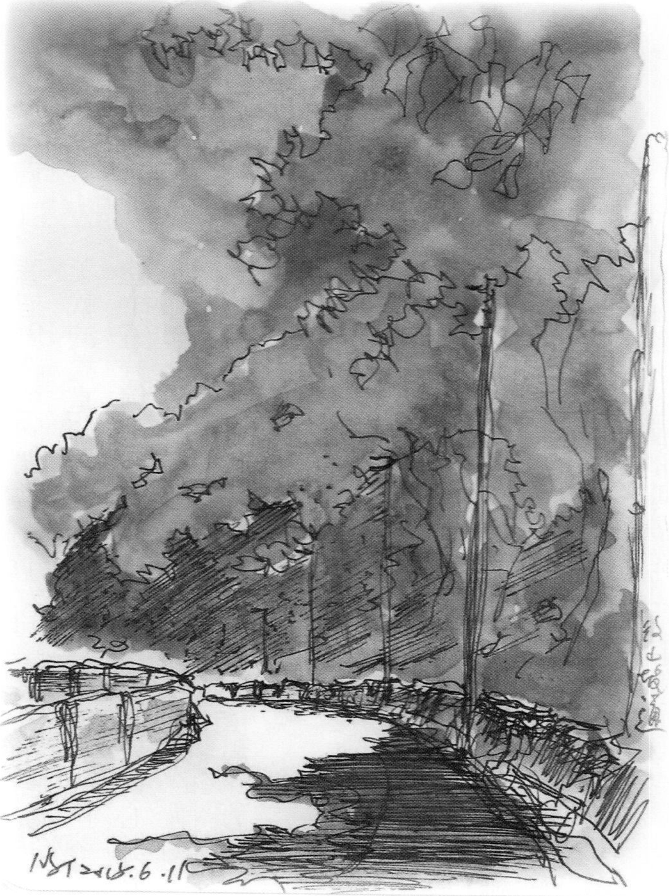

尾聲

「那位濃眉大眼的同學，別恍神了。」

被老師點到的嘉平將視線聚焦在投影幕上，試著把思緒拉回課堂。部分同學陷入半睡眠狀態，在柔軟的禮堂椅上搖頭晃腦，桌上的講義內容還停留在十五分鐘前的進度；更有部分同學醉心於課外讀物，神遊於筆墨之間，只翻到第一頁的講義成為他們的桌墊。一切都沒改變，他們依舊穿著軍便服上課、抱怨學生餐廳的青菜太濕太軟、或是模仿某些教官的說話語氣以調侃。如果真要說有什麼變化的話，應該只有嘉平那一組吧！

測驗的事變雖然鬧得沸沸揚揚，但除了嘉平這一組外，其餘人都喪失記憶，只知道因為系統發生錯誤，大家在裡頭多待上整整一天，他們對那天的記憶是空白的。學校為此道歉，並承諾改善系統的穩定性，複訓的事當然也就隨風而去。

嘉平那組對整個事件絕口不提，只想早點重回平凡的校園生活。他們並非選擇遺忘，而是將回憶埋藏心底，這一連串虛擬的生離死別在他們心中深深地烙下傷痕，然而伴隨這些傷痛而來的是自我成長與對醫學知識的渴望及責任感。每個人都成長了些，偉祥不再那麼神經質，他更有擔當也因此多了些朋友；詠星和景輝還是一樣幽默，但他們變得更加認真，不再翹課偷閒，彼此的默契也更好了。順帶一提，景輝如願以償地和李青兆交往。柏雍變得更溫柔也更堅強；沛玲也願意放些責任給他人扛，不再孤身獨鬥。這個事件讓他們更加珍惜對方的陪伴，即便現今他們尚未坦承交往，但一路走來的相互扶持已比言語的承諾更有價值。

嘉平開始學習以更寬廣的心對待身邊的人事物，不願再被先入為主的觀念蒙蔽了雙眼。他與百合的情感也先告一個段落，他決定好好確認自己的心意再來談感情，以免互相傷害。雖然他們之間仍有些尷尬，但彼此都在努力調適新關係，或許將來某一日他們會成為無話不談的閨蜜，又或許會形同陌路。一切只能順其自然。

至於嘉平跟蕙婷，雖然仍舊時常互擺臉色、小吵小鬧，但兩個人都有所成長，能以更寬廣的心來包容對方。他最近注意到學長和蕙婷似乎交流頗頻繁的，他們兩人之間會不會擦出什麼火花呢？就靜觀其變吧！

下課後他們八人去和尹鑫教官會面，並說出他們在系統內所遭遇的事。尹鑫教官拄著下巴，眉頭輕鎖，嚴肅的眼神透過厚重的鏡片盯著他們八人，那神情與輪廓和學長一模一樣呀！當初他們怎麼沒看出來呢？

聽完他們的敘述後，尹鑫教官將事情的原委娓娓道來。

「接到我父母親逝世的消息時，我才九歲，那時我的世界就如同兩個星球對撞般，碎裂成數以萬計的小石塊，漂泊在漆黑寂靜的宇宙中。他們的無能是把刀，就這樣讓我的家人命黃泉。因此當時我決定進入國防醫學院，好好看看這所學校究竟是如何教育出那種庸醫，並決心向當時殺害我父母的醫生復仇。畢業進到臨床後我遇到恩師，就是我總在上課時提到的那位，他帶領我探索醫學的奧妙，他的慈悲心使我見識到醫生不只能醫身更能醫心。

事實上，我的恩師就是當年讓我父母命喪黃泉的罪魁禍首，原先我對他是極沒好感的，但他的醫技、他的熱情與慈悲讓我築起的那道牆開始慢慢瓦解。我很猶豫，矛盾的心情在我父母與恩師間來回擺盪，如果我認可他，那我父母的死亡又算什麼？最後我決定向醫生坦承這件事，醫生知道這件事後很驚訝，他向我道歉，並跟我解釋我父母親之所以會死亡是受限於當年的醫療環境。很多我們現在看似理所當然的技術都是前人的知識堆積下才有的結果，以當初的醫學科技確實是救不回我父母。經過整整十五年，我才終於能接受他們的逝世。」

「那教官你知道大統領為何會變成那個模樣嗎？」百合問。

「對呀！為什麼要創造出那種有缺陷的腳色？」偉祥嘟著嘴，沒好氣地說。

尹鑫教官無奈地笑了笑，說：「大統領其實就是二十三歲的我，我創造出他後就把他獨自扔在系統中，我想那時的大統領還沉浸在父母的死亡中，身邊又沒有人開導他，久而久之就走上歪路。如果當時我再創造一個角色陪伴他，或許今天他便會與你們所謂的學長漫步在美麗的康莊大道。」

教官喝了口水後繼續說：「年輕的時候多少會怨懟沒有把事情處理好的軍醫，但是投身到這個領域之後，又加入了培訓軍醫的行列，明白這是個困難的任務，雖然有時候看到學生不努力聽課會有點失望跟挫折，但偶爾還是會看到非常有志向的學生，那時就會十分開心。要成為一位好軍醫，要學習的東西太多了，與其心懷憤恨，不如靠自己的力量來推動醫療的進步，同時讓軍方體制變得更好吧！而且現在有了美滿的家庭，路走多了，也不會再像年輕時那樣血氣方剛。如果能和從前的自己見上一面，我一定拍拍他的肩說：人呀，要對自己好一點！」

尹鑫教官露出和藹且知性的微笑，這和嘉平從前認知的教官截然不同。歲月會改變一個人，經過時間洗禮後的自己會不會也變得更懂事些呢？或許屆時他不會再為小情小愛所困、或許屆時他會熟捻待人處事的道理，而一切的扎根都是要從現在做起。

當課堂的鐘聲響起，尹鑫教官再次用他宏亮的聲音道：「好了！別再廢話，快去上課吧！」他們不約而同相視而笑，笑容裡綻放著二十一歲青春的光采。

【軍陣醫學實習課程實錄】

結訓測驗（第九天 106.6.3）

陳穎信

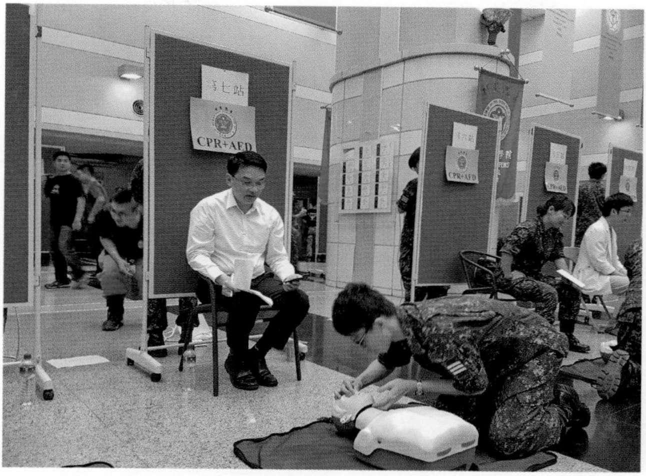

CPR+AED－進行實際 CPR 與 AED 之模擬測驗，提升急救能力，證驗學習成效。

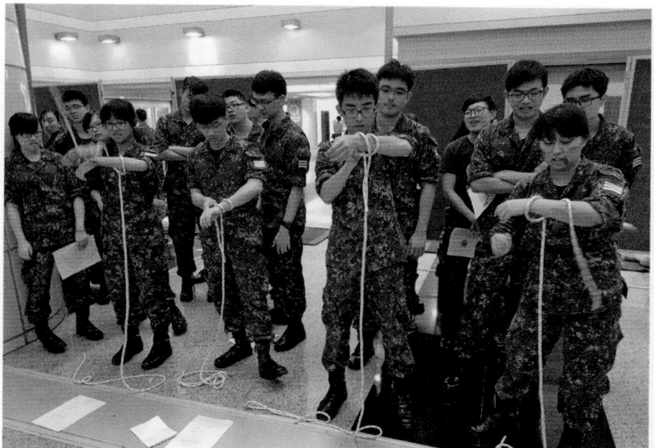

繩結打法－測試於 20 秒內打好一種繩結，同學們操作迅速確實，成效良好。

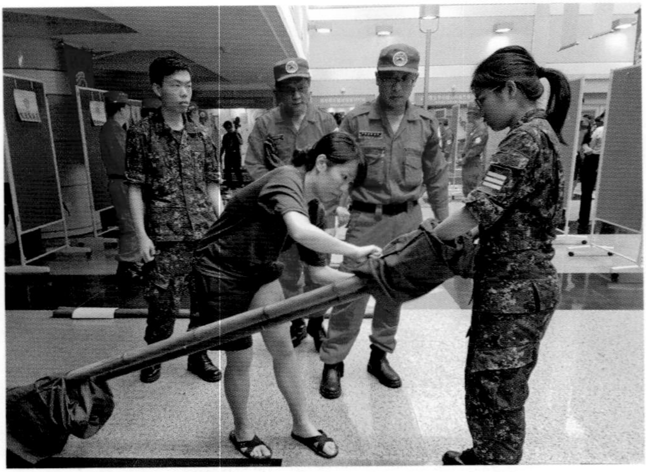

野外搬運技術—由中華民國搜救隊教官測試如何運用野外器材進行搬運技術評核。

大量傷患演習—於校園內大廳進行災難大量傷患情境演習，過程逼真，學習情緒高昂。

後記

黃馨平

後記

我是國防醫學院醫學系114期的學生黃馨平，也是這本書中小說部分的劇情發想者。這是一本師生共同編輯、撰寫而出的書籍，其中，故事、小知識以及圖片工作編排項目如下：

組別	工作內容	參與人員
故事組	構思劇情	黃馨平
	第1、2、5、6、7、9、12、尾聲，故事內容寫手、構思感情事件發展、塑造角色	陳玟君
	第1、3、4、8、11、13，故事內容寫手、構思感情事件發展、塑造角色	陳瑄妘
	第10章故事內容寫手	蘇郁萱
	故事場景、地圖之設計、描寫、繪畫	李育銘
	故事專業軍醫事件描寫	徐千婷
	故事內容校搞	全體故事組成員
小知識組	第4、5、6、12章小知識資料整理與撰寫	陳郁欣
	第2、3、4、5、6、7、11章小知識資料整理與撰寫	林賢鑫
	第8、10、13章小知識資料整理與撰寫	徐千婷
圖畫繪製與字體設計		司徒皓平

還記得一開始的時候，郁欣同學在穎信主任的請託之下，在我們醫學系的期班板上面PO文徵求同學一起參與編輯這本軍醫相關的書籍。當時喜歡看各式書籍的我想說「哇！有機會一睹書籍出版的過程和編排的內幕，真是太有趣了！」於是便糊裡糊塗的一腳踏入了這個未知的深淵。

之後，從一開始的第一次開會，大家和穎信主任討論關於這本書籍的模式(究竟要像去年一樣用日誌形式，還是要改變策略用大家比較有興趣閱讀的小說形式)，到之後開始構想故事劇情以及主角性格，還要巧妙地融入12堂軍陣醫學實習課程在故事裡面，再後來其他同學們利用僅僅三周的暑假時間瘋狂玩耍的同時，我們軍醫小說編輯組的成員也依舊趕著故事的初稿(核生化小島的構想是在金門玩的時候順便參考了一下建功嶼)、小知識組的同學也為了跟師長們聯繫資料的正確性馬不停蹄地趕工著。最後，在不到六個月的時間內，我們終於在一邊兼顧課業壓力以及各種學校軍事管理、社團外務的「充實」生活中，從無到有完成了一本附帶專業知識的軍醫小說……的初稿。

正想著「哇！太棒了，這下總可以開始體驗關於書籍排版、出版社接洽的相關工作了吧！」，才赫然發現，其實一開始我們在主任的心中的定位就僅僅是書籍內容的「寫手」，把稿子交出去之後，就連一開始固定一段時間要求召開的編輯會議也因為我們自己把出版時程拖延太久而不再出現，書籍後續的發展、排版、內容部分也不再在我們的掌握之中，甚至有一度，我們連書名都無法自由做主。眼看著耗費大半年好不容易生出來的作品，就要在我們眼前被改造成一個完全未知的存在的時候，在同學們的強烈表達訴求之下，我們挽回了我們的悔恨與不甘心。

最後，書籍成品的初稿在我們每位編輯組的同學們手中校閱了兩三次，讓每位作者都對這本書表示還算滿意之後，才終於正式出版。看著自己的作品出版成書真的是非常感動，雖然過程中充滿坎坷與折磨、事情發展也與先前一開始加入編輯組的想像不同，但還是感謝當時選擇參與的自己、還有當時因為不同原因參與進來的故事、小知識、圖畫組的同學(事後調查發現，同學們有一半因為人情、兩三個跟我一樣被騙進來、一兩個才是真心想寫文章XD)，以及為我們這群任性又一直拖稿的學生們操煩的穎信主任、秀珠士官長，其他因為小說被我們打擾到的老師們，還有關於這本書籍出版背後各項項目的出力人士，也辛苦、謝謝你們了。

在整個醫學求學生涯中參與了一個這樣的事件，最後看見這樣的成果，多少還是有成就感的！最後希望各位讀者在閱讀的時候，有稍微因為故事內容吸引著你認真上軍陣醫學的課程就好了！（笑）

回饋篇

教師回饋（一）

106年軍陣醫學實習課程心得

國防醫學院醫學系精神醫學科助理教授
國防醫學院心輔室主任　曾念生　醫師

本次暑期之軍陣醫學實習中，陳穎信主任指示我提供戰場抗壓課程之訓練，我立刻從命，並且開始設計課程。參照去年漢光演習之《戰場抗壓》演練及創新其課程之內容，針對人數多、及學生之年級進行調整，主要以《黑鷹計畫》之影片片段收視為主，透過每個衝擊性片段收視後之師生互動，在30-40分鐘內快速將現場學生帶入情境，並且針對一個類似的scenario，進行第一線情緒急救(first line emotional aid)之演練。

課程中，經過同學們不斷的換站，從剛剛換到本站時對此主題演練之陌生、到很快地投入在情境中，然後自願地加入演練，設身處地的設想如果自己是在戰鬥中出現急性戰鬥壓力反應傷患，自己可能是什麼樣子；而如果自己就是在戰場上擔任第一線醫官－不論是醫、牙、藥、護、公衛的任何一系的成員，都能學習如何透過《情境演練—老師指導—情境再演練》這種類似learning by doing之方式，增加自己對於戰場反應之實際處理能力，為未來做好準備。

教師回饋（二）

106年軍陣醫學實習課程心得

國防醫學院牙醫學系助理教授　李曉屏　醫師

由於多年以來，一直在牙醫學系擔任軍陣口腔醫學的授課，為落實學院訂下的宗旨、目標與願景，以配合現階段軍陣醫學實習的教育計畫，正可整合培育現代軍醫相關的核心能力，因此有幸參與並擔任此次課程的隨隊醫官及教師。

穿上過去未曾穿著過的迷彩軍裝，在課程中獲得許多有關災難、急救等寶貴的專業知識。難得的是，透過安排可以來到岡山航空生理訓練中心、國軍空勤人員求生訓練中心及左營潛水醫學中心，了解認識有關航太及潛水設備與訓練，這是身為陸軍單位的我從未有的體驗。同時在高雄總醫院岡山及左營分院服務的牙科主任，知道國防的師生來到醫院的消息，更是熱情的挪出時間，招待並安排我們進入醫院的牙科參訪。最後分批登上中華民國海軍精良的船艦體驗，真是讓大家不虛此行。

在忙碌門診及手術的醫院臨床工作中，約在三個月前就安排騰出時間來參與這次軍陣醫學實習的課程。活動中雖然因全台豪大雨，導致部份課程變更，最後沒能去到武嶺寒訓基地，與全體師生完成攀登合歡主峰的壯舉，但心中仍深深感謝負責及參與此次課程的所有長官、教師、同仁，以及友軍等參訪單位。相信大家努力的辛苦付出，能讓學生們在每項學習活動中，留下畢生難忘的回憶，也大大提升他們在未來擔任軍醫官臨床實務應用的經驗。

教師回饋（三）

106年軍陣醫學實習課程心得

國防醫學院護理學系講師　林辰禧

古有云：天行健，君子以自強不息，本應是大學生享受悠閒暑假生活的時候，國醫的學生雖一樣離開了教室的座椅，卻是改著戎裝，褪去學期中清雅的書卷氣息，以豔陽下颯爽英姿取而代之，洗去學生專屬的青澀，換上的是屬於軍人的剛毅果敢，唯一不變的是學習時專注凝視的眼神，以接受暑期軍陣課程精實的訓練。

為期兩周的課程，內容充實且多元，授課者除了學校教師外，還包括了臨床醫師、台灣高山及災難醫學專家、新北市特搜隊、中華民國特搜總隊、核生化災難應變專家及神秘的涼山特勤隊；授課場地也打破了校區的限制，在課程中安排了大量的軍事相關單位參訪及實地演練，雖然天公不作美，連日的豪大雨，讓原本預計在合歡山頂的演練，在安全的考量下不得不做出對應的調整，但長官及課程負責人在短短的幾小時內，迅速依據天氣及場地變化完成上百位師生的食宿及行車調整、聯繫及協調各軍事基地重新規劃授課內容及參訪行程，其展現出的果決及迅速應變能力，也是可遇不可求的身教機會。

而天色未明即驅車趕赴南台灣的收穫當安然絕不僅只於此，海軍官校左營軍區故事館的參訪，除了可透過退役軍艦及實體設備，緬懷海軍健兒保衛海疆的英姿外，海軍官兵家屬的影片也呈現了軍眷在英雄背後默默付出及支持的重要性。極具軍陣教育特色的航空生理及海底醫學相關課程，如人體離心機、低壓艙、空間迷向訓練、模擬各種天候條件進行水中救援體驗都是非常特殊及珍貴的經驗。實際進入軍營、登上軍艦及近距離面對直升機，讓課程的廣度突破了軍種的限制，實地了解國軍任務執行情形，也讓軍事及救援任務的訓練不再僅止於紙上談兵，具體實現了訓用合一的目標。

軍陣醫學實習課程除了提供專業的軍事及照護的訓練外，肩負傳承國軍保家衛國使命及醫者救世情懷之重任，能夠有機會隨隊見證學生接受洗禮後的成長是何其幸運，深信這段以熱血及成長交織的回憶，定能孕育出未來優秀軍醫及軍護燦爛的新章。

教師回饋（四）

106年軍陣醫學實習課程心得

中華民國武術散打搏擊協會教練　蔡豐穗

國防醫學院與我們中華武術散打搏擊協會合作多年，一起推廣搏擊防身課程，對於未來的醫師護理師們，可應用於戰傷醫療戰術，防止急診室暴力，協助正常醫病關係，能夠做出自我防衛，不受到傷害，已是最好的效果。

此次的暑期軍訓課程，安排豐富且淺顯易懂，基礎拳腿法的訓練，和一些攻防上的運用，讓許多準醫生知道，格鬥搏擊並非用在暴力，而是自我防身的最佳技藝。看著他們一拳一腿打出，汗水溼透了疲倦的身子，但從他們臉上能看出收穫滿滿的笑容，這是身為教學者最開心的時候。

感謝國防醫學院給予我們這樣的機會，感謝醫學系軍陣醫學組陳穎信組長與承辦人許秀珠士官長，參與課程推廣，希望未來能繼續一起努力，培養文武雙全的人才。

更值得一提的是，貴校醫學系楊世唯同學與牙醫學系張劭慈同學，紛紛拿下全國泰拳與散打錦標賽的冠軍，皆是前兩年參與暑期軍訓課程後，有興趣再繼續練習的優秀學生。

教師回饋（五）

106年軍陣醫學實習課程心得

臺大醫院急診醫學部主治醫師　劉越萍　醫師

在台大醫院石富元醫師的帶領下，我從事災難醫療和緊急醫療應變工作也將近十年了。從事災難醫學的人都知道「軍陣醫學是災難醫學的濫觴」，但對於不需要當兵的我而言，這一直是個空泛的教條式的概念。直到2015年6月27日發生八仙樂園派對粉塵燃燒事件，這起造成十五死、四百八十四名燒燙傷的意外，是台灣繼九二一大地震以來，死傷人數最多的人為意外。當時我是台北市衛生局醫護管理處處長，也是台北市醫療資源調度的主要負責人；當時在所有急救責任醫院都跟我反映「傷病患人數過多，醫院可能無法負荷」，只有三總承諾可以接收所有需要搶救的傷病患。這項承諾對於當時苦無資源可協助和調度而宛如熱鍋上螞蟻的我，真的有如及時雨。也讓我對於國軍體系在災難應變中的角色也了更深一層的體認。

但是對於培育軍醫的醫學教育制度仍是處於一知半解的狀況，直到2016年在多年好友陳穎信醫師的邀約下，我帶著台大醫學系的學弟妹一同參與了國防醫學院軍陣醫學實習課程，這才讓我有了軍陣醫學的初淺的認識。有幸能參與這個跨校際的實習課程，希望未來仍能持續保持合作，讓災難醫學的訓練和教學在跨校際間的互相交流下能更精益求精，替台灣災難醫療應變奠定良好的基礎。

教師回饋（六）

106年軍陣醫學實習課程心得

雙和醫院急診重症醫學部部主任　馬漢平　醫師

民國106年，盛夏，國防醫學院舉辦106年軍陣醫學實習，本人有幸受邀以校外隨隊醫師的身分，擔任這次軍陣醫學實習隨隊醫官。6月1日凌晨03:30於國防醫學院集合，正式開啟了三天兩夜軍陣醫學實習之旅，第一站是前往國軍高雄醫院岡山分院航空生理訓練中心，以及國軍空勤人員求生訓練中心，第一次有機會進入這兩個訓練中心，相當驚艷，讓我深深感受到，國軍在航空醫學有著卓越及前衛的教育訓練能力。另外，國軍高雄總醫院左營分院的潛水醫學大樓中，有著各種模擬潛深訓練的設備，更讓我能體會到，國軍對於人員訓練是如此的投入。

第二天的學習之旅，原本預定要前往合歡山，進行一系列的野外求生、急救以及大量傷患實地操作訓練。然而天公不作美，因豪大雨特報而臨時改變了行程，轉往左營軍港及陸軍飛行訓練指揮部。不過，學生們卻意外地接受了另一種不同的學習課程，經過兩天滿滿的學習之旅，讓醫學生們對於國軍海、陸、空三軍的訓練有了更深一層的認識。

第三天是軍陣醫學實習課程裡，實際操作驗收的日子，首先醫學生們，要通過CPR+AED、繩結技術和搬運傷病患等三種考試。在這個部分，大會用心地邀請了，多位急救及救難專家擔任醫學生的考官，以確認醫學生們學有所成。最後的重頭戲是大量傷患實際演練，即便在醫院也不容易的大量傷患，這次在多位專家的協助下，醫學生們完成了這樣複合式的訓練，該整個軍陣醫學實習畫下了完美的休止符。

結語：軍陣醫學實習帶給了醫學生更多元的學習機會，除了學理上的教育之外，加入了實際操作及驗收成果的元素，讓整個學習歷程更完整。而教學相長，也讓身為隨隊醫官的我，體驗到與平時在醫院中，不同的醫療操作，真是獲益良多。

教師回饋（七）

106年軍陣醫學實習課程心得

前美國科羅拉多大學醫學院高海拔醫學研究中心研究員　王士豪　醫師

在全球氣候變遷越演越烈與國人熱衷從事登山活動的風潮下，複合式災難及山難事故層出不窮。當一個國軍戰士或軍醫天使走入野地、山地作戰時，她（他）將是一位100%的戰士或軍醫天使，但也同時是一位100%的野地健行者及登山者。野地健行者或登山者會遭遇到的傷病，走入野地山地的軍人也都有可能會發生。更遑論山難事故及複合式災難發生時，國軍戰士以及軍醫天使們，立即肩負著民眾的付託，義無反顧的第一時間的投入野地山地救難，地面搜救部隊是也，空中救護也是如此。

不管是失溫、高山症、中暑、包紮止血、患肢固定、傷患搬運，甚至是心肺復甦術，在都市、野地、山地、或是高山地區，都會有大不相同的考量與施作方式。當戰士進入野地山地執行搜救或作戰任務，或是自己或同袍在任務中發生傷病時，如何有效、提高存活率且不造成傷病患額外傷害的完成傷患救助、山難野地搜救或是自救救人，是軍陣醫學裡非常重要的課題。

軍陣醫學的場域考量，已不再只是二十世紀初，歐戰與二戰的短兵相接的壕溝戰或登陸作戰；也不是越戰時期的叢林戰；更不是六零年代中印戰爭，雙方都被高海拔反應所苦，一籌莫展的看天吃飯。當代的醫學進步，對於各種野外傷病，診斷與治療的實證證據，自二十世紀中葉以來，與時俱進、一日千里。野外傷病所用的器材與操作方式，更在過去二、三十年間有著巨大的經驗累積與許多突破性的進展，如果能完整應用到軍陣醫學上，那麼高山野地戰場的存活率與傷病患的照顧，必可以獲得巨大的提升。

思而不學則殆，在高山野地軍陣醫學更是如此，空有知識、沒有傳遞、沒有應用，戰場存活率與傷病患的照顧品質依舊無法獲得提升。欣見國防醫學院辦理「軍陣醫學實習」課程，讓年輕世代的迷彩軍醫天使們在課程中吸收當代最新的高山野地傷病患照顧知識，並進行實地操演練習，在未來，她（他）們都將會成為縱橫高山野地救人救難的迷彩軍醫天使。這真的是全體國人之福，全體國軍之福。

敝人有幸參與2017年國防醫學院「軍陣醫學實習」課程，成為軍陣醫學知識的傳遞者之一，與認真學習的迷彩軍醫天使們教學相長，敝人深感光榮、又覺責任重大，實則感動萬分。特藉以上隻字片語，引以為誌。

教師回饋（八）

106年軍陣醫學實習課程心得

馬偕紀念醫院急診醫學部　黃明堃　醫師

今年很榮幸地接受陳穎信主任的邀請，擔任隨隊醫官一同參與了106年國防醫學院軍陣醫學實習課程，無比豐富精實的行程安排，三天的時間裡從北到南參訪實習，暨緊湊又充實，除了知識上的學習，更有許多實作體驗課程，身體力行，令人聯想到早期醫界的先輩們，篳路藍縷地奔波走訪第一線去服務病人與找尋醫學上的答案，而不只是坐在學堂裡學習書本裡有限的知識。

在軍陣醫學、環境醫學、野外醫學的領域裡，課題包羅萬象，很多疾病與問題都是需要貼近現場才能夠真實的認識與了解，坐在醫院裡看病人或是看書本是很難想像的，例如急性高山病，當傷患可以下到平地醫院來到你我的面前時，症狀早已消失，若是無法有機會親身處於這樣一個高海拔低壓低氧的環境，如何更深切地認識這個疾病、了解病人所面對的情況與需要；又如災難醫學大量傷患情境，這裡面沒有艱深奇妙的生理病理探討，若非藉由模擬情境與實作演習，怎能輕易感受到大傷的快速檢傷與處置，在意外發生時更能快速正確地應對、拯救幫助更多的傷患、降低災難的影響與健康的損失。

身為陽明大學及馬偕醫學院的兼任老師，其實是非常敬佩國防的師長們是如此地願意付出以及投入如此多心力資源舉辦這樣的課程，帶著上百位學生四處奔波還要上武嶺體驗極限環境，所需動用的人力物力與承擔的風險，真非無比的熱情與使命感無法支持；同時也很羨慕國防醫學院的同學們，這樣的課程與體驗真的是國內外百分之九十以上的醫學院所無法提供的，也許在學生的階段只會覺得像是修門課過個水，未來不一定接觸得到相關的領域，可是在學習與視野的廣度上、以及醫學上貼近病人需求實踐所學的精神，卻是紮實地種下一顆種子等待著生根發芽，未來必將成長茁壯。

教師回饋（九）

106年軍陣醫學實習課程心得

新北市政府消防局　張冠吾　科長

到院前緊急救護依英美救護體系的歸類，是屬於急診醫學的到院前範疇，傷病患的急救工作現依法規分工是由各地的消防單位救護人員所擔任。原想新北市是全國緊急救護需求最高的城市，因我們所處置的傷病患常伴隨著災害的發生，而致困難地形及場域所衍生的急救限制，很開心此次參與了國軍的軍陣醫學實習校外教學，才體會軍方所面臨的極端環境如空域、高山、極地、低壓或潛水等環境所需克服的重重困難；軍醫及軍中救護員除了要具備急救知識與技能外，更需考量環境所可能衍生施救者與被救者的相關問題；這些是消防局過去在接受到院前緊急救護教育訓練所無法窺視接觸的部份。

此次有幸由本局的醫療指導醫師，同時也是此次軍陣醫學實習課程總規劃陳穎信上校邀請參與了包含航空生理訓練中心及國軍高雄總醫院左營分院潛水醫學訓練中心的實習課程，期間對於訓練中心人體離心機、低壓艙、空間迷向機、彈射座椅訓練機、動暈減敏系統等空域及夜視鏡模型台等航空生理訓練裝備與模擬潛深訓練室、高壓氧治療中心等海域的相關常見傷病患型態、急救學理及急救設備有更進一步的認識。希望未來仍有機會與軍醫局任職的指導醫師合作，參與軍方特有的專長訓練，以增廣見聞。

學生回饋（一）

106年軍陣醫學實習課程心得

M114　郭倪君

經過九天的軍事訓練課程，我覺得收穫很多，因為自己本身是軍陣醫學的社長，所以在看上課內容的部分，我也會特別留意在課程的安排。上課內容的部分，總的來說這九天的課程可以感受到學校滿滿的誠意，在最短的時間內讓大家能了解軍陣醫學的大綱要領，有別於一年級衛校課程，這次軍訓課程的老師都是非常具有專業性，而且也都是本校優秀前輩，將軍事醫學的知識，多帶入臨床的知識，可能再補充一句國考會考，就可以吸引大家的注意。在課程安排方面，總的來說非常多樣豐富，其內容涵蓋創傷救護、災難醫學、精神醫學、熱中暑、輻射災害、生物防護、潛水醫學、野外醫學、選兵醫學、高山救護等等，廣義來說的軍陣醫學就是要找出各兵種適性、熱傷害、潛水傷害與其他軍人易發生的疾病，更精細的話竟是像戰術練習等等，在這幾天內完全能體驗到；此外早上是室內課堂課，下午是實作課，我覺得這樣的學習方式很好，可以讓早上的知識在下午用實作課的方式實際運用，能夠加深印象，也能讓學生比較不會忘記這樣的技能。

感謝學校這樣用心的安排課程，讓我想到在「西點軍校-給青年的16個忠告」書中的一段話，「對於學員，西點要培養他們各方面的能力，這些能力中包含承受悲慘命運的能力。對於大多數人所認為的逆境，如果你換一個角度去看它，你就不會再抱怨或者萎靡不振了。人生路上難免有許多不如意的事，但是我們不要死鑽牛角尖，換個角度看問題，說不定會有意想不到的收穫。我覺得看到這段話的時候感觸很多，一方面是因為當初想著軍事訓練週就是一個悲慘命運的開始，所以這段文字開頭就切中要點，再者是因為當初以抗拒心態上課時就會很不耐煩，課前主任說課程再怎麼好，大家想必也是心不甘情不願配合的，或許大家應該轉個念，因為軍事訓練周是躲不掉的國防部部定課程，那大家不如就認真去上課，讓老師也認真去規劃課程，緊緊的一念之間讓大家可以轉換心態去面對這個課程，而我同時也深深地相信，好的課程絕對不單只是老師的用心規劃，必定也是要同學盡力的配合與反思回饋，很感謝學校對於學生的意見都會聆聽，相信這樣立意良善的課程規劃一定可以在老師與同學共同合作之下年年進步。

課程最主要讓我印象深刻的是朱柏齡教授的中暑防治概論，這個課程看似無聊，但是在軍隊中發生頻率極高，甚至是因應近年來路跑活動的興起，該如何防範中暑的發生我認為是非常重要的一件事情。之前就有寫過關於中暑這方面的小論文，探討一般大眾對於中暑的定義，經過十個網路問卷，回答人數高達2000多人，我們發現現在大學生對於中暑的知識竟然不高，因此，在上這個中暑課程時我也提醒週邊的朋友，記得用心聽課，這些上課的知識隨時都有可能發生在你我周邊。

如果說人生是一本書，那麼，暑期軍訓課程的生活便是書中最美麗的彩頁之一，能在滿是嚴肅的區段考之下，騰出一段時間來學習這些看似不重要卻又與身相關的小常識，其實真的非常有趣；如果說人生是一台戲，那麼，軍訓的生活便是戲中最精彩的一幕，能跳脫在一學參考書之外，將急診醫學的小常識活用在生活之中。的確，幾天的軍訓是短暫的，但它給我們留下的美好回憶卻是永恆的，感謝這些天來各位師長的協助與幫忙，想必學校也花了很大一筆金費在這方面。軍訓，就如夢一樣，匆匆地來就這樣的短短幾天，又在我沒有細細品味那份感覺的時候悄然而逝，每天早八滿八的緊湊課程，累積多日的疲勞在肩頭隱隱告訴我，已經結束了。很累，而且有酸酸的感覺。暑期軍訓課就這樣子結束了，那麼匆匆，卻留給我們深刻的回憶。

這次真的非常可惜，遇到了季風豪雨，讓原本眾所期待的登合歡山被取消，很感謝師長在短短的時間內想出應變的方法，多方協調之下能讓我們參訪左營軍港的軍艦，讓我們能有與參訪到高齡71歲的海軍茄比級（GUPPY II），聽聞潛鑑軍官所言，他們本來在海上出勤任務，是在凌晨收到電報，要求回港讓我們國防醫學院學生參訪，霎時覺得我們是何其幸運，何能何德讓這些弟兄官兵為我們這些無名小卒奔波勞碌。這次的參訪讓我能以最直接的方式接近國軍海軍，原來這些帥氣的海軍制服背後，有這樣的禮儀。

海軍是一個禮儀繁多的軍種，在遵循本國各軍種通用的禮儀之外還有著自己獨特的各種禮儀。海軍的出訪活動更是代表國家的行為，是海上流動的國土，這是與空軍差異最大的地方，船隻可以象徵領土的擴張，也是一國主權的象徵，海軍禮儀不但體現該國海軍的風貌，更體現了國家的主權和尊嚴。軍人登離艦禮節、艦員在艦上的禮節、艦艇迎送首長禮儀、艦艇迎送外賓禮儀、艦船問禮節、艦艇訪問禮節、艦艇典禮、艦艇閱兵、艦艇下半旗、海上葬禮等。禮儀形式有懸掛滿旗、滿燈，鳴放海軍禮炮，鳴笛，分區列隊等。聽到海軍官兵跟我們這樣說頭都已經花了，更別說是要登船，還未上船頭都先暈了呢。另外最讓人印象深刻的莫過於是最大的船隻，舷號532的磐石軍艦，去年剛加入海軍戰鬥序列，是我國海軍最大的油料補給艦，亦是國艦國造的重要指標；該艦平時配合主作戰艦執行海上整補訓練及主戰支隊海上機動整補任務，今年更將首度肩負敦睦支隊油料補給之重責大任，看著磐石軍艦進行敦睦任務到台灣各個邦交國，隨著青天白日滿地紅的國旗在他國飄揚，我們也為這些努力的國軍弟兄感到驕傲。

學生回饋（二）

106年軍陣醫學實習課程心得

M114 嚴海威

軍陣醫學實習的確是一門很特別的課，在普通大學是不會能夠接觸到的，而慶幸我在軍校裡面能夠認識得到這方面的知識。接下來，我會從幾個方面的學習主題去寫心得。

關於災難醫學。災難發生時的緊急醫療固然重要，但災難醫學並不只有醫療，而是一套從災前減災、準備、緊急應變到災後復原重建的完整體系。重大災難發生時，最令人深刻的畫面，那就是頻繁穿梭在災區的救護車，刺耳的警笛聲令人沒法平靜。面對災難，若果醫院的日常功能也失靈，醫療體系就要有另一套完整的體系去抵禦與準備，才不會讓病人失去保貴的生命，即使有足夠的時間去準備，但若果沒有適當的資源去應付，災難所發生帶來的病患仍然是沒法得適當的治療，所以災難醫學的存在是十分重要。二零一四年七月三十一號我在高雄陸訓的時候，發生石化氣爆炸事件，造成三十二人死亡、三百多人受傷，國防部應變迅速，派出各種專業部隊。短時間內出現大量需要急救的民眾，超過了平時急診室的作業能量，醫院的功能因為受到災難的衝擊而臨時癱瘓，使得醫院無法如平時一般正常運作。所以，在這種緊急狀況下，就必須採取異於平常的醫療作業方式才能夠充分處理，給予傷患適當的照顧，此處特顯災難醫學的不可取代。

關於災難搜救技能。基本及應用繩結、繩索下降是最令人深刻的部分。以前就看到學長在網路上放上繩索下降時的照片，看到一手拿繩子，一手捉住繩扣，一點一點地緩步落下，感覺就很有趣。當天每個人都要試一次，操作完畢後，很多人都再次排隊積極練習繩索下降，若日後有機會遇上，也有本事可以拿出來作災難搜救用。而關於基本及應用繩結，當中有很多的打法，第一次接觸真的看得讓人凌亂，但對於蝴蝶結我就有另一個體會。蝴蝶結，在打繩的時候像蝴蝶一樣，有打繩的美感，在功用方面，當繩子兩端受力時，繩環不會受力，容易解開，繩環還可以用作吊掛物品，或提供手拉、腳踩，不論在災難搜救用時可以用得上，而在日常生活中也可以用得到。搜救的技能需持續不斷精進，也要複習搜救技能與學習新知，在搜救訓練的基礎上加強救災技能熟練。實際操演，讓我們體驗到搜救志工對於救災演練有第一身的瞭解。災難搜救技能是災難醫療救援不可或缺的一門，在一連串救災過程中，應用搜救技術例如繩結打法、繩索垂降、橫渡技術等可有效提升救災效能，尤其在作戰、海空搜救、高山搜救、或困難地形等搜救都需要這些實用的技術。

關於輻傷防治。輻射這詞語大家一定不會不認識，對於生活中常常都會聽到，例如檢查牙齒或身體檢查的時候總會用上X光照相，大家都不多不少地了解到輻射能夠穿透身體，從而在照片當中看到自己的身體狀況，牙齒的形狀。這個主題我很感興趣，因為前幾年想去日本旅遊前，日本剛好不幸遇上海嘯造成福島核事件，大型災難突然發生，世界各地都出手援助。在電視新聞上真的看得很多救災人員穿上厚重的防輻射衣到達事發現場幫忙搜救生環者。

其次，有一段時間聽到新聞報導說社會上出現大量市民購買囤積鹽來防治輻射，當時不了解原理也不太沒注意事件，但課程後了解輻傷處理其中一門利用碘。服用碘片是為了防止事故時可能排放的放射性碘積存於甲狀腺，避免甲狀腺癌之發生率。在市面上有販賣碘鹽，但碘鹽中的碘量很高，需要額外吃大量的鹽來平衡身體機能，是很不健康的，而這是為了透過碘鹽排出放射性的碘，所以這讓我醒悟過來，當時社會大量囤積鹽是多不實際。一旦曝露在輻射中，最佳的第一步驟是，把受污染的衣服脫掉不要，並立刻清洗頭髮和身體，把身體上還沒穿透到體內的輻射能除掉就除掉，這樣就學會了一些緊急而實用的應付方案。

然後，接受了輻射傷害聽起來也真的很可怕，輻射污染疾病對健康造成很大傷害，主要的危害是癌症，尤其白血病、肺癌、甲狀腺癌等等，這些地方發生了癌症真的很可怕，因為都很容易到達全身，導致各個器官出現轉移癌。不，輻射傷害本來就是全身性，那一個地方的細胞中的基因因為輻射量太高，造成大量變異，而身體沒法吸收和消除時，就會發生問題。正如一位法國輻射暨核子研究安全研究所首要研究員說過「風險與接收的輻射量成正比，而即使是很小的輻射量，致癌的風險還是會升高。」—，所以能夠避免接受輻射就應該去遠離輻射源。但是在軍陣救災的事故下就不能以個人身體健康而放棄拯救每一個能救回來的生命，在日本福島核事故中，看到有很多人冒著生命的威脅下，仍然不離不棄地去事發現場搜救危難者，背穿上厚厚的防護衣，背上裝備到達災區搜救危難者，真的令人可敬。在課程中，讓我明白了輻射的防禦，和遇上輻射的一些簡單的處理方法，還有感受到輻射所帶了的傷害，這些都讓我獲益良多，更體會到軍陣輻射救災，冒險救援的精神，真的讓人佩服和尊敬。

最有趣的是生物防護，而有幸在本校親身體驗防護衣，真的很有趣，於學習中娛樂般，學習如何安全穿著裝備，日後若有機會幫忙救援時也可以先有心理準備。防護衣有分四種，從最高防護到最底。在辨識毒劑之前，進入現場最起碼必須穿著簡單的防護衣，呼吸道和皮膚的保護都很重要。當需要時也可以用到空氣濾清罐，而我們戴上防毒面具和穿上防護衣時真的很興奮，因為這些就如同在電影裡看到的服飾一樣，如同電影中的主角做事，玩上角色扮演，於學習中娛樂。

另外，課程中也有介紹生恐攻擊，疾病有使用特別設計的病原，帶有高毒性的物質。例如令全世界聞之色變的伊波拉病毒，蘇聯在快解體前差點擁有武器化的伊波拉病毒，不過俄國人也在末期開發出伊波拉的姐妹病毒-馬爾堡病毒武器，日本奧姆真理教曾深入薩伊尋找伊波拉病毒，打算用來進行恐怖活動。而這病毒是會透過蚊子傳播，所以到達災區疫情地方就必定要穿上足夠的防護衣保護自己，這病毒針對蚊子傳播的話皮膚的保護顯得十分重要。即使台灣本土比較少可能遇上生恐攻擊，還是會偶然發生疾病疫情，例如二零零三年所發生的非典型肺炎，稱之為嚴重急性呼吸道症候群，引了鄰近國家發生了總多的疫情爆發。此病症狀嚴重，難以治療，死亡率很高，若被用作生恐攻擊後果會不堪設想，而在電視上看到很多醫生在幫病患治療總會穿上防護衣，在小時候看到，就覺得醫生很偉大，因為即使面對患上疾病的風險也在所不惜地照顧病患。後來到了軍校上了軍陣醫學，體驗防護衣的一刻，有著重新點燃當醫生的初衷，同時也感受到軍陣防疫的重要性，也明白了當年疫情爆發時軍醫也冒著生命威脅去拯救病患。

總結而言，軍陣醫學所學習到的，在普通醫學院是沒辦法所體驗的，而我在這裡，能夠得到的比別人多，真的很感恩。同時也慢慢開始明白到軍人救援的偉大，不論在救災上或是對急難中大量傷患的處置，都扮演著不可取代的必要角色。

學生回饋（三）

106年軍陣醫學實習課程心得

D73　蔡沅致

結束了長達九天的國防醫學院軍陣醫學實習課程，從國防醫學院的教室到高雄的左營軍港，各個醫院單位，再到陸航的基地參觀，雖然因為天候不佳，未能如期攻上合歡山山頂，於武嶺基地進行實際的演訓，但也著實學習到很多實用且珍貴的觀念，例如：繩結學習、垂降練習、水中求生等等，都是難忘的經驗。其中最令我難忘的莫過於參訪與演訓了！

六月一日是南下參訪的第一天，一早來到空軍官校國軍空勤人員求生訓練中心與岡山分院航空生理訓練中心，除了許多水中與拖曳傘操作與逃生演練觀摩，也看到低壓艙、空間迷向、彈射座椅、夜視鏡訓練室與動暈評估及減敏室等專業的訓練設備器材。下午我們來到了國軍高雄總醫院左營分院潛水醫學訓練中心和海軍左營軍區故事館。而在故事館中，最令我印象深刻的是看到了國軍已退役的艦艇-丹陽艦的艦鐘，這艘艦艇原本是日本帝國海軍的驅逐艦，陽炎型8號艦的雪風號驅逐艦，他是唯一終戰時仍然殘存戰前成軍的驅逐艦。由於經常投入激戰區，令日本海軍的驅逐艦損耗率極高，而「雪風」

一方面曾參與過十六次以上的作戰並取得戰果，另一方面近乎絲毫無損的狀態存留至戰爭結束，因此被稱為「奇跡的驅逐艦」。而戰後於七月六日移交至中華民國，翌年五月一日改名為「丹陽艦」(DD-12)。成為中華民國艦隊的旗艦，也參與了攔截蘇聯油輪、攔截中波公司輪船、九二海戰等許多功績，在1964觀艦式仍編列於戰列之中，但是機件老化及後勤料件取得不易等問題仍讓海軍決定在一九六五年十二月十六日將她降旗停役，一九六六年十一月十六日正式除役。隨後丹陽艦靠泊在左營港作為訓練艦，一九六九年夏天因暴風雨導致艦底破損，在艦齡二十九年時開始解體處分，並在一九七一年十二月三十一日完成拆解。這艘戰艦在我心目中一直是難忘而傳奇的軍艦，在故事館中能看到他的艦鐘讓我很難忘也很驚奇，對我來說也是最大的收穫。

六月二日是高雄的第二天，原本預計一早前往合歡山進行演習，但因天候不佳而改至左營軍港參觀現役艦艇。其中第一艘來到西寧軍艦，他是康定級巡防艦，原型為法國海軍拉法葉級巡防艦，為中華民國海軍的一級艦，艦長編階為上校，隸屬海軍一二四艦隊，母港為左營軍港。主要執行台灣海峽周遭防空、反潛、護航、反封鎖及聯合水面截擊作戰。而全艦官兵編制一百七十六人，其中軍官二十人、士官兵一百五十六人，分別配屬作戰、戰系、輪機、補給四部門。目前各艦艇分別隸屬於海軍124艦隊轄下之242戰隊與264戰隊，與成功級巡防艦混合編組運用。實際登上艦艇之後更感覺他的現代化與實用感，在參訪時艦艇上的官兵都十分熱心介紹，也時時提醒我們要注意安全，備感溫馨與用心。來到了第二艘軍艦，為海豹級潛艦美製茄比級潛艦，目前已經七十餘載歲數，根據資料，原本是美國海軍的「單鰭鱈」號（USS Tusk）潛艦，一九四五年七月下水，一九四六年服役，來不及趕上第二次世界大戰。一九四0年代末，美國海軍對多艘潛艦進行大規模性能提升，計畫縮寫為GUPPY，因此經歷過改良的潛艦就稱為GUPPY級，國軍將其音譯為茄比級。我小心翼翼的爬進潛艦的艙門，濃厚的柴油味撲鼻而來，看到許許多多的水閥管線等，也想起二戰時期軍人的辛苦與滄傷。有趣的是，裡面的餐廳廚房有大同電鍋，相信在出航演訓時能聊慰軍官士思鄉之情。最後來到國軍最新的油彈補給艦-磐石軍艦，全名磐石號快速戰鬥支援艦，造艦原由是武夷號油彈補給艦已服役二十年進入役齡後段，加上海軍一直缺乏補給艦艇可供輪調，也因此影響艦隊的行動力，決定編列預算造艦。很特別的是，根據資料與實際參訪，艦上有許多的醫療設施，包括診療間、手術室、消毒間、牙科室和病房等，共有十二張一般病床，還有一間三張病床的負壓隔離病房；艦上配置的醫療設備包括內視鏡機組、血液分析儀、超音波、移動X光機、麻醉機與高溫高壓消毒鍋等。磐石軍艦主要在出航時幫助補給油料與飛彈、彈藥箱等，艦上也有許多吊臂能隨時補充僚艦的資源。也鋪上防滑的地板塗裝，勘稱目前最新最現代的國軍軍艦，在船上也備感榮耀與自豪，能有這個機會參觀。

傍晚來到台南陸航歸仁基地，參觀CH-47雙旋翼運輸直升機。為美國波音公司研發製造，其雙旋翼縱列式結構允許機體垂直升降，而且時速高達一百六十五里。除了運輸人員外，還可以運送軍事車輛和坦克，CH-47在1960年代開始服役時，是飛行速度最快的直升機。目前，CH-47已被外銷至全球十六個國家或地區。站在這架運輸直升機旁，更能感受到他的壯闊與性能，大型的運輸機艙與輛個偌大的機翼，令我震懾許久。教官也熱情的招呼我們，實際坐在裡面體驗，想到出任務時的官兵弟兄戰戰兢兢的在這上面努力著，便覺十分感動。

六月三日，繼昨晚連夜回到台北，半夜才抵達，我感到昏昏沉沉，但為了下午的演訓，我仍然打起精神加油。早上教官安排了許多專業的老師來為我們演講，內容包山包海，更有當年復興空難的醫療指揮官來為我們演講心得，也十分受益良多。下午正式來到演訓，從術科考試開始，操作CPR與AED、繩結操作到搬運傷患，我懷著忐忑而緊張的心通過。再來是實際演訓，我們在一樓中庭架設了大陣仗的帳篷，與各個檢傷站，再傷患眾多的情況下，同學有條不紊的完成了這個困難的任務。最後的筆試也順利的完成了，在院長的勉勵合影下，順利的結束國防醫學院軍陣醫學實習課程！

學生回饋（四）

106年軍陣醫學實習課程心得

N67　劉嘉虹

比起前兩年的軍訓週，大三的課程真是有趣多了，才第一天就收穫滿行囊，一整天下來8個小時的課程真的很充實，學到好多實用的技能。今年教官幽默的教學方式讓一整天的上課氣氛變得很棒，同學熱情的回應及優秀、風趣、有創意的表現也把氣氛帶到最高潮，在這裡真的很能看到大家對於醫學及護理的熱忱，以後到臨床工作，我也希望自己能保持這份熱情，像教官一樣，用愛心與耐心感化大家，把工作環境變得像一個大家庭，不僅上班時能樂在其中，還能大大提升醫療品質。

第一週印象最深刻的是和同學六人一組進行心室震顫病人的處理，在壓胸的過程中我很專注在三十下數數，完全沒辦法一心二用，注意其他隊友們在做什麼，或許是因為對於高品質CPR還很不熟練，加上體力差壓累了就無法思考，在軍事戰傷處理時間很緊急的情況下是很講求速度及精準度的，所以對於今天的表現真的不慎滿意，但也從中學習到很多改進的地方，之後必定強加練習，展現專業的一面，並幫助更多病的人。

第二週學校為我們準備了豐富、精彩的校外參訪課程，去了空軍官校、高雄總醫院左營分院、高雄總醫院岡山分院、海軍左營基地等，其中我印象最深刻的是能登上拉法葉軍艦跟潛艦，拉法葉超級無敵大，看起來頗壯觀的，走在裏面像在繞迷宮一樣，感覺永遠走不完。艦上有各種砲彈、魚雷，室內除了軍艦應有的設備外還有手術室、病房、甚至牙科診療間，只是不知道這些平常用到的機會大不大，不過當然是希望不會用到啦，國軍能平平安安的出海、平平安安的回來才是大家最喜歡看到的。上去潛艦之前，有長官向我們介紹潛艦的基本設備跟功能，潛艦潛進水中的原理是將船底部開個洞，讓水灌進空間內，船就會沉下去了，而加壓灌空氣進去將水排出後船就會浮上來，然後他們也有將窺視鏡、瞄準器等的設備升起來讓我們看，整體來說是蠻新奇蠻酷的，但我還是很不喜歡潛艦中的油味，長期吸入這些空氣可能會對身體造成一定的影響吧。不過我還是很喜歡海軍左營基地這個行程，謝謝長官們這麼用心為我們安排這些課程，三年來的軍訓最精采的非今年莫屬了。

最後一天早上有四場專題演講，其中最讓我感興趣也聽得最起勁、印象最深的是王士豪的醫師的高山醫學研究分享，他將自己的興趣跟事業結合，走出自己的未來，讓他很享受他的工作，期間發表了不少很棒的研究，還能到海外和其他頂尖的醫師爬山好手兼偶像進行學術交流，做自己最喜歡的休閒活動之餘還能增加自己的高度及廣度，自己常常會覺得這種事是可遇不可求的，但王士豪醫師的故事讓我們知道只要有心，沒有什麼不可能的，希望自己未來也能跟王醫師一樣，才能活出生命的意義。

最後一天下午的闖關活動跟演習真的是有趣又好玩，因為之前教官的耐心教導及清晰講解，加上自己平常充分的練習還有可靠同袍們的相互協助，讓我們大家都能輕鬆過關、通過測驗。在演習時很感謝我們醫療重傷組組長王承恩，富有領導能力的他讓我們重傷區能和搜救組及傷患組的同學進行良好的溝通，並有效率的執行緊急應變措施及處置，大家堅守崗位，除了做好份內的事也會適時協助身旁的同學，像是有傷患太重搬不動的就會主動來幫忙，還有傷患們也靠著化妝師高超的傷口繪畫技巧及自己精湛的演技，讓搜救組及醫療組能有察覺事態嚴重的感覺，宛如真的有災難發生，受到他們的影響全都毛起來執行各項任務，讓我們成功完成這次的演習。

這兩個禮拜來最感謝的是陳穎信教官，雖然最後因為天候因素沒能上合歡山真的覺得很可惜，但教官一定比我們更難過，畢竟籌備了半年多，但到海軍左營基地參觀拉法葉跟潛艦真的不輸登合歡山，讓我們有不虛此行的感覺。還有我覺得陳穎信教官給人的感覺就是一整個很正向很熱情很年輕，像永遠的18歲熱血青年，跟教官在一起真的會讓自己找回當初的熱忱，想起三年前選擇念護理的初衷，希望以後還有機會可以再遇到陳穎信教官，只能說當他的學生真的是上輩子修來的福氣，也希望自己未來能跟教官一樣總是看起來這麼有自信，富有能力及責任感，並且能帶給這麼多人正能量。

另外也很感謝這兩週來一直陪著我們的涼山特勤隊的顏孝恩教官，除了原先安排好讓我們應學的知識技能外，教官還會跟我們說很多額外的常識跟求生辦法，也告訴我們要用腦袋去思考去理解，將所學運用在更多的地方，我們問了很多問題，甚至是教官自己一路走來的心路歷程跟故事，教官都很有耐心地為我們做解答、和我們分享，很怕我們會少學少聽到什麼一樣，真的是我遇過最有心的軍訓教官了，不過中間有幾天教官好像因為要忙公文的事所以很少出現，真是辛苦教官了，沒有顏教官在的時候真的會沒安全感啊，教官你真的是我們的偶像，我們會努力朝自己的夢想目標邁進的。

很感謝學校為我們準備這麼多豐富的課程，也很感謝所有的教官，每位人都很好很有教學熱忱，在我們每次實作卡卡時都會不斷的提醒、糾正我們，很有耐心的把所有自己知道的知識跟技巧傳授給我們，給我們有一個很好的學習機會跟榜樣，辛苦了！謝謝全體教官們！

學生回饋（五）

106年軍陣醫學實習課程心得

護研所碩一　詹雅棻

「為什麼你要跟著來上課？」這個問題從課程第一天開始到最後一天結束都沒有停止被提問過，連自己的腦海中三不五時冒出這個問題。曾經也是大學三年級的我，升四年級的暑假就和現在的學弟妹一樣，穿著迷彩服，上了兩週的軍陣醫學課程。因此回答之前我都先深深嘆一口氣，內心帶點些許無奈思考著各種理由及原因，但是直到課程結束後我才了解這個問題的答案是什麼。

這九天的課程說長不長，說短不短，每天紮紮實實的上滿八堂課，加上實際操作，九天下來也是挺累人的，但也相當難得與值得。首先感謝陳穎信主任用心規畫課程，課程內容相當豐富，不僅三總的醫師，還動員了陸軍特勤隊、新北市特搜消防隊、中華搜救總隊及各醫院的急診室醫師，規模之浩大，堪稱空前絕後。回想起九天的課程，少了初次接觸的驚喜，但多了「已成為護理官」的反思與啟發。

第一天的課程主要聚焦在緊急救護技術：高品質CPR、ACLS VF處置流程、ETTC、傷口縫合及骨折固定。對於已成為護理師在臨床工作三年的我來說，CPR及

ACLS並不陌生，但在內科工作的緣故，因此與ETTC、傷口縫合及骨折固定不熟悉，經課堂教學與實際操作後，有了初步的了解，往後的職業生涯可能用到機率不大，但誰也不能保證不會遇到，因此為避免「書到用時方恨少」的窘境，多學外科處置也是不錯的。第二天的課程是災難醫學與災難搜救技能，這一天的課程也都不陌生，過去全都有上過，只是在繩結的部分因為極少用到，所以得重頭學起，而垂降部分可說駕輕就熟，之前還有橫渡技巧，但今年因為時間的關係沒有這項安排。另外，對於高山災難醫學我特別有體會，過去我討厭登山，且對高山病一知半解（雖上過課），直到這一兩年開始登三千公尺以上的高山，而親身體驗到什麼時高山病，自此忘不了高山病的症狀與治療，果然沒有什麼學習方式可比親身經歷更刻骨銘心了。第三天是TCCC概論，這是軍陣醫學很重要的一個部分，和過往一樣皆有安排此課程，但是「戰場」二字對我來說太遙遠，因此只記得止血帶的使用及其重要性，不過止血帶的確也是TCCC概論中極為重要的部分，會印象深刻也是理所當然的，而至於敵火下作業對我們來說真的太無臨場感（沒有人有過這樣的情境），也缺乏戰場運動基本觀念，所以在課堂上也只能學到皮毛中的皮毛，但至少還是有過這樣的模擬經驗也是難能可貴。第四天輻射防治與生物防護課程也學過，對於防護衣的等級外型、輻傷中心也不陌生，但空氣採樣與快篩則是新的學習體驗。第五天是航空醫學及潛水醫學，我對航空醫學比較有概念，因為有受過航空醫學會的初級空中救護訓練課程，再加上自己抽到空軍，所以對航空醫學較有興趣。說到這裡，又勾起內心的遺憾，空軍對護理係軍費生較為特別，因為需要去受航護訓練班，在醫院ICU工作一年後即須要調到空軍439聯隊服務，但三總空軍除外！因此，在留三總工作及受航護訓練課程需要抉擇，對於長久護理生涯來看，我選擇留三總，同時也喪失受訓的機會。雖然很多人不想受航護訓練，也有延遲醫院經歷的問題，但我覺得這是一項專業，而且是只有軍護才有的專業，當航護的兩年也是金錢也買不到的經歷。只能安慰自己國家有國家的政策，至少在軍陣醫學還能加減學到一些。潛水醫學的部分就沒有航空醫學來的熟悉，過去也沒有潛水的經驗，但水下世界的綺麗令人著迷，讓我很想嘗試休閒潛水，不過在潛水醫學課堂上介紹的減壓病，讓我慎重考慮學習潛水的意念。因為了解所以開始感到害怕，原來潛水的過程中隱藏這各種細節，一不小心就會造成傷害，當然在傷害之後所需的處置正是潛水醫學所探討的，這也不是一般醫院所能經歷與學習的，不禁要再一次感謝軍方以及學校的資源。

接下來的幾日的課程都是前面課程的實作及參訪，後三天的校外實習相當精彩，一天空勤人員求生訓練中心、岡山分院航空生理訓練中心、左營潛水醫學中心參訪，十足大開眼界，對於求生訓練中心的情境模擬可說相當佩服，完全可呈現出在大海狂風暴雨的情境。過去沒有參加航護訓練班的機會因此也沒有空勤人員求生訓練中心、岡山分院航空生理訓練中心的體驗，此次的參觀行程算是有小小的滿足了沒有航護訓的遺憾。而潛水醫學中心也讓我像劉姥姥逛大觀園，各種高壓氧艙、潛水加壓艙都是未曾見識過的，加上教官仔細地解說更能了解潛水醫學的奧妙。

結束參訪岡山及左營後，翌日原先預計到武嶺實施大量傷患演習與學習成果，無奈天公不做美，連日的豪雨讓計畫完全泡湯，澆熄了爬山攻頂的期待，也辜負了上山前的準備，實為可惜與遺憾。然而，「塞翁失馬，焉知非福」，A計畫不可行，還有B計畫，在陳主任精心策畫與校方努力聯絡下，增加了左營軍港艦艇參觀及陸軍航空直升機的參訪行程，這完全是全新的體驗，學校沒有軍艦，加上我不是海軍，若不是這次的課程不太有機會能登上拉法葉艦、潛艦及磐石軍艦，登艦後體會到海軍官兵的辛苦以及保衛國家的武力，一次能看足我國許許多多的軍艦相當過癮也非常興奮。最後，這次的軍陣醫學課程在學校的演習及闖關活動後正式落幕，但所獲得的反思與啟發才要開始。

回到最根本的問題，「為什麼你要跟著來上課？」我想是因為軍陣護理在台灣還有「許多」可以發展的空間，系上安排我們持續訓練，讓我們能時時刻刻思考這個問題。但是無可厚非的是，現在的台灣已至承平時期，少有戰爭，對於軍陣護理學發展也有諸多限制，從學校畢業的我們，除了航護以外，都在軍醫院工作，因此和軍陣護理的關連性有限，這絕非近幾年才這樣，早在台灣結束戰爭後，就趨於這樣的發展了。不過最後要謝謝護理系的課程，讓我有機會參與這九天難忘及難得的行程。

友校學生回饋（一）

106年軍陣醫學實習課程心得

國立臺灣大學醫學系五年級　李光晏

經由臺大醫院急診科劉越萍老師的介紹下，很幸運能有機會參與國防醫學院舉辦的軍陣醫學實習課程，在陳穎信主任及國防醫學院眾位熱心的醫師及教官的帶領下，深入的了解了國軍醫學體系的特殊之處，同時也對於國防醫學院同學的紀律、互助精神印象深刻以下分別記錄這趟旅程的點點滴滴。

岡山分院航空生理訓練中心

國軍高雄總醫院岡山分院是國軍醫院中有關航空醫學研究訓練的重鎮，針對飛行員於執行勤務務時的身體機能改變研究卓越，為求飛行員執行勤務的安全性，國軍弟兄必須在此接受過完整的評估及訓練後方可被派出執行勤務，課程中教官向我們介紹了各項中心中的設備及訓練目的。

低壓及低氧環境

飛行員飛航時，身處高海拔低氣壓環境，氧氣分壓降低造成缺氧，進而影響身體機能、意識狀態改變，嚴重時甚至會在短時間內喪失意識，同時，依照亨利定律，氣壓降低造成氣體溶解度減少，可能使飛行員發生高空減壓症進而出現屈痛、氣哽、皮膚及神經症狀；減壓造成的氣體體積膨脹同時可使得腸胃道、中耳腔室及鼻竇內氣體膨脹，產生不適症狀；為了評估受訓者未來在執行勤務下可能發生的身體變化，航空生理中心設有低壓艙讓受訓者在安全的環境下針對個人身體反應進行測試，低壓艙的設計同時具有巧思，大型空間可同時有效率的訓練多人，緩衝艙的設計除了可讓狀況危險的受訓者提早撤出艙外，更能避免需要同時結束全體人員訓練的狀況發生，充分展現實用性。

G力昏迷

由於航空中飛行器的加速度，造成飛行員在轉折時因為圓周運動造成腦部血流瞬間缺失，原理類似我們平常的姿勢性低血壓，飛行員最先受影響的為眼睛，發生「孔狀視野」、「灰視」或「黑視」等視覺症狀，為人體對於腦部供氧不足的警訊，若是持續受到G力影響，更可能會出現瞬間意識喪失的狀況；由於飛行員在航空中最高可能承受高達9G的加速度，訓練中心針對飛行員可能面臨的狀況設計一系列的課程，包含抵抗G力的肌肉用力方式、人體離心機的耐受度訓練等課程，確保飛航員在執行勤務時的安全。

其他還有包括空間迷向、夜視鏡、動暈症等各項設施、訓練設備介紹；從過程中除了了解到成為一名合格的空軍飛行員前需要付出多少努力、國家在背後給予多少資源外，更讓人印象深刻的是國軍對於執行勤務安全性的重視，為了在最高程度上避免意外發生，耗費了大量資源、人力、時間、空間進行事前訓練，為求讓飛行員升空後，能夠平平安安地完成任務。

左營分院潛水醫學中心

相對於專精航空醫學的岡山分院，左營分院的前身為海軍醫院，專門針對潛水醫學、海軍相關病症有著豐碩且深入的研究，發展至今，左營分院仍然以高壓氧等特色治療，在台灣醫界中佔有特殊地位。

於左營分院的參訪中，我們參觀了高壓氧治療艙、潛水訓練艙等特別的治療、訓練器材。

高壓氧治療艙

潛水者從高壓環境中回到路面時，由於壓力驟降，溶解於血液中的物質轉變為氣態，使得氣泡在血管中隨著血流四散，依據氣泡到達的位置而會有不同的臨床徵狀，從最常見的關節酸痛，到造成CNS影響都有可能發生，也就是減壓病，或者更通俗的說法：『潛水夫病』；根據疾病原理，我們可以反其道而行，也就是藉由高壓的方式使血中氣泡再次溶解，並且藉由替換血中多餘氮氣，提供組織足量氧氣為治療方向；而高壓氧治療艙便是對此最佳的治療器具。

左營分院的高壓氧治療艙除了正常的高壓艙外，更有著連接治療艙與外界的減壓艙設計，除了能夠讓出現危急狀況的病患單獨撤出外，也可以藉由對外艙門連接移動式的高壓治療艙，避免治療過程中病患的身體需要面對升降壓的額外壓力；如今，高壓氧治療除了應用在潛水夫病外，對於難以癒合的傷口（如：DM foot）、厭氧性菌治療也都有其特殊效果，如今左營醫院對外擴展其業務，在八仙塵暴等社會事件中也都扮演治療的重要角色。

空軍官校國軍空勤人員求生訓練中心

對於國求中心的第一印象是個龐大、採光良好的室內溫水游泳池，遼闊的場地配合四面採光，第一眼無法看出他的特異之處；然而，隨後的演示徹底推翻了我的想法，國求中心為亞洲最先進的求生訓練中心，各項基礎水中求生訓練器、水中棄艙求生訓練器、傘衣罩頂訓練器等訓練器材，能夠提供受訓者專業的受訓環境，除此之外最讓我覺得驚艷的是訓練場地能夠模擬日夜環境，以及各項惡劣的天氣環境，受訓者除了必須正確按照求生程序執行外，更需要克服各種環境下可能會有的心態變化，恐懼、孤獨、不確定性，都有可能對於求生過程造成不良影響，能有如此的訓練場地，不光是國軍之福，更能夠為國家未來的救援計劃提供良好的前備訓練場所，令人激賞。

此次軍陣醫學課程，除了參訪了各項以往未曾想像過的國軍設施、訓練機構，國防醫學院同學展現出的紀律性、互助性，同樣的讓我印象深刻，眾所周知，醫療行為十分需要分工合作，在壓力環境下如急救場所，每個人應該要各司其職，對於自己扮演的角色有清楚的認知，同時能夠包容團隊成員發生的意外事件；相較其他醫學院，國防醫的同學由於朝夕相處，彼此之間的關係格外親近，對於公眾事務的自動參與也顯示了和其他醫學院的相異之處；我想這種特質，在未來必定會協助同學們在未來行醫的道路上有所成就。

豐碩的軍陣之行需要再次感謝司徒惠康院長、陳穎信主任給予的機會，以及劉越萍老師的引薦，期待未來的路上能有更多的機會與國防醫學院的同學合作。

友校學生回饋（二）

106年軍陣醫學實習課程心得

國立臺灣大學醫學系五年級　柯廷潔

軍陣醫學作為軍隊醫療救援的強力後盾，對於未經歷過戰時的我而言，即使身在醫療相關領域，仍是非常陌生的。對軍陣醫學的認識主要來自急診醫學的歷史演進。可以說自有戰爭開始，便有軍醫的存在，而其為戰場上傷患進行救治與緊急處置的特性，在如今承平的大時代下，轉而以急診醫學的面目存在。另一方面，軍陣醫學處理大量傷患的特性也為災難醫療奠定穩固的根基。然而，緊急醫療服務只是軍陣醫學的一小部分，此次有幸參與軍陣醫學實習，實地體驗與了解軍陣醫學的其他面向。兩天的參訪行程，讓我對於航空醫學與潛水醫學有更進一步的認識。此兩領域皆關注極端環境所引發的健康議題，而在我過往所學習的醫學知識中，僅對潛水夫病有所耳聞，航空醫學這方面更是知之甚少。

航空醫學

說到高空飛行可能面臨的健康問題，我最先想到的是旅遊醫學時提過的暈機、中耳內外壓力不平衡及深部靜脈血栓，即俗稱的經濟艙症候群。而在空軍官校中，透過教官們的講解，更認識了包括「動暈症」、「空間迷向」、「G力昏迷」、「低氣壓及低氧分壓環境」等空軍可能遭遇的健康議題。

其中，自己最為熟悉的便屬俗稱暈車或暈機的「動暈症」了。以往對於motion sickness的認知便是使用antihistamine對中樞神經進行anticholinergic作用以緩解相關症狀。然而受限於此類藥物的副作用——嗜睡，飛行員在使用上有相當的限制。針對此一問題，空軍官校中有減敏治療專用的旋轉椅。聽教官說，接受此種減敏治療的空勤人員需要長時間坐在旋轉椅上，進行少說半個月的治療。因為自己也是非常容易暈車或暈機的體質，想到為了執行勤務需要忍受這樣的不適，與身體的自然反應對抗，便不禁對於空勤人員感到佩服。

「空間迷向」牽涉到人體的平衡器官：眼睛、內耳前庭及本體感受器。儘管在地面上，維持平衡及自我定位是不需思考、絲毫不費勁的事，在高空中，卻可能因為視線受阻、加減速度的改變等使大腦在綜合三種傳入訊息之後，產生錯覺。最讓人驚恐的是，飛行員往往對於自己正在經歷空間迷向的事實不自知。針對此一與飛行安全息息相關的現象，在空軍官校除了有六軸動向的「空間迷向機」可以訓練飛行員理解可能出現錯覺的時機及克服的方法之外，教官也指出，飛行員在自我認知與儀表板相衝突時，應該以儀表板為準的飛行準則。儘管日常生活的各種判斷、行為都奠基於大腦發出的指令，卻也不乏因為大腦錯覺而做出錯誤判斷的例子，而空間迷向也正是此一現象的最佳體現。雖然不甘心，卻也不得不承認人體的限制並仰賴機器，同時對於大自然抱持謙虛與崇敬的態度。

「G力昏迷」是我首次認識到的航空健康議題。當教官講解G力對人體造成的影響時，彷彿回到高中我最不喜歡的物理課堂；然而，在觀賞過短短數秒的G力昏迷影片後，便瞬間了解G力對於人體的重大影響了。在高空中，無論是G力或是低氣壓低氧分壓的環境都讓人體各個器官有缺氧之虞，差別只在G力的作用幾乎是瞬間的。對於需要保持高度專注的空勤人員而言，腦部缺氧是最危險也最致命的，所幸在航空生理訓練中心，有專業的模擬設備可以提供完備的訓練，協助空軍掌握自己高空飛行時的健康狀況，並預防憾事的發生。

潛水醫學

說到潛水，最廣為人知的便是潛水夫病了。但說來慚愧，身為醫學生的我，也僅是對於潛水夫病的成因略知一二，對於其所引發的症狀以及與之相應的醫療處置，可說是毫無概念。

經過國軍高雄總醫院左營分院潛水醫學中心的參訪之後，才第一次了解到原來所謂的潛水夫病在醫學上有個更正式的名稱——減壓病（Decompression Sickness, DCS）。而會罹患此一疾病者並不局限於潛水員，凡是經歷周遭環境壓力急速降低者都有可能出現症狀，故如飛行員、在高壓或低壓環境工作的工人都是容易受影響的族群。減壓病又可依照症狀的嚴重程度分為兩型，第一型嚴重度較輕，以關節疼痛及皮膚癢為最常見表現，而第二型則以侵犯中樞神經系統為主，預後相對較差。

目前針對減壓病，使用高壓艙實施重覆加壓以縮小體內氣體體積合併高壓氧替換病人血中多餘氮氣並提供組織足夠氧氣是最主要的治療原則。在左營分院，第一次見識到多人高壓氧治療艙。經過學長的解說，才明白利用氣壓改變進行治療受到物理因素的限制，因此高壓氧艙有許多特殊的設計，包括出入口的雙層艙門、傳遞物品使用的氣閉開關等，才不致破壞艙內的高壓環境，影響其他人的治療。其中，最讓人驚豔的設計便是可與移動式高壓艙結合，在不需減壓的前提下進行傷者運送及後續治療的閘門，既維持了治療的高品質，也創造了提供緊急傷患快速處置的彈性。不僅如此，高壓氧治療除了應用於減壓病之外，對於骨髓炎、燒燙傷、放射性組織壞死，甚至糖尿病足等也都有療效。

軍艦參訪

此次參訪行程的另一重頭戲原訂為合歡山登頂，無奈天候因素，為確保學員安全只好取消，令人有些遺憾。不過，反而因禍得福，得以參觀海豹號潛艦、磐石軍艦等海上武裝軍備。除了驚嘆於軍艦的雄偉，也讓我們可以一窺在軍艦上的生活環境及醫療設備。海豹號潛艦歷史悠久，其內部的空間狹小，睡在臥舖上連翻身都無法，而具一定高度的水密門也讓我數度磕碰，加上艦內瀰漫的機柴油味讓人對於在這樣的環境下執行勤務的海軍肅然起敬。另一方面，磐石軍艦除了空間相對寬敞許多之外，其上的醫療設備令人驚嘆。除了簡單的醫務室之外，尚有普通病房、隔離病房，甚至是手術室呢！

雖然只有短短兩天的參訪，卻讓我無論在學術上，或是見識上，都有了很大的開展及全新的體驗，實是一生難得的經驗！

國防醫學院106年軍陣醫學實習課程規劃

陳穎信

【主辦單位】國防醫學院醫學系課程委員會軍陣醫學組

【實施構想】

依據TMAC評鑑條文1.4.1「醫學系隸屬之醫學院必須參與醫學系務規劃，並共同為該學系設定方向以達成可預見的成果」其中委員建議本校醫學院有既定之宗旨、目標與願景，通識教育中心也訂定目標，醫學系也定有目標及核心能力，再加上到了臨床又有六大核心能力，有些重複、或繁雜，醫學系宜思考如何整合出一套適合軍事醫學院校培育軍醫之目標，並可以落實核心能力。

提供未來軍醫官臨床實務應用面、災難醫學與軍陣特色醫學之基本概念與知識，並佐以實際操作與演習等深化學習經驗。

105年起醫學系課程委員會決議後納入醫學系教育計畫，更名為「軍陣醫學實習」，利用暑期授課，為期二週（一〇六年共計九天），總計1學分。

【課程目的】

軍陣醫學實習主要目的為讓醫學生實際體認以下之知識與技能：

一、各式急救術
二、創傷處置
三、災難醫學
四、災難搜救技能
五、戰術醫療
六、野外醫學
七、核生化
八、航空生理與醫學
九、潛水醫學
十、軍陣精神醫學（106年新增項目）
十一、選兵醫學（106年新增項目）

【參加對象】（共計一八三員）

- 大學部醫學系、牙醫學系、護理學系三年級升四年級學生。
- 護理研究所碩士班一年級升二年級學生。

106年暑期軍陣醫學實習課程配當表（0522週一）高級救命術				
0800~0850	高級心臟救命術 ACLS 概論暨示範—陳穎信主任 (ACLS Instructor)			
0900~0950	急診外傷訓練課程 ETTC 概論暨示範—廖文翊醫師 (ETTC Instructor)			
1010~1100	傷口縫合暨骨折固定—曾元生醫師／王誌謙醫師			
1110~1200	止血帶操作暨胸針減壓術—林清亮醫師／柯宏彥醫師			
1200~1300	午休			
1300~1350	A 傷口縫合 燒燙傷處置— 曾元生醫師	B ACLS-VF 流程操作 陳穎信主任	C ETTC—多重性外傷流程操作 廖文翊醫師	D 骨折固定 王誌謙醫師
1400~1450	A 骨折固定 王誌謙醫師	B 傷口縫合 燒燙傷處置— 曾元生醫師	C ACLS-VF 流程操作 陳穎信主任	D ETTC—多重性外傷流程操作 廖文翊醫師
1510~1600	A ETTC—多重性外傷流程操作 胡曉峯醫師	B 骨折固定 王誌謙醫師	C 傷口縫合 燒燙傷處置— 曾元生醫師	D ACLS-VF 流程操作 蔡適鴻主任
1610~1700	A ACLS-VF 流程操作 蔡適鴻主任	B ETTC—多重性外傷流程操作 胡曉峯醫師	C 骨折固定 王誌謙醫師	D 傷口縫合 燒燙傷處置— 曾元生醫師

106年暑期軍陣醫學實習課程配當表（0523週二）災難醫學／災難搜救技能

0800~0850	災難醫學概論—石富元主任	
0900~0950	高山災難醫療救援—陳穎信主任	
1010~1100	A 各式繩結打法與傷患搬運 新北市政府消防局特搜隊	B 垂降技能示範及操作 新北市政府消防局特搜隊
1110~1200		
1200~1300	午休	
1300~1350	A 垂降技能示範及操作 新北市政府消防局特搜隊	B 各式繩結打法與傷患搬運 新北市政府消防局特搜隊
1400~1450		
1510~1600		
1610~1700		

106年暑期軍陣醫學實習課程配當表（0524週三）戰術醫療/軍陣精神醫學				
0800~0850	TCCC概論—林清亮醫師			
0900~0950	軍陣精神醫學概論—曾冬勝院長			
1010~1140	A 軍用自救互救訓練 自我防護—蔡豐穗教官	B 武器基本操作及使用 涼山特勤隊教官	C 敵火下傷患救援與脫困 林清亮醫師	D 戰場抗壓情境演練 曾念生主任
1140~1300	午休			
1300~1420	A 戰場抗壓情境演練 曾念生主任	B 軍用自救互救訓練 自我防護—蔡豐穗教官	C 武器基本操作及使用 涼山特勤隊教官	D 敵火下傷患救援與脫困 林清亮醫師
1420~1540	A 敵火下傷患救援與脫困 林清亮醫師	B 戰場抗壓情境演練 曾念生主任	C 軍用自救互救訓練 自我防護—蔡豐穗教官	D 武器基本操作及使用 涼山特勤隊教官
1540~1700	A 武器基本操作及使用 涼山特勤隊教官	B 敵火下傷患救援與脫困 林清亮醫師	C 戰場抗壓情境演練 曾念生主任	D 軍用自救互救訓練 自我防護—蔡豐穗教官

106年暑期軍陣醫學實習課程配當表（0525週四）輻射防治與生物防護

時間				
0800~0850	中暑防治概論—朱柏齡教授			
0900~0950	輻射傷害防治概論—邱創新主任			
1010~1100	新興傳染病介紹（登革熱與茲卡熱）—林昌棋副所長			
1110~1200	生物防護概論—徐榮華副研究員			
1200~1300	午休			
1300~1350	A 防護服操作 預醫所教官	B 空氣採樣及快篩 預醫所教官	C 中暑防治演練 朱柏齡教授	D 輻傷演練暨輻傷中心參訪 邱創新主任
1400~1450	A 輻傷演練暨輻傷中心參訪 邱創新主任	B 防護服操作 預醫所教官	C 空氣採樣及快篩 預醫所教官	D 中暑防治演練 朱柏齡教授
1510~1600	A 中暑防治演練 朱柏齡教授	B 輻傷演練暨輻傷中心參訪 邱創新主任	C 防護服操作 預醫所教官	D 空氣採樣及快篩 預醫所教官
1610~1700	A 空氣採樣及快篩 預醫所教官	B 中暑防治演練 朱柏齡教授	C 輻傷演練暨輻傷中心參訪 邱創新主任	D 防護服操作 預醫所教官

106年暑期軍陣醫學實習課程配當表（0526週五）航空生理與醫學／潛水醫學

時間				
0800~0850	空中醫療後送概論—朱信副院長／副教授			
0900~0950	航空生理學概論—何振文所長／副教授			
1010~1100	潛水醫學概論—黃坤崙教育長／教授			
1110~1200	空中救護實務經驗分享—徐克強主任			
1200~1300	午休			
1300~1350	A 空中救護裝備介紹 空軍救護隊教官	B 空中救護上下機情境模擬演練 空軍救護隊教官	C 毒蛇咬傷情境演練 陳穎信主任	D 武嶺基地大傷患研習 行程說明與任務分配 王仁君醫師
1400~1450	A 武嶺基地大傷患研習 行程說明與任務分配 王仁君醫師	B 空中救護裝備介紹 空軍救護隊教官	C 空中救護上下機情境模擬演練 空軍救護隊教官	D 毒蛇咬傷情境演練 陳穎信主任
1510~1600	A 毒蛇咬傷情境演練 陳穎信主任	B 武嶺基地大傷患研習 行程說明與任務分配 王仁君醫師	C 空中救護裝備介紹 空軍救護隊教官	D 空中救護上下機情境模擬演練 空軍救護隊教官
1610~1700	A 空中救護上下機情境模擬演練 空軍救護隊教官	B 毒蛇咬傷情境演練 陳穎信主任	C 武嶺基地大傷患研習 行程說明與任務分配 王仁君醫師	D 空中救護裝備介紹 空軍救護隊教官

106年暑期軍陣醫學實習課程配當表（0531週三）選兵醫學／野外醫學

時間	課程	
0800~0850	選兵醫學—方文輝醫師	
0900~0950	高山災難醫療救援各組預演 陳穎信主任／中華民國搜救總隊／新北市特搜隊	
1010~1100		
1110~1200		
1200~1300	午休	
1300~1350	A PAC教育訓練、高山醫學研究 王士豪醫師	B 水中求生 中華民國搜救總隊
1400~1450		
1510~1600	A 水中求生 中華民國搜救總隊	B PAC教育訓練、高山醫學研究 王士豪醫師
1610~1700		

106年暑期軍陣醫學實習課程配當表（0601週四）航空生理與醫學/潛水醫學

0800~1030	A 空軍官校 國軍空勤人員求生訓練中心參訪 國求中心主任	B 岡山分院 航空生理訓練中心參訪 朱信副院長
1030~1300	A 岡山分院 航空生理訓練中心參訪 朱信副院長	B 空軍官校 國軍空勤人員求生訓練中心參訪 國求中心主任
1300~1400	午休	
1400~1530	A 左營分院 潛水醫學中心參訪 潛水醫學部黃文賢主任等	B 左營軍港參訪
1530~1700	A 左營軍港參訪	B 左營分院 潛水醫學中心參訪 潛水醫學部黃文賢主任等

106年暑期軍陣醫學實習課程配當表（0602週五）災難醫學／野外醫學

時間				
0700~1200	往合歡山車程 目的地：合歡山武嶺寒訓基地(3089公尺)			
1200~1300	午餐			
1400~1700	檢整裝備 分組高山災難醫療救援演習先期演練 陳穎信主任／中華民國搜救總隊／新北市特搜隊			
1700~1900	晚餐暨盥洗			
1910~2000	A 方向維持與判定	B 星座介紹	C 登山裝備介紹	D 野外求生
	A 野外求生	B 方向維持與判定	C 星座介紹	D 登山裝備介紹
2010~2100	A 登山裝備介紹	B 野外求生	C 方向維持與判定	D 星座介紹
	A 星座介紹	B 登山裝備介紹	C 野外求生	D 方向維持與判定

106年暑期軍陣醫學實習課程配當表（0603週六）災難醫學／野外醫學

0400~0800	登合歡主峰（3417公尺）結訓典禮暨宣誓授徽儀式—司徒惠康校長
0800~0950 1010~1100	高山災難醫療救援演習／闖關活動暨成果驗收 陳穎信主任等／中華民國搜救總隊／新北市特搜隊
1100~1200	課程總結 陳穎信主任
1200~1300	午休
1300~1800	返校車程

【軍陣醫學實習課程特色】

- 引起學習興趣為優先
- 以課程講授為輔、模擬演練為主
- 減少聽課時間、大幅增加操作體驗
- 多樣化、活潑化、生活化、情境化、實用化
- 以模擬醫學的教學為課程設計理念
- 擴增陸海空校外教學特色、全方位軍陣醫學實習
- 合歡山武嶺基地高山災難醫療救援演習
- 期末成果驗收
- 結合軍民教學資源、凸顯縱向學習實境教學
- 他校師生參與、傳播本院特色教學
- 學習護照建立、累積學習成效
- 心得分享、學習成果報告與展示

12-2 教學卓越計畫補助

- 教學卓越計畫亮點、為本院創新教學之模組化課程
- 招生宣傳效應
- 校務評鑑特色教學

【師資】

單位	職稱	姓名	教資
醫學系軍陣醫學組	組長	陳穎信	助理教授
國軍高雄總醫院岡山分院	副院長	朱信	副教授
外科學科	主任	曾元生	助理教授
外科學科	主治醫師	柯宏彥	助理教授
骨科學科	主治醫師	王誌謙	助理教授
家庭醫學科	主任	方文輝	助理教授
急診醫學科	主治醫師	王仁君	講師
急診醫學科	主治醫師	蔡適鴻	副教授
三總急診部	主治醫師	李凌遠	臨床教師
預防醫學研究所	副所長	林昌棋	助理教授

單位	職稱	姓名	教資
急診醫學科	主治醫師	廖文翊	助理教授
台大醫院急診部	主治醫師	石富元	助理教授
前生物醫學工程學科	主任	林清亮	副教授
三軍總醫院北投分院	院長	曾冬勝	助理教授
精神醫學部	主任	曾念生	助理教授
核子醫學科	主任	邱創新	助理教授
國防醫學院	教育長	黃坤崙	教授
航太暨海底醫學研究所	所長	何振文	副教授
預防醫學研究所	副研究員	徐榮華	
台安醫院急診部	部主任	徐克強	

結語

陳穎信

結語

M85 陳穎信 醫師
國防醫學院醫學系軍陣醫學組組長
軍陣醫學實習負責教師

總編輯陳穎信醫師與作者群合影

為何會走上軍陣醫學教育之旅途呢？也許是命運的安排，踏入了這條不歸路，雖然這條道路很孤寂，很少有掌聲，淚水多於汗水，感謝有幸當個開墾拓荒者，立願向前、篳路藍縷、旱地生花。即使道路中有分叉路，遠方看不到盡頭，感謝在許多師長、同事、朋友們的幫助下，讓我選擇比較正確的途徑，即使旅途中跌跌撞撞，在「博愛忠真」的校風薰陶下，讓我學習堅忍強韌，享受其中的成長樂趣。我期待國防醫學院的軍陣醫學發展蓬勃發展，受到矚目，因為那是身為一位軍陣醫學教育者內心最深處的期許。

這是第二年在十月底寫結語了，彷彿昨日的情景再度上演，我依稀記得那是開始吹東北風的秋天裡，寄託於編寫《迷彩軍醫》的尾聲裡，連續兩年在校慶十一月二十四日前夕總是忙碌著編輯軍陣醫學實習成果，誰說秋天不回來啊！

緣起為何會編輯這本《迷彩試煉—軍陣醫學實習》呢？主要的目的是為了避免遺忘、留下記憶、累積經驗、創造未來，是軍陣醫學實習成果發表的最佳證明，更寄望能夠在軍陣醫學教育史上刻印里程碑。

在國防醫學院的課程中以醫學系軍陣醫學組規劃與執行的《軍陣醫學實習》這門課為軍陣醫學的經典入門課，在這兩年裡已贏得國防醫學院內所有學系對此課程的認同與參與，在教育部的教學卓越計畫的挹注下，豐富了課程的多樣性與紮實度，107年起醫學系、牙醫學系、護理學系、藥學系與公共衛生學系的學生都要接受此一課程。

這本《迷彩試煉—軍陣醫學實習》的誕生，象徵著國防醫學院軍陣醫學的發展有了新的生命力，在強調做中學的軍陣醫學實習中，這兩年間帶領許多國防醫學院未來的軍醫體會更多軍陣醫學之美，由以往必修零學分的課程，演變到必修一學分，現在已經是熱門特色教學課程了。這樣的進展與風潮，凸顯了軍事醫學院校存在的價值就在軍陣醫學的卓越發展。

去年在編輯了《迷彩軍醫─軍陣醫學實習日誌》後，這本國防醫學院首次針對軍陣醫學由師生共同創作的書籍，曾經引起許多迴響。今年的《迷彩試煉─軍陣醫學實習》更是首度用小說演譯軍陣醫學實習中的種種試煉，運用虛擬實境式的寫法來帶領故事的鋪陳，更加精采可讀。書中各章節還有重要的軍陣醫學知識點綴其中，也加入了實際實習過程中的精彩照片，豐富了迷彩試煉的內涵。

在這段迷彩試煉編輯的過程中，我對國防醫學院醫學系 114 期的九位學生感到敬佩，分別是故事組的馨平、玟君、瑄妘、育銘、郁萱、知識組的郁欣、千婷、賢鑫、與插圖美編的皓平等。回想在我剛開始招集這些同學計畫編寫軍陣醫學實習的成果時，在我頻頻鼓勵催動下，這些年輕人首肯願意主動寫下他們在軍陣醫學實習後的故事與知識，代表這門課對同學們造成了深遠的影響，動力來源絕非我這位課程負責教師的鼓舞而已。這九位同學願意犧牲個人時間為軍陣醫學實習的成果貢獻心力，我很感動有他們的創意加上堅持，無論他們原本想要投入編書的動機如何，但以行動論來說這是一種集體意志的展現，象徵著團隊合作的精神，也正是軍陣醫學實習精神的延伸。我個人認為學習成果的價值，以課程結束後，將學習成果整理集結成書出版是最佳成果展現，價值效應擴增許多，遠超過僅在成績與滿意度問卷上的評核。

只有不滿於現狀，尋求進步之道，才能精益求精。懂得思考的人，總能在平淡無奇的生命裡添加色彩。對於這樣的虛擬實境故事的鋪陳，將我們原本苦澀生硬的軍陣醫學實習構築得更有魅力、更加吸引人，在某種層面的意義上已經超越了平鋪直敘的敘事寫法，這樣以小說虛擬的架構更有生命力，更能勾起讀者對這所學校軍陣醫學的關注與吸引力。

在這九天的軍陣醫學實習的課程裡，將軍陣醫學中最精華的課程以模擬情境的實際操作模式來進行規劃，每一日的主題都呼應課程的精神—為救命而訓，藉由各種術科模擬醫學為基礎的操作課，來強化學生對軍陣醫學的認識與認同。看著一張張實習過程中的照片，是那樣真實且生動，在那樣的年輕生命裡曾經留下許多難以磨滅的記憶。

故事中的情節雖然是虛擬的，但是背後隱含的意義卻是彰顯課程的張力，如果不是對這段課程期間的點點滴滴有許多不同的感觸與迴響，要集結這些年輕的心與力確實遙不可及。同時在師生回饋中，可以看到這些參與軍陣醫學實習後的老師與學生們真情流露、心懷感恩、期許成長的心路歷程啊。願透過這本以虛擬實境小說式為主軸的新書效應，持續發揚軍陣醫學實習的精神，成為培育未來軍醫的特色教學，願我的母校—國防醫學院未來軍陣醫學的發展日新月異，創新卓越，更願我們的《迷彩試煉—軍陣醫學實習》能夠燃起更多人對未來軍陣醫學教育訓練的熱情與投入。

在編輯《迷彩試煉—軍陣醫學實習》一書的過程中，雖然內心煎熬、難度頗高，但最終還是到了寫下結語的感動時刻了。特別感謝教育部教學卓越計畫的經費支持，感謝國防部軍醫局各級長官的指導，感激國防醫學院校長司徒惠康將軍的勉勵期許，感恩所有師長的協助與校內外老師與助教們的辛勞教學，讓我們106年軍陣醫學實習課程順利成功，也順利將今年的軍陣醫學實習的成果編寫成書，發表出版。在校慶前夕願我們國防醫學院軍陣醫學教學、研究與發展卓越深耕、持續精進，開創更美好的未來。

最後讓我們高聲呼喊：「國防醫學院，軍陣醫學實習，成功！」

致謝

陳穎信

致謝

1. 感謝國防醫學院校長司徒惠康將軍鼓勵將軍陣醫學實習成果出版成書，以弘揚本校軍陣醫學之教育訓練與研究發展之卓越目標。
2. 感謝國防醫學院副校長暨醫學系系主任查岱龍教授對醫學系軍陣醫學組主辦軍陣醫學實習課程之支持與指導。
3. 感謝國防醫學院教育長詹益欣教授與教務處處長高森永教授對軍陣醫學實習之支持與指導。
4. 感謝國防醫學院牙醫學系主任李忠興副教授與護理學系主任廖珍娟教授對軍陣醫學實習課程之支持，並鼓勵牙醫學系與護理學系學生參與軍陣醫學實習課程。
5. 感謝國防醫學院醫學系114期黃馨平、陳玟君、陳瑄妘、李育銘、蘇郁萱、陳郁欣、徐千婷、林賢鑫、司徒皓平等九位同學熱情擔任迷彩試煉作者與編輯任務。
6. 感謝國防部軍醫局各級長官對本校軍陣醫學教育訓練之指導與支持。
7. 感謝國防部陸軍司令部、海軍司令部、空軍司令部各級長官對軍陣醫學實習校外教學參訪之協助與指導。
8. 感謝教育部補助國防醫學院教學卓越計畫之經費支持挹注。
9. 感謝 106 年度國防醫學院軍陣醫學實習的所有講師與助教之教學與協助。

10. 感謝國防醫學院預防醫學研究所所長謝博軒教授對軍陣醫學實習之大力支持，並派任預醫所多達 15 位老師前來指導生物防護課程，收穫良多。
11. 感謝新北市政府消防局支援災難搜救技能課程講師與教學設備。
12. 感謝中華民國搜救總隊支援軍陣醫學實習課程之師資、助教與教學設備。
13. 感謝國軍高雄總醫院岡山分院、空軍軍官學校國軍空勤人員求生訓練中心、國軍高雄總醫院左營分院、左營軍區故事館、海軍艦隊指揮部、海軍水下作業大隊、陸軍航空特戰指揮部歸仁基地對本校軍陣醫學實習校外教學參訪之指導與協助。
14. 感謝臺大醫院急診醫學部劉越萍醫師、雙和醫院急診重症醫學部部主任馬漢平醫師、前美國科羅拉多大學醫學院高海拔醫學研究中心研究員王士豪醫師、台北馬偕醫院急診部黃明堃醫師、臺北市立大學何怡萱中校教官、軍陣醫學研究社胡惠沛老師對軍陣醫學實習校外教學義務熱情擔任隨隊醫官與課程指導。
15. 感謝航空特戰指揮部高空特種勤務中隊顏孝恩等四位講師協助課程順利進行。
16. 感謝國防醫學院教務處許秀珠助教對軍陣醫學實習課程與迷彩試煉編輯之行政支援。
17. 感謝國立台灣大學醫學系五年級李光晏、柯廷潔同學參與軍陣醫學實習校外教學與參訪，增進校際交流，實踐教學資源共享，擴增軍陣醫學實習成效。

國家圖書館出版品預行編目(CIP)資料

迷彩試煉：軍陣醫學實習/陳穎信等作一初版
—臺北市：國防醫學院.　2018.05
面；　公分
ISBN 978-986-05-4848-8（平裝）
1.軍事醫學　2.教學實習
594.9　　106024003

迷彩試煉

—軍陣醫學實習—

總　纂	林石化
作　者	陳穎信、黃馨平、陳玟君、陳瑄妘、李育銘、蘇育萱 林賢鑫、陳郁欣、徐千婷、曾念生、李曉屏、林辰禧 蔡豐穗、劉越萍、馬漢平、王士豪、黃明堃、張冠吾 郭倪君、蔡沅致、劉嘉弘、詹雅棻、李光晏、柯廷潔
美研插圖	司徒皓平、曾念生、賀信恩
封面設計	司徒皓平
書名題字	陳識方
總編輯	陳穎信
執行編輯	黃馨平、陳郁欣
校　對	許秀珠、朱信德

發行人	楊榮川
總經理	楊士清
副總編	蘇美嬌
出版者	五南圖書出版股份有限公司
公司地址	105臺北市大安區和平東路二段399號4樓
公司電話	886-2-2705-5066
公司傳真	886-2-2706-6100
網　頁	https://www.wunan.com.tw
電子郵件	wunan@wunan.com.tw
劃撥帳號	01068953
戶　名	五南圖書出版股份有限公司

台中市駐區辦公室/台中市中區中山路6號
電　話　(04)2223-0891　傳　真　(04)2223-3549
高雄市駐區辦公室/高雄市新興區中山一路290號
電　話　(07)2358-702　傳　真　(07)2350-236

法律顧問	林勝安律師事務所　林勝安律師

出版日期	2018年7月初版
定　價	新臺幣 350 元 (平裝)
GPN	1010700910
ISBN	978-986-05-4848-8